高等职业教育计算机类专业系列教材

# C#项目开发教程

陈道喜　编著

机 械 工 业 出 版 社

本书介绍C#项目开发方法，包括基础知识、SQL Server使用技术以及两者相互配合使用的过程，重点放在C#和SQL Server的实际操作方面的讲解，对于操作中的技能部分有详细的介绍。本书的内容选取、编写和组织等都以技能考核点为中心。操作题是模拟技能大赛试题，软件版本较新，包括计算机客户端软件开发。本书提供了丰富的操作案例，通过多个项目讲解各种编程技巧，以便更好地对照学习。

本书可作为各类职业院校计算机及相关专业的教材，也可以作为参加世界技能大赛人员的学习资料。

本书配有电子课件及源代码，选用本书作为授课教材的教师可登录机械工业出版社教育服务网（www.cmpedu.com）注册后免费下载或联系编辑（010-88379194）咨询。

**图书在版编目（CIP）数据**

C#项目开发教程/陈道喜编著. —北京：机械工业出版社，2020.5
高等职业教育计算机类专业系列教材
ISBN 978-7-111-64987-8

Ⅰ. ①C… Ⅱ. ①陈… Ⅲ. ①C语言—程序设计—高等职业教育—教材
Ⅳ. ①TP312.8

中国版本图书馆CIP数据核字（2020）第039254号

机械工业出版社（北京市百万庄大街22号 邮政编码100037）
策划编辑：梁 伟　　责任编辑：梁 伟 侯 颖
责任校对：黄兴伟 肖 琳　　封面设计：鞠 杨
责任印制：孙 炜
天津嘉恒印务有限公司印刷

2020年5月第1版第1次印刷
184mm×260mm · 18.5印张 · 454千字
0 001—1 900册
标准书号：ISBN 978-7-111-64987-8
定价：49.90元

电话服务
客服电话：010-88361066
010-88379833
010-68326294

网络服务
机 工 官 网：www.cmpbook.com
机 工 官 博：weibo.com/cmp1952
金 书 网：www.golden-book.com
机工教育服务网：www.cmpedu.com

# 前言

本书的主要特点是：把C#和SQL Server结合在一起介绍，有完整的实践项目；项目软件开发所需要的基础理论单独讲解，配有大量的实例，这些实例都是经过Visual Studio测试通过的。为了更好地学习本书，建议先学习部分C#和SQL Server的基础知识，再结合本书的实例加以练习，提高动手实践能力。对于每个任务，读者可以根据要求自己先试着开发，遇到问题时，再参考本书的解决方案。项目开发完成后，可着手测试和优化程序，总结编程技巧，做到融会贯通。本书作者长期担任计算机专业课程教学和商务软件开发工作，在世界技能大赛商务软件解决方案项目上有多年的竞赛辅导经验。

全书共11个项目。项目1主要讲述常用的多窗体的WinForm应用程序；项目2主要介绍用C#开发项目时的常用控件；项目3主要介绍程序开发中应用的文件系统；项目4、项目5和项目6介绍软件开发的后台数据库和连接数据库部分，是本书的重点和难点之一；项目7简单介绍C#控制台应用程序；项目8讲解面向对象编程的重要基础知识点，如类、继承、封装、多态等；项目9和项目10是模块化编程的实践，也是本书的重点和难点之一；项目11是综合案例，让有一定基础的读者可以更有效率地掌握重点和难点，从而快速提升C#项目开发技能。

读者通过学习本书的案例，可以成长为C#程序员、C#软件工程师，完成软件的代码编写、单元测试和维护工作，也可以成长为SQL Server数据库管理员，能参与数据库整体架构设计，能编写复杂的SQL脚本。

由于编者水平有限，书中错误和疏漏之处在所难免，恳请广大读者批评指正。

编　者

# 项目 1 多窗体的 WinForm 应用程序

## 职业能力目标

- 能使用 Visual Studio 建立解决方案，设计和添加多个窗体。
- 能够设置窗体的大小和位置。
- 能够根据需要切换启动项目和启动窗体。
- 能够在各个窗体之间能通过按钮正常跳转，能够在代码中设置窗体的属性。
- 能够在各个窗体间传值。

## 任务 1 建立解决方案

### 任务情境

建立一个解决方案 Momo Management System，项目运行时，首先出现主窗体“Momo Management System”，如图 1-1 所示。

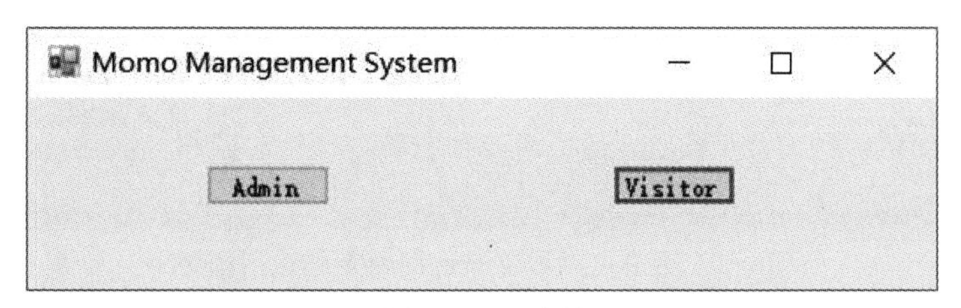


图 1-1 主窗体

### 任务分析

本任务需要建立一个解决方案，这个解决方案中只包含一个项目，项目类型是 Windows

应用程序。Windows 应用程序是以窗体（Form）为基础的，是向用户显示信息的可视化界面。Windows Form 是 Windows 应用程序的基本单元。添加窗体的最方便的方法是在 Visual Studio（以后简称 VS）中创建一个新的 Form，VS 提供了一个图形化的可视化窗体设计器。

任务 1 需要用 Visual Studio 建立一个名为 Momo Management System 的解决方案，在解决方案里，新建 3 个窗体，窗体之间通过按钮控制跳转。

## 任务实施

1）双击桌面上 VS 的图标，进入 Microsoft Visual Studio 集成开发环境。打开 VS，单击文件菜单，选择新建→项目命令，弹出如图 1-2 所示的对话框。在左边列表框中选择 Visual C# 下面的 Windows，再在右边列表框中选择“Windows 窗体应用程序”选项。在下方的名称文本框中输入名称，名称一般要求符合项目的内容，通俗易懂，这里输入 Momo Management System。位置是项目文件保存的位置，初次学习的可以在系统盘（一般是 C 盘）以外的盘符，如 D 盘或 E 盘下单独建立一个 C# 项目的文件夹，保存自己建立的各种项目文件，这里设为 D:\Project\VisualStudio\。

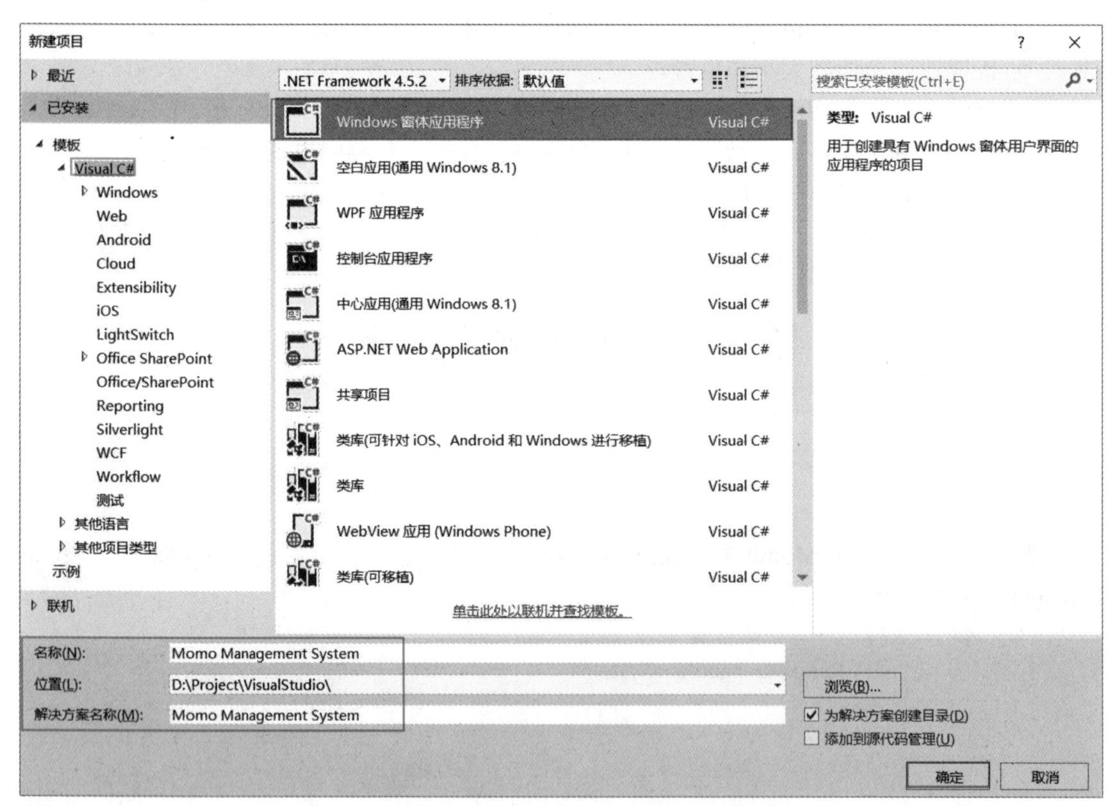


图 1-2　新建 C # 项目 Windows 窗体应用程序

2）单击“OK”按钮后，项目会自动新建一个名为 Form1 的空窗体，如图 1-3 所示。请注意图中一些比较重要的窗口，文档窗口也就是图中 Form1.cs［设计］所在的窗口，服务资源管理器和工具箱窗口已经收缩起来了，单击相应的选项卡时就会展开。还有解决方案资源管理器窗口、属性窗口、错误列表窗口等。如果窗口比较混乱，则可以单击菜单“窗口”

菜单，选择“重置窗口”命令。也可以在菜单“视图”中找出所需要的窗口。

注意，窗口上一般都有“ ”快捷按钮，单击这个图钉似的按钮就会自动隐藏当前的窗口。不同的版本（如VS2012、VS2015、VS2017）有所区别。中文版与英文版本都要熟悉，英文版本应用得更多。

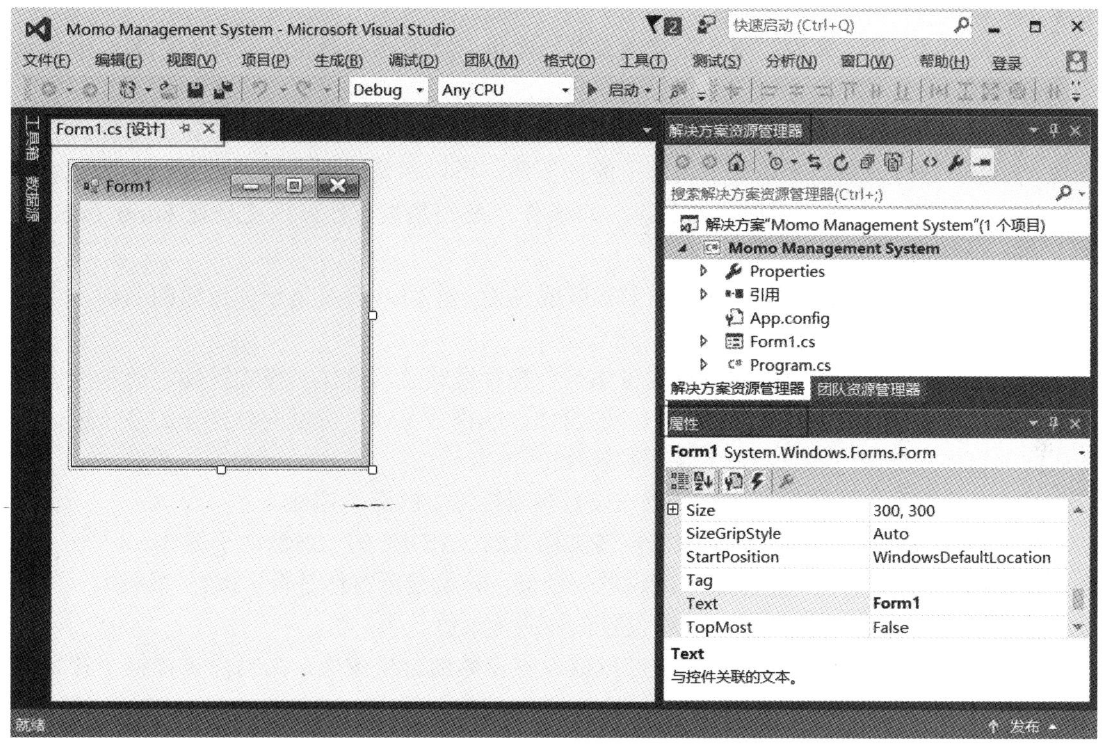


图 1-3 Form1 窗体

3）把Form1的Text属性设置为“Momo Management System”。在窗体上添加两个按钮，并将按钮的Text属性分别设置为“Admin”和“Visitor”，将按钮的Name属性分别设置为“btnAdmin”和“btnVisitor”。

## 必备知识

### 1．Form 的属性

1）Name属性：用来获取或设置窗体的名称。

2）WindowState属性：用来获取或设置窗体的状态。

3）StartPosition属性：用来获取或设置运行时窗体的起始位置。窗体默认是在左上角的，如果要设置窗体的起始位置居中，可以用此属性来进行设置。

4）Text属性：该属性是一个字符串属性，用来设置或返回在窗口标题栏中显示的文字。

5）Width属性：用来获取或设置窗体的宽度。

6）Heigth属性：用来获取或设置窗体的高度。

7）Left 属性：用来获取或设置窗体的左边缘的 $x$ 坐标（以像素为单位）。

8）Top 属性：用来获取或设置窗体的上边缘的 $y$ 坐标（以像素为单位）。

9）ControlBox 属性：用来获取或设置一个值，该值指示在该窗体的标题栏中是否显示控制框。

10）MaximumBox 属性：用来获取或设置一个值，该值指示是否在窗体的标题栏中显示最大化按钮。

11）MinimizeBox 属性：用来获取或设置一个值，该值指示是否在窗体的标题栏中显示最小化按钮。

12）AcceptButton 属性：该属性用来获取或设置一个值，该值是一个按钮的名称，当用户按 <Enter> 键时就相当于单击了窗体上的该按钮。可以相像一下，当用户在 TextBox 填好资料后，当用户按 [Enter] 键时就执行下一步操作，是不是很方便。用法是在 Form_Load 里加上 this.AcceptButton=this.button1。

13）CancelButton 属性：该属性用来获取或设置一个值，该值是一个按钮的名称，当用户按 <Esc> 键就相当于单击了窗体上的该按钮。

14）Modal 属性：该属性用来设置窗体是否为有模式显示窗体。模式窗体，简单地说，只能在关闭本窗体后才能操作该窗体以外的窗体。非模式窗体，可以同时操作的多个窗体。在后面的窗体方法中，还有类似的说明和解释。

15）ActiveControl 属性：用来获取或设置容器控件中的活动控件。

16）ActiveMdiChild 属性：用来获取多文档界面（MDI）的当前活动子窗体。

17）AutoScroll 属性：用来获取或设置一个值，该值指示窗体是否实现自动滚动。

18）BackColor 属性：用来获取或设置窗体的背景色。

19）BackgroundImage 属性：用来获取或设置窗体的背景图像。为当前窗体换个背景的方法：this.BackgroundImage = Image.FromStream(new MemoryStream(File.ReadAllBytes(@"C:\Desktop\MobileFile\1.jpg")));。

20）Enabled 属性：用来获取或设置一个值，该值指示控件是否可以对用户交互做出响应。

21）Font 属性：用来获取或设置控件显示的文本的字体。

22）ForeColor 属性：用来获取或设置控件的前景色。

23）IsMdiChild 属性：获取一个值，该值指示该窗体是否为多文档界面（MDI）子窗体。

24）IsMdiContainer 属性：获取或设置一个值，该值指示窗体是否为多文档界面（MDI）中的子窗体的容器。

25）KeyPreview 属性：该属性用来获取或设置一个值，该值指示在将按键事件传递到具有焦点的控件前，窗体是否将接收该事件。

26）MdiChildren 属性：获取表示此表单的多文档界面（MDI）父窗体的子窗体的窗体数组，是数组属性。

27）MdiParent 属性：该属性用来获取或设置此窗体的当前多文档界面（MDI）父窗体。

28）ShowInTaskbar 属性：该属性用来获取或设置一个值，该值指示是否在 Windows 任务栏中显示窗体。

29）Visible 属性：该属性获取或设置一个值，该值指示是否显示该窗体或控件。值为 True 时控件正常显示，值为 False 时控件不可见。

30）Capture 属性：如果该属性值为 true，则鼠标就会被限定只响应此控件，不管鼠标是否在此控件的范围内。

### 2. Form 的方法

1）Show 方法：该方法的作用是让窗体显示出来。其调用格式为“窗体名 .Show();”。

2）Hide 方法：该方法的作用是把窗体隐藏出来。其调用格式为“窗体名 .Hide()；”。可用 Show() 方法重新打开窗体。

3）Refresh 方法：该方法的作用是刷新并重画窗体。其调用格式为“窗体名 .Refresh();”。

4）Activate 方法：该方法的作用是激活窗体并给予它焦点。其调用格式为“窗体名 .Activate();”。

5）Close 方法：该方法的作用是关闭窗体。其调用格式为“窗体名 .Close()；”。如窗体为主窗体，执行此方法，则程序结束。

6）ShowDialog 方法：该方法的作用是将窗体显示为模式对话框。其调用格式为“窗体名 .ShowDialog()；”。显示模式窗体，如对话框等，只有关闭了所打开的模式窗体才可以切换到其他窗体。

**说明：**模式（Modal）对话框，即模态对话框，是指用户在 Windows 应用程序的对话框中想要对对话框以外的应用程序进行操作时，必须首先对该对话框进行响应。如单击“确定”或“取消”按钮等将该对话框关闭。另一种对话框是无模式对话框。所谓无模式对话框（又叫作非模态对话框）是指对话框被弹出后一直保留在屏幕上，用户可以继续在对话框所在的应用程序中进行其他操作，当需要使用对话框时，只需像激活一般窗口一样单击对话框所在的区域即可。

## 触类旁通

一个解决方案里面可以有多个项目，可以启动其中任何一个项目。若设定当前项目为启动项目，则它会以黑色加粗的形式显示在解决方案窗口中。

在一个解决方案里面增加多个项目的方法有以下两种：

1）方法 1：在新建项目的时候在“解决方案”下列列表框中选择“添加到解决方案”选项，如图 1-4 所示。

在 Visual Studio 中创建应用、应用程序、网站、Web 应用、脚本、插件等时，会从项目开始。在逻辑意义上说，项目包含所有源代码文件、图标、图像、数据文件，以及将编译到可执行程序或网站中的或是执行编译所需的任何其他内容。项目还包含所有编译器设置以及程序将与之通信的各种服务或组件需要的其他配置文件。

在文字的意义上讲，一个项目是一个 XML 文件（如 *.vbproj、*.csproj、*.vcxproj），定义路径的虚拟文件夹层次结构与它包含的所有项和生成的所有设置。在 Visual Studio 中，项目文件由解决方案资源管理器用于显示项目内容和设置。编译项目时，MSBuild 引擎会使用项目文件创建可执行文件。还可以自定义项目以生成其他类型的输出。

在逻辑意义上和文件系统中，项目包含在解决方案中，后者可能包含一个或多个项目，以及生成信息、Visual Studio 窗口设置和不与任何项目关联的杂项文件。在字面意义上，解决方案是具有自己的唯一格式的文本文件。它通常不应进行手动编辑。

解决方案具有关联的 *.suo 文件，该文件为处理过项目的每个用户存储设置、首选项和配置信息。

图 1-4　将新建的项目添加到已有的解决方案中

2）方法 2：在解决方案资源管理器中，右击解决方案，在弹出的快捷菜单中选择添加新建项目，如图 1-5 所示。

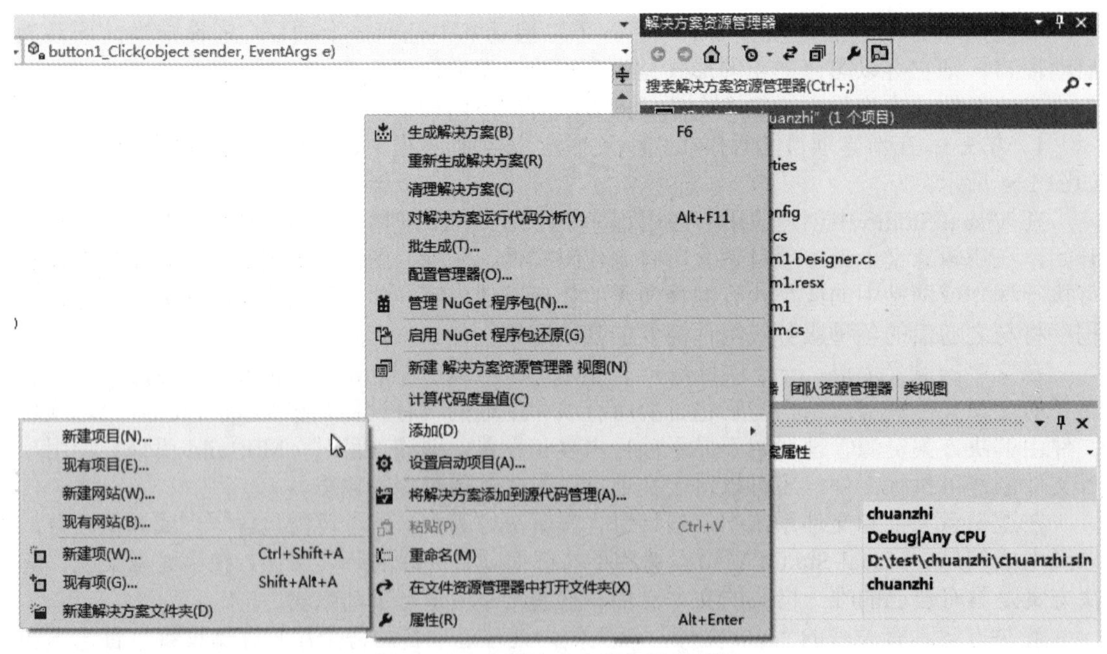


图 1-5　右击解决方案添加新建项目

图 1-6 显示了项目与解决方案，以及它们在逻辑上包含的项之间的关系。

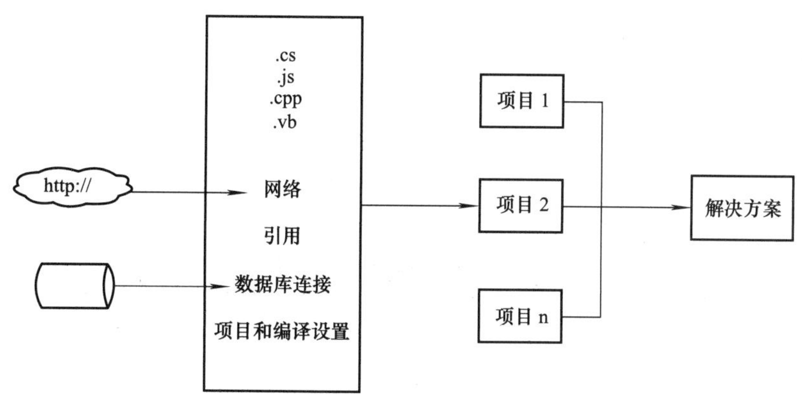


图 1-6 项目与解决方案的关系

# 任务 2 多窗体的显示

## 任务情境

程序运行时，在图 1-1 中，当用户单击“Admin”按钮时，显示“Admin”管理员窗体，关闭该窗体即可返回主窗体。当用户单击“Visitor”按钮时，即显示“Visitor”访客窗体，关闭该窗体即可返回主窗体。

## 任务实施

1）添加窗体。选择“项目→添加 Windows 窗体”命令，弹出“添加新项目”对话框。

2）选择创建“Windows 窗体”，单击“添加”按钮，即可在应用程序中增加一个新窗体，设置其标题为“Admin”。

3）用同样的方法添加第三个窗体，设置其标题为“Visitor”。可在解决方案资源管理器中查看各个窗体。

4）添加代码。双击主窗体中的“Admin”按钮，添加代码如下：

```
private void btnAdmin_Click(object sender, EventArgs e) // 按钮的单击事件
        {
            // 创建“Admin”窗体实例
            Form2 frmAdmin = new Form2();
            // 显示“Admin”窗体
            frmAdmin.ShowDialog();
        }
```

5）双击主窗体中的“Visitor”按钮，添加代码如下：

```
private void btnVisitor_Click(object sender, EventArgs e) // 按钮的单击事件
        {
            // 创建“Visitor”窗体实例
```

```
        Form3  frmVisitor = new  Form3();
        // 显示 "Visitor" 窗体
        frmVisitor.ShowDialog();
    }
```

6）单击工具栏▶启动按钮开始运行，测试项目。

# 任务3　改变窗体的位置和大小

## 任务情境

设置窗体 Form1 起始位置居中，大小为 600×480。

## 任务分析

窗体默认是在左上角的，如果要设置窗体起始位置居中，则可以用微软定义好的 Start Position 属性来进行设置：

this.StartPosition = System.Windows.Forms.FormStartPosition.CenterScreen;

如果要在程序中实现窗体居中显示，则代码如下：

```
public  Form1()
        {
            InitializeComponent();
            this.StartPosition  =  System.Windows.Forms.FormStartPosition.CenterScreen;
        }
```

窗体的起始位置与窗体的大小可以在属性里设置，也可以用代码编写完成。

## 任务实施

1）要在程序中实现窗口居中显示，则代码如下：

```
public  Form1()
        {
            InitializeComponent();
            this.StartPosition  =  System.Windows.Forms.FormStartPosition.CenterScreen;
        }
```

2）确定窗体的大小，用 Width 属性和 Height 属性即可。指定当前窗体的大小很简单，在代码中添加以下代码即可：

```
this.Width  =  600;
this.Height  = 480;
```

## 必备知识

窗体的几个属性如图 1-7 所示。窗体的位置属性见表 1-1。

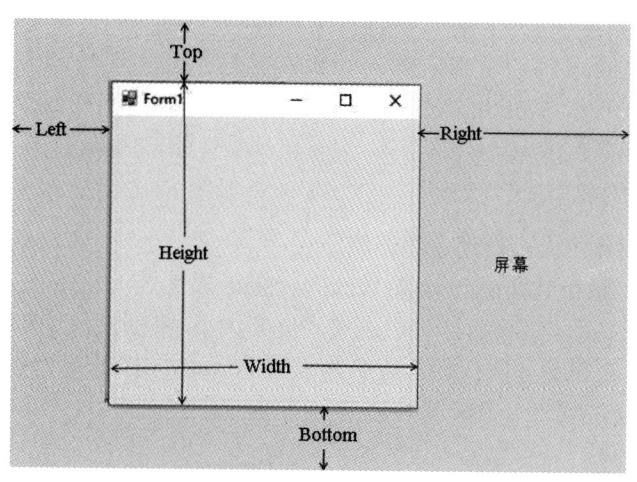


图 1-7　窗体的位置

表 1-1　窗体的位置属性

| 属　性　值 | 说　　明 |
|---|---|
| CenterParent | 在其父窗体中居中 |
| Manual | 位置由 Location 属性决定 |
| WindowsDefaultBounds | 默认位置，边界也默认 |
| WindowsDefaultLocation | 默认位置，尺寸在窗体大小中指定 |

关于 Location 的属性，窗体有 Left、Right、Top、Bottom。Right 和 Bottom 是只读的属性，可以用它们来获取窗体边距，却不能用来指定边距。确定窗体位置，只需要窗体左上角这一个点的位置。Left 与 Top 就是这个点与屏幕左、上边距的距离，换句话说，窗体的 Location 属性，实际上就是（Left，Top）。下面的两条语句是等价的：

```
this.Location = new  Point(100,100);
this.Left  =  100;  this.Top  =  100;
```

例如在程序中使用如下代码：

```
private  void  Form1_Load(object  sender,  EventArgs  e)
        {

            this.Left  =  100;
            this.Top  =  100;
            this.Width  =  600;
            this.Height  =  480;
        }
```

窗体大小是有最小值和最大值的，可以通过设置 MaximumSize 和 MinimumSize 属性值来指定。如果没有指定，则最大不能超过屏幕分辨率，最小不是（0，0），而是系统自己计算出的能让这几个图标显示出来的大小。当涉及对窗体大小的动态调整时，就应该注意判断，不要越界。

## 触类旁通

如果想设置窗体能根据不同屏幕的大小自动调整该如何设置？

首先要获取屏幕大小：

```
int  width  =  Screen.PrimaryScreen.WorkingArea.Width;
```

```
int height = Screen.PrimaryScreen.WorkingArea.Width;
```

Screen.PrimaryScrenn 为获取显示器，如果有多显示器也可以用 Screen.AllScreens[0]，Screen.AllScreens[1]……。WorkingArea 为桌面工作区域，不包括任务栏等。

然后设置宽度和高度：

```
this.Width = (int)(width/2);
this.Height = (int)(height/2);
```

这样就可以使窗体的大小做动态的调整。

窗体的最大化、最小化是通过设置 WindowsState 属性为 Maximized 和 Manimized 来实现的。如果需要全屏显示，可将窗体大小设置为屏幕大小。但此时可能需要隐藏上方的图标、标题、最大 / 最小化按钮和关闭按钮。方法为设置 FormBorderStyle 为 None。若要使窗体置于顶层，设置 TopMost 属性为 True 即可。

# 任务 4　探究窗体的设计

## 任务情境

.Net 将很多工作都隐藏在幕后，在属性窗口的设置中，这种设置方法比较方便与直接。其实也可以通过代码来实现。打开项目 1 的 Form1 窗体，首先用代码修改窗体的背景色为深宝石绿（DarkTurquoise）色，其次打开 Form1 窗体的 Designer.cs 文件，找到按钮属性代码，最后找到窗体的属性代码。

## 任务分析

在窗体设计中，基本上都是通过设置窗体的属性来实现，在学习过程中，对各种属性应该有一个基本的了解。为了更好地理解代码，假设对项目 1 的 Form1 窗体的背景色在代码中进行了设置“this.BackColor = System.Drawing.Color.DarkTurquoise;”，如图 1-8 所示。

在资源管理器中，展开 Form1.cs 节点，找到 Form1.Designer.cs 文件。

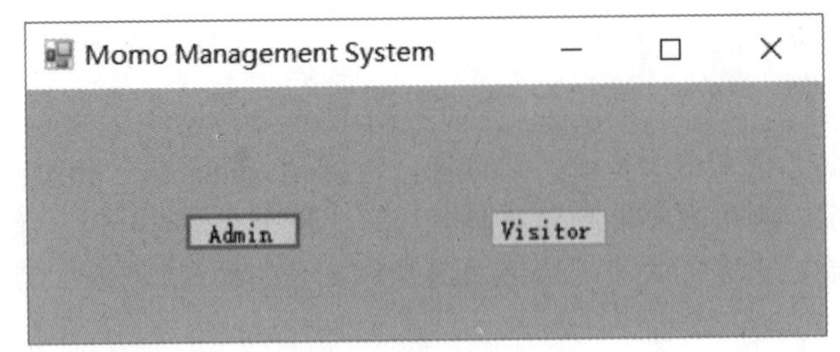


图 1-8　Form1 窗体

## 任务实施

1）打开 Designer.cs 文件可以看到如下代码，注意这与窗体中按 <F7> 键查看代码是不一样的。

```
namespace Momo_Management_System
{
    partial class Form1
    {
        /// <summary>
        /// 必需的设计器变量
        /// </summary>
        private System.ComponentModel.IContainer components = null;

        /// <summary>
        /// 清理所有正在使用的资源
        /// </summary>
        /// <param name = "disposing"> 如果应释放托管资源，为 true，否则为 false
        protected override void Dispose(bool disposing)
        {
            if (disposing && (components != null))
            {
                components.Dispose();
            }
            base.Dispose(disposing);
        }

        #region Windows 窗体设计器生成的代码

        /// <summary>
        /// 设计器支持所需的方法—不要修改
        /// 使用代码编辑器修改此方法的内容
        /// </summary>
        private void InitializeComponent()
        {
            this.btnAdmin = new System.Windows.Forms.Button();
            this.btnVisitor = new System.Windows.Forms.Button();
            this.SuspendLayout();
            //
            // btnAdmin
            //
            this.btnAdmin.Location = new System.Drawing.Point(99, 71);
            this.btnAdmin.Name = "btnAdmin";
            this.btnAdmin.Size = new System.Drawing.Size(75, 23);
            this.btnAdmin.TabIndex = 0;
            this.btnAdmin.Text = "Admin";
            this.btnAdmin.UseVisualStyleBackColor = true;
            //
            // btnVisitor
            //
            this.btnVisitor.Location = new System.Drawing.Point(290, 71);
            this.btnVisitor.Name = "btnVisitor";
            this.btnVisitor.Size = new System.Drawing.Size(75, 23);
            this.btnVisitor.TabIndex = 1;
            this.btnVisitor.Text = "Visitor";
            this.btnVisitor.UseVisualStyleBackColor = true;
            //
            // Form1
            //
```

```
            this.AutoScaleDimensions = new System.Drawing.SizeF(8F, 15F);
            this.AutoScaleMode = System.Windows.Forms.AutoScaleMode.Font;
            this.ClientSize = new System.Drawing.Size(500, 145);
            this.Controls.Add(this.btnVisitor);
            this.Controls.Add(this.btnAdmin);
            this.Name = "Form1";
            this.Text = "Momo Management System";
            this.ResumeLayout(false);
        }

        #endregion
        private System.Windows.Forms.Button btnAdmin;
        private System.Windows.Forms.Button btnVisitor;
    }
}
```

仔细阅读这段代码，可以增强对控件属性的认识。

2）Designer.cs 是窗体设计器生成的代码文件，作用是对窗体上的控件做初始化工作。在函数 InitializeComponent 中，由于这部分代码一般不用手工修改；在 VS 中把它单独分离出来形成一个 Designer.cs 文件与窗体对应。这样，cs 文件中剩下的代码都是与程序功能相关性较高的代码，有利于维护代码。

## 必备知识

### 1. 分布式类

由 Partial 修饰的类称为分布式类。分布式类是在 .NET 2.0 中新引入的类的修饰符。可以解决某些类过于复杂、庞大的问题。

在分布式类中，允许将类的定义分散在多个代码段中，并且将这些代码段存放到两个以上的源文件里。只要这些文件使用相同的命名空间、类名，并且在每次定义前都用 Partial 修饰，编译器就能自动将这些代码编译成一个完整的类。

例如，对类 FormRandomSelec 的定义虽然出现在两个文件中，但都在同一个命名空间 namespace RandomSelect 中，且类定义都是 partial class FormRandomSelect, 所以，编译器能自动地将它们编译成一个完整的类 FormRandomSelect。

### 2. 启动项目与启动窗体

当 Windows 应用程序中含有多个窗体时，可以设置应用程序从哪个窗体启动。设置启动项目与启动窗体的步骤如下：

1）在“解决方案资源管理器”中，右击要设为启动项的项目，在弹出的菜单中选择“设为启动项目”。命令这里设置项目 LoginTest 为启动项目，为粗体显示，如图 1-9 所示。一般情况下，解决方案只有一个项目，该项目即为启动项目。

2）双击启动项目对应的项目文件。LoginTest 的项目文件为 Program.cs。

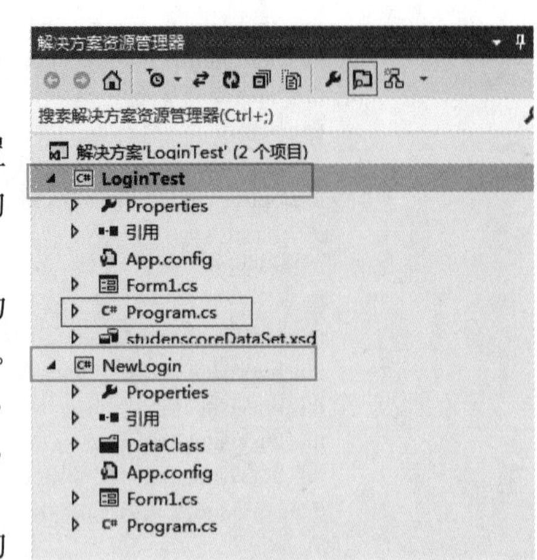


图 1-9　设置启动项目

3）在打开的 Program.cs 文件中有“Application.Run(new Form1());”语句，如图 1-10 所示，则程序运行后，就先启动 Form1 窗体。如果想先启动其他窗体，则只需要在这里把 Form1 改成其他窗体名即可。

```
Program.cs
LoginTest.Program                    Main()
1  using System;
2  using System.Collections.Generic;
3  using System.Linq;
4  using System.Threading.Tasks;
5  using System.Windows.Forms;
6
7  namespace LoginTest
8  {
9      static class Program
10     {
11         /// <summary>
12         /// 应用程序的主入口点。
13         /// </summary>
14         [STAThread]
15         static void Main()
16         {
17             Application.EnableVisualStyles();
18             Application.SetCompatibleTextRenderingDefault(false);
19             Application.Run(new Form1());
20         }
21     }
22 }
23
```

图 1-10 设置启动窗体

3. 窗体的命名规范

由于新建项目式默认生成的窗体为 Form1，所以文件名都默认为 Form1。虽然在界面设计时已经将窗体改名为 FormRandomSelect，但是文件名还是默认的 Form1。针对这个问题，可以右击此窗体，选择“重命名”命令，将其改名为 FormRandomSelect，则所有的设计界面、代码界面、资源界面会同时改名。在商业化的项目开发中，建议文件名按统一规范命名。

# 任务 5 窗体之间传值

## 任务情境

单击在 Admin 窗体上按钮，在文本框中显示 Form1 传来的变量值。

## 任务分析

Windows 窗体之间传值，方法主要有：全局变量、属性、窗体构造函数和 delegate 等。其中，全局变量的方法比较简单，只要把变量描述成 static 就可以了。

## 任务实施

1）在 Form1 中定义一个 static 变量 public static int i= 100；在 Form2 也就是 Admin 中，添加一个按钮 Button 和一个文体框 TextBox。

2）在 Form2 中直接引用 Form1 的变量，Form2 中的 btnRecieve 按钮代码如下：

```
private void btnRecieve_Click(object sender, EventArgs e)
{
    textBox1.Text = Form1.i.ToString();
}
```

在 Admin 窗体中单击“Recieve”按钮，效果如图 1-11 所示。

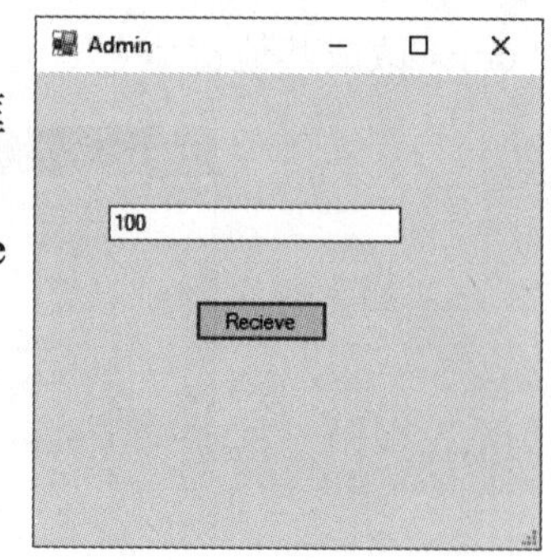

图 1-11　Form2 传值

全局变量的方法是双向传值，也就是说，Form1 和 Form2 一方改变 i 的值，另一方也会受到影响。

## 必备知识

下面来简单介绍一下 C# 与 ASP.NET 的关系。

ASP.NET 是 ASP 技术的后继者，但其发展性要比 ASP 技术强大许多。ASP.NET 是 .NET Framework 的一部分，是一项微软公司的技术，是一种使嵌入网页中的脚本可由互联网服务器执行的服务器端脚本技术，当使用 HTTP 请求文档时在 Web 服务器上动态创建网页内容。ASP .NET 的网站或应用程序通常使用 Microsoft 公司的 IDE 产品 Visual Studio 进行开发。

C# 是 Visual Studio 开发工具中的程序设计语言之一，它不仅限于做 ASP.NET 的 Web 应用开发，还可以做软件、管理系统等。C# 语言是在 C 语言和 C++ 语言基础上重新构造的，其语法与 C++ 和 Java 都比较相似，是基于 .NET 架构支持的一种完全面向对象的、类型安全的编程语言。C# 几乎综合了目前流行的所有高级语言的优点，提供了一种功能完善而又容易使用的外在表现形式。

ASP.NET 开发的首选语言是 C# 及 VB .NET，同时也支持多种语言的开发。如果想基于 ASP.NET 做 Web 技术开发，则要学习 ASP.NET 技术，还要选择一个支持 ASP.NET 的程序设计语言，C# 是其中一个不错的选择。

## 触类旁通

### 1. 利用属性传值的方法实现窗体之间传值

Form1 界面设计如图 1-12 所示，Form2 是代码生成的，无须添加窗体。Form1 中的 button1 按钮代码如下：

```
private void button1_Click(object sender, EventArgs e)
        {
            Form Form2 = new Form();
            Form2.Show();
            Label lblShow = new Label();
```

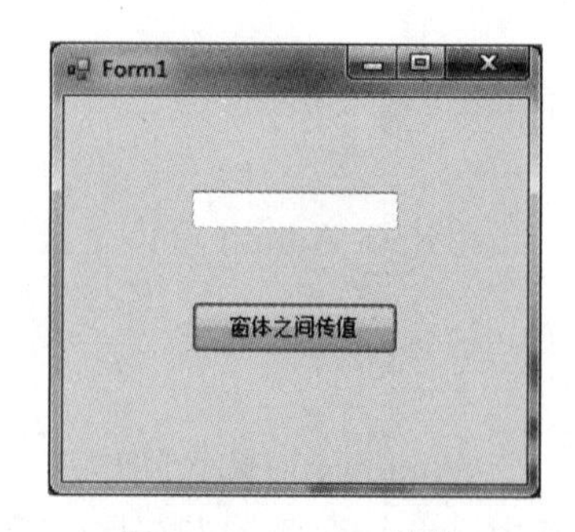

图 1-12　Form1 传值

```
        Form2.Controls.Add(lblShow);
        lblShow.Text = textBox1.Text.ToString();
    }
```

运行后，在 Form1 的 textBox1 文本框里输入的文字会在 Form2 上自动显示出来。这种方法可以单向传值，也可以双向传值。

### 2. 利用构造函数的方法实现窗体传值

整个项目的界面如图 1-13 所示。Form1 的界面与图 1-12 类似，Form2 上只有一个控件 label1。

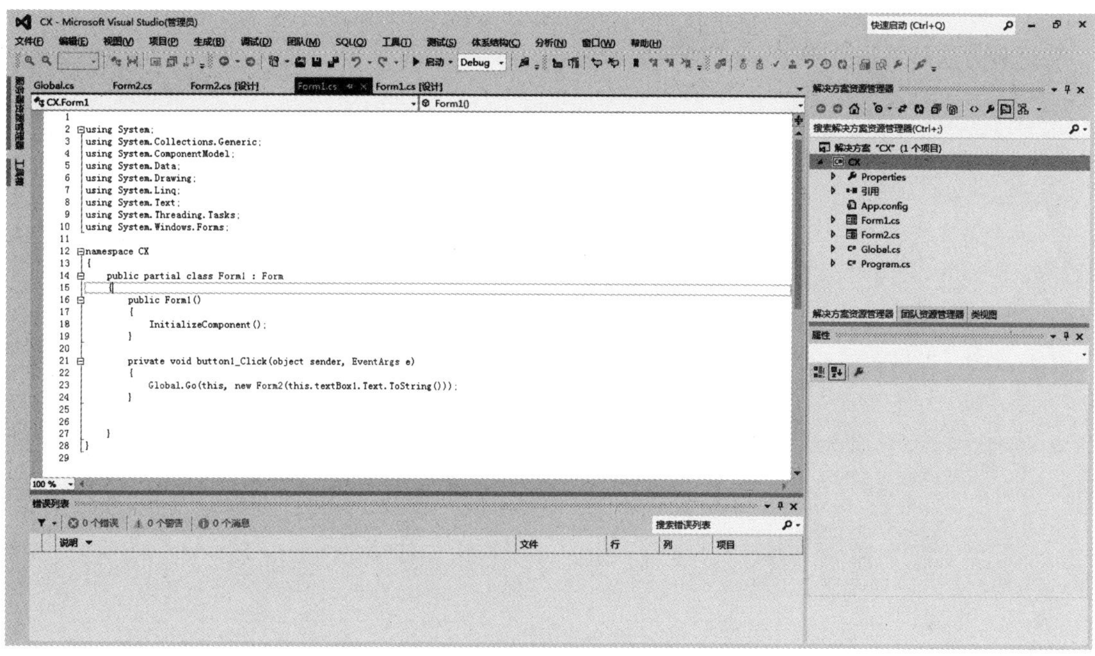

图 1-13 构造函数的方法传值

Form1 中的 button1 按钮代码如下：

```
private void button1_Click(object sender, EventArgs e)
    {
        Global.Go(this, new Form2(this.textBox1.Text.ToString()));
    }
```

Form2 的构造函数代码如下：

```
public Form2(string a)
    {
        InitializeComponent();
        label1.Text = a;
    }
```

Global.cs 代码如下：

```
using System;
using System.Collections.Generic;
using System.Linq;
using System.Text;
using System.Threading.Tasks;
using System.Windows.Forms;
```

```
namespace CX
{
    public static class Global
    {
        public static void Go(Form frm1, Form frm2)
        {
            frm1.Hide();
            frm2.Show();
        }
    }
}
```

这种方法是 Form1 到 Form2 的单向传值。

# 项目 2 常用控件

## 职业能力目标

- 能使用 Visual Studio 中 Toolbox 各种控件，并在窗体中合理摆放控件。
- 能够根据各个控件的特征，合理地选用控件。
- 能够根据需要动态生成控件，并能够在代码中设置控件的属性，掌握恰当运用控件的方法。
- 归纳综合控件的共同特征。
- 在软件开发中，灵活运用 Custom Control 和 User Control。

## 任务 1 Label 控件的应用

### 任务情境

要在一个标签上显示当前时间，并且要与当前时间同步实时更新，如图 2-1 所示。

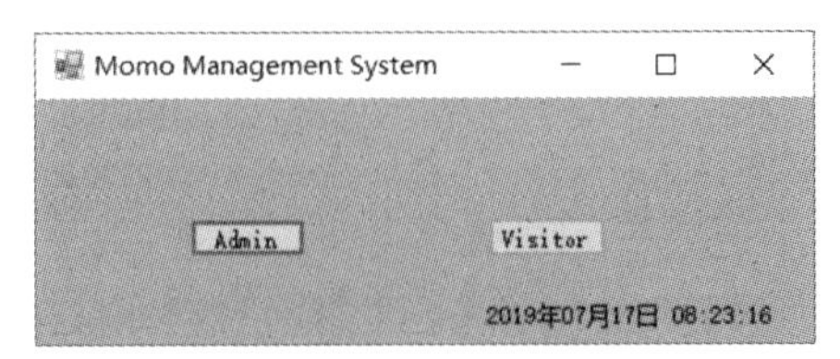


图 2-1 主窗体

### 任务分析

在项目 1 中，添加一个标签（Label）控件，并改名为 lblTime。并且在工具箱中拖入一个计时器控件 timer1，给计时器绑定 timer1_Tick 事件。否则，标签只会显示时间，而不会动态更新。因为时间的表示方式有很多种，所以显示的时间格式需要自定义。计时器（Timer）的属性通过代码完成设置。

## 任务实施

1）编写代码如下：

```
namespace LabelTime
{
    public partial class Form1 : Form
    {
        public Form1()
        {
            InitializeComponent();
            timer1.Enabled = true;
            timer1.Start();
            timer1. Interval=1000;
            timer1_Tick(null, null);
        }

        private void timer1_Tick(object sender, EventArgs e)
        {
            lblTime.Text = DateTime.Now.ToString("yyyy 年 MM 月 dd 日 hh:mm:ss");
        }
    }
}
```

2）运行结果显示"**** 年 ** 月 ** 日 **:**:**"。这个时间会与当前时间同步。把 timer1 控件的 Interval 设置为 1000，表示 1s。如果时间不自动更新，请给计时器绑定 timer1_Tick 事件。方法是：选中 timer1，在其属性窗体中，单击（事件）按钮。在事件下拉列表框 Tick timer1_Tick 中选择 timer1_Tick 即可。

## 必备知识

### 1．标签控件概述

标签（Label）是应用较多的控件，主要用于需要文字提示与说明的场合，如图 2-2 所示。常用于显示不能编辑、修改的文本。在给控件取名时，常缩写为 lbl，通常把控件名称与功能写在一起，控件名小写，功能名第一字母大写。例如，lblUsername 表示一个 Label 控件，功能为 Username，意思是用户名标签。

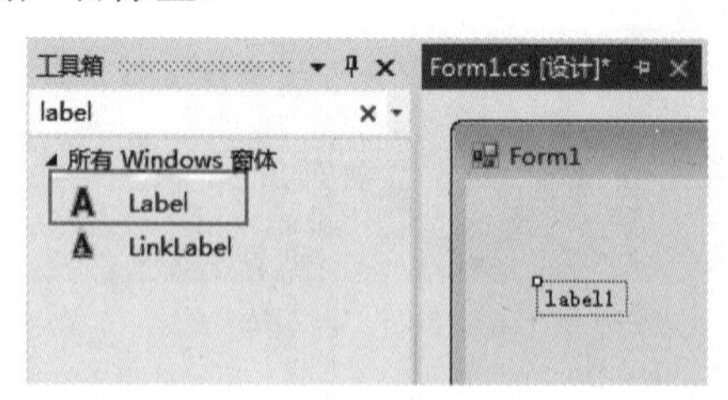


图 2-2　Label 控件

### 2．标签控件常用属性

1）TextAlign：用来设置标签中文本的对齐方式。任务中的 lblTime 文本居中可以写成

"lblTime.TextAlign=ContentAlignment.MiddleCenter;"，其中 ContentAlignment 是枚举类型。

2）AutoSize：用来获取或设置一个值，该值指示是否自动调整控件的大小以完整显示其内容，如图 2-3 所示。取值为 True 时，控件将自动调整到刚好能容纳文本时的大小；取值为 False 时，控件的大小为设计时的大小。默认为 False。例如，lblTime.AutoSize = true。

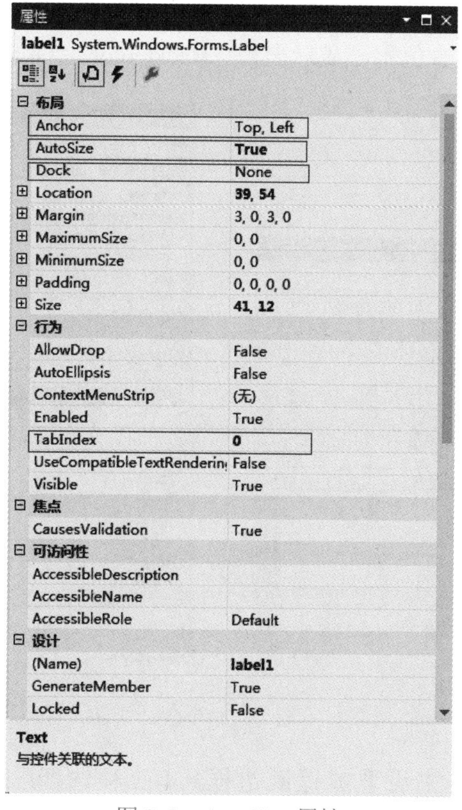

图 2-3 AutoSize 属性

3）Text 属性：标签中显示文本，用来设置或返回标签控件中显示的文本信息。可以在属性面板的 Text 选项后面的文本框中输入文本信息。如果用代码则可以写成"label1.Text="内容""。

4）Anchor 属性：用来确定此控件与其容器控件的固定关系。所谓容器控件指的是这样一种情况：通常在控件之中还有一个控件，例如，最典型的就是窗体控件中会包含很多的控件，像标签控件、文本框等，这时称包含控件的控件为容器控件或父控件，而被包含在其中的控件称为子控件。这时将遇到一个问题，即子控件与父控件的位置关系问题，即当父控件的位置和大小变化时，子控件按照什么样的原则改变其位置和大小。Anchor 属性就规定了这个原则。

对于 Anchor 属性，可以设定 Top、Bottom、Right、Left 中的任意几种，设置的方法是在属性窗口中单击 Anchor 属性右边的下拉按钮，将会出现如图 2-4 所示的框，通过它可设置 Anchor 属性值。

在任务中，如果窗口大小发生变化，显示时间的标签可能会超出窗口之外。为了解决这个问题，让标签距离窗口的最下边和最右边保持固定的距离。此时，就可以用到 Anchor 属性，代码是"lblTime.Anchor = AnchorStyles.Bottom; lblTime.Anchor = AnchorStyles.Right;"，其

中 AnchorStyles 是枚举类型。

在图 2-4 中选中变黑的方位即为设定的方位控制，即图中所示的为 Top 和 Left。此时，如果父窗口变化，子窗口将保证其左边缘与容器左边的距离、上边缘与容器上边的距离不变。可见随着窗体大小的变化，Label 控件也会随着变，而不变的则是 Anchor。

5）BackColor 属性：用来获取或设置控件的背景色。当该属性值设置为 Color.Transparent 时，标签将透明显示，即背景色不再显示出来。BackColor 属性如图 2-5 所示。

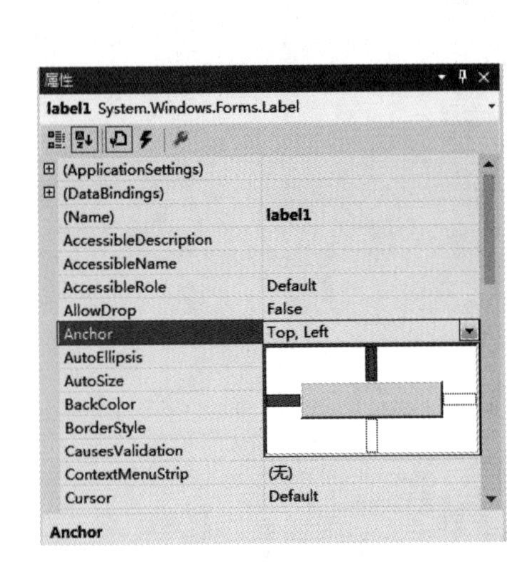


图 2-4　Anchor 属性

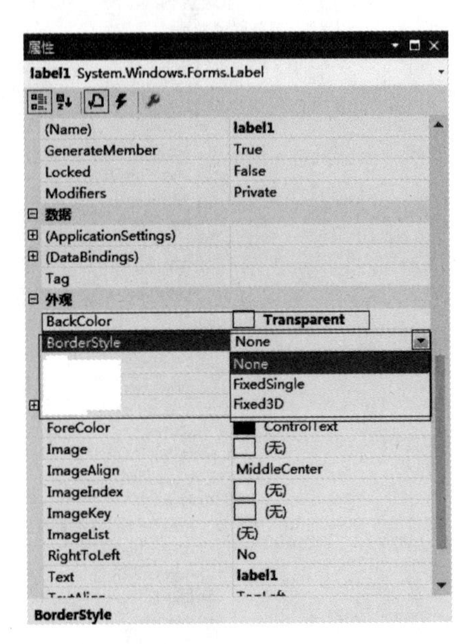


图 2-5　BackColor 属性和 BorderStyle 属性

6）BorderStyle 属性：用来设置或返回边框。有 3 种选择：BorderStyle.None 为无边框，BorderStyle.FixedSingle 为固定单边框，BorderStyle.Fixed3D 为三维边框。默认为 BorderStyle.None。

7）Enabled 属性：用来设置或返回控件的状态。值为 True 时允许使用控件；值为 False 时禁止使用控件，此时标签呈暗淡色，一般在代码中设置。另外，标签还具有 Visible、ForeColor、Font 等属性，具体含义请参考窗体的相应属性。

8）TabIndex 属性：用来设置或返回对象的 Tab 切换顺序。当界面中有多个控件时，需要控制控件的 Tab 切换顺序，否则按 <Tab> 键时，控件将会杂乱无章地跳动。可以设置 TabIndex 属性，控制 Tab 切换顺序。

# 任务 2　LinkLabel 控件的应用

## 任务情境

在一个表格的第三列中，运用代码实现添加 LinkLabel 控件，单击“link”文字超链接时，则给出相应提示。案例效果如图 2-6 所示。

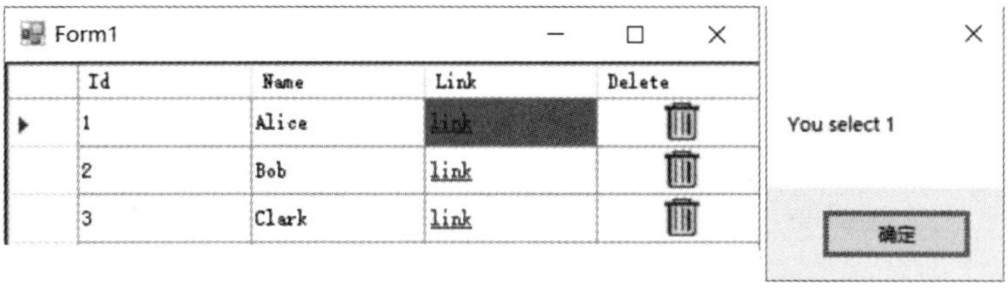

图 2-6 LinkLabel 控件的应用

## 任务分析

任务涉及用代码添加一个 DataTable，解决思路是实例化对象 dt，添加列后再添加行。使用 DataGridView 控件来显示数据，数据源为 dt。运用 DataGridViewLinkColumn 代码添加 Label 控件，设置相应的属性。

## 任务实施

1）在初始化部分添加 DataTable 表，DataTable dt = new DataTable()。

2）编写添加列方法 AddColumns()。

3）编写单击行显示内容方法 dataGridView1_CellClick()。

4）全部代码如下：

```
using System;
using System.Collections.Generic;
using System.ComponentModel;
using System.Data;
using System.Drawing;
using System.Linq;
using System.Text;
using System.Threading.Tasks;
using System.Windows.Forms;

namespace LinkLabel
{
    public partial class Form1 : Form
    {
        public Form1()
        {
            InitializeComponent();
            DataTable dt = new DataTable();
            dt.Columns.Add("Id");
            dt.Columns.Add("Name");
            dt.Rows.Add("1", "Alice");
            dt.Rows.Add("2", "Bob");
            dt.Rows.Add("3", "Clark");
            dataGridView1.DataSource = dt;
            AddColumns("Link", "link", "link");
            AddColumns("Delete", "img", "img");
        }
```

```
public void AddColumns(string test, string type, string name = "", int index = -1)
{
    if (name == null)
        name = Text;
    switch (type)
    {
        case "link":
            DataGridViewLinkColumn link = new DataGridViewLinkColumn();
            // 添加 Link 列
            link.HeaderText = test;
            link.Text = name;
            link.UseColumnTextForLinkValue = true;
            if (index == -1)
                dataGridView1.Columns.Add(link);
            else
                dataGridView1.Columns.Insert(index, link);
            break;
        case "img":
            DataGridViewImageColumn img = new DataGridViewImageColumn();
            // 添加删除列
            img.HeaderText = test;
             img.Image = Image.FromFile(@"D:\Project\VisualStudio\LinkLabel\LinkLabel\LinkLabel\Resources\
delete.jpg");
            if (index == -1)
                dataGridView1.Columns.Add(img);
            else
                dataGridView1.Columns.Insert(index, img);
            break;
        default:
            break;
    }
}

private void dataGridView1_CellClick(object sender, DataGridViewCellEventArgs e)
{
    if (e.RowIndex == -1)
        return;
    if (dataGridView1.CurrentCell.RowIndex == e.RowIndex)
    {
        MessageBox.Show("You select" + dataGridView1.CurrentRow.Cells["Id"].Value.ToString());
    }
}
}
}
```

## 必备知识

超链接标签用于窗体添加 Web 链接。LinkLabel 控件具有 Label 控件的所有属性，使用 Label 控件的地方都可以使用 LinkLabel 控件。超链接标签的 LinkClicked 事件确定选择链接文本后将产生的操作，可链接到多种类型的文件，如网页、Word 文档、PowerPoint 文件、图片等，需指明全路径名。

【例 2-1】链接到记事本程序可用如下代码：

```
System.Diagnostics.Process.Start(@"C:\Windows\notepad.exe");
```

【例 2-2】链接到计算器程序可用如下代码：

```
System.Diagnostics.Process.Start(@"C:\Windows\system32\calc.exe");
```

【例 2-3】链接到 CCTV 网站可用如下代码：

```
System.Diagnostics.Process.Start(@"http://www.cctv.com");
```

## 触类旁通

注意到代码中有“删除”的图片 delete.png，也就是说明在程序中还可以用代码添加或删除图标，当用户单击图标时，可删除对应行的记录，读者可自行实践。

# 任务 3 ComboBox 控件的应用

## 任务情境

在软件开发中，经常遇到可供用户选择的下拉框，称为组合框，控件名为 ComboBox。组合框的应用案例效果如图 2-7 所示。

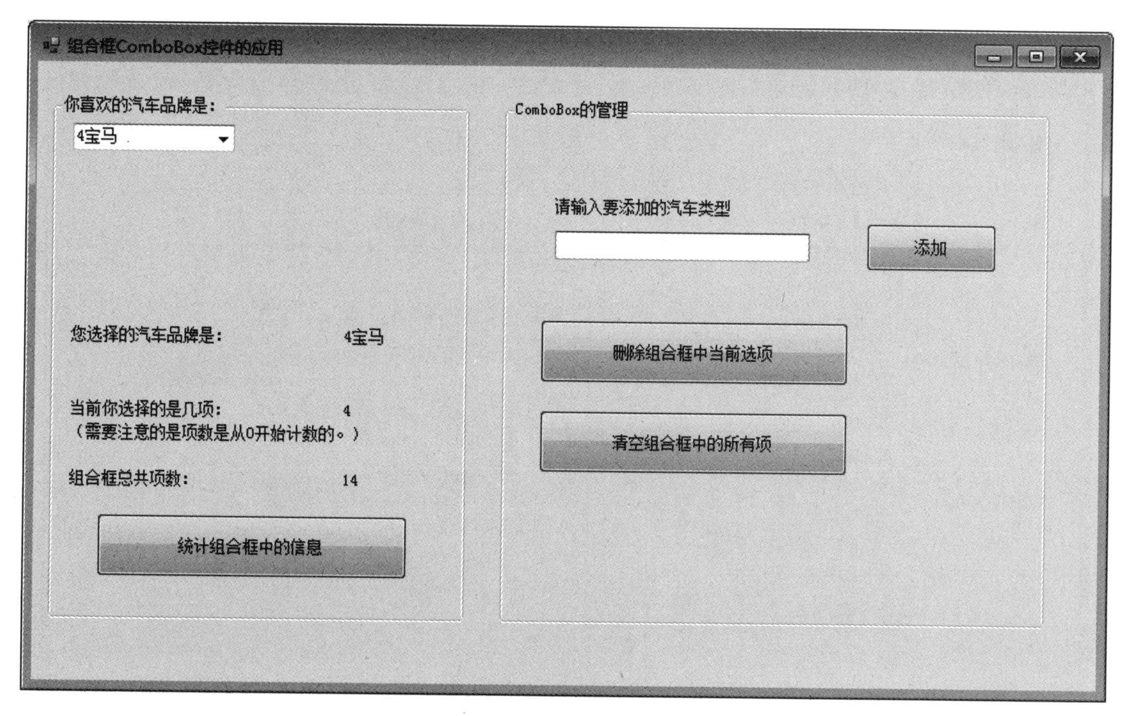


图 2-7 组合框的应用

1）当单击“统计组合框中的信息”按钮时，界面左下方给出相应的 3 种统计结果。

2）单击“添加”按钮时，若添加内容为空或与组合框中的内容重复，则给出相应提示，否则将添加内容加入组合框。

3）单击“删除组合框中当前选项”按钮时，若没有选中项，则给出相应提示，否则删除组合框中所选项。

4）单击“清空组合框中的所有项”按钮时，则清空组合框中所有项。

## 任务分析

添加喜欢的洗车品牌数据源，可以通过“编辑项”的方法。用 ComboBox 的 Text 属性返回选定的文本，注意，其 SelectedItem 属性返回的是一个 Object 类型的对象，不一定是选中项的文本。此外，还需注意选定的第一个的 Index 是 0，不是 1。用 Items.Count 统计项数，用 Items.IndexOf() 来检查是否存在相同的项，通过 SelectedIndex <0 来判断用户没有选中某一项。

## 任务实施

1）新建 Windows 应用程序项目，把窗体的 Text 属性设置为“组合框 ComboBox 控件的应用”。单击工具箱中的控件，在窗体上添加 2 个组合框控件 groupBox1、groupBox2，设置其 Text 属性分别为“你喜欢的汽车品牌是”和“comboBox 的管理”。

2）在 groupBox1 控件上添加 1 个组合框 comboBox1，单击 comboBox1 菜单中的“编辑项”命令添加列表项，如图 2-8 所示。或者在如图 2-9 所示的 Items 属性中，单击图中其后的扩展按钮。

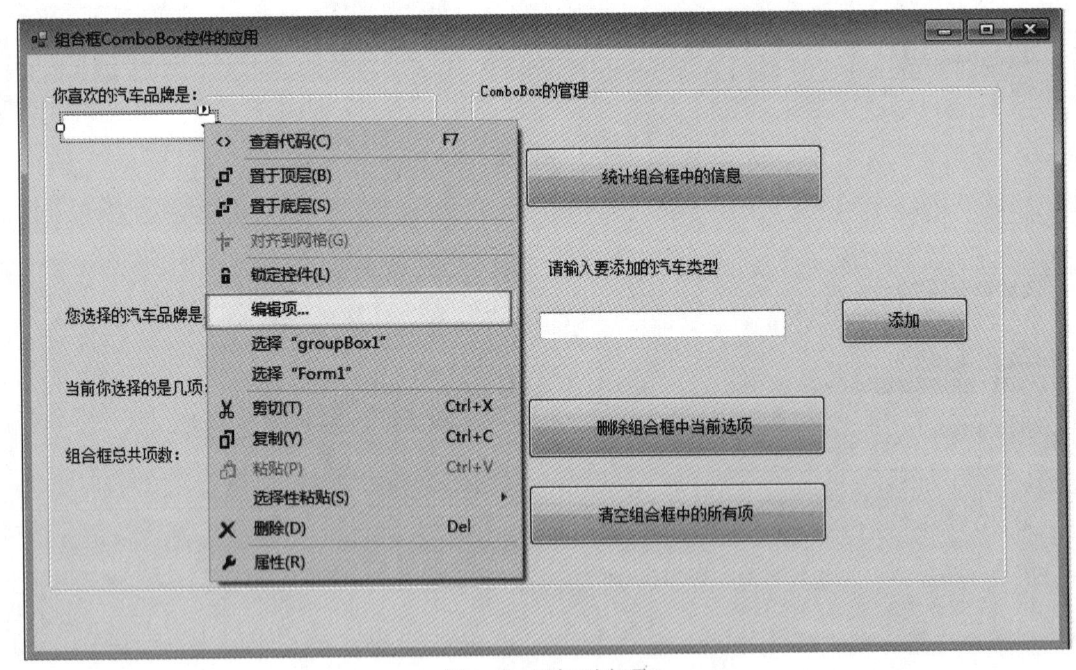


图 2-8 添加列表项

3）在弹出的“字符串集合编辑器”对话框中，输入字符串，也就是 ComboBox 的选项，如图 2-10 所示。再在窗体中添加 6 个标签、1 个文本框、4 个按钮，其中有 3 个标签的 Text 属性设置为空。

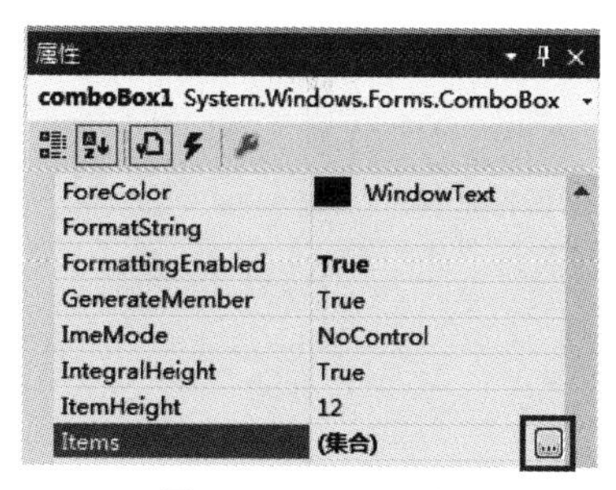


图 2-9 Items 属性

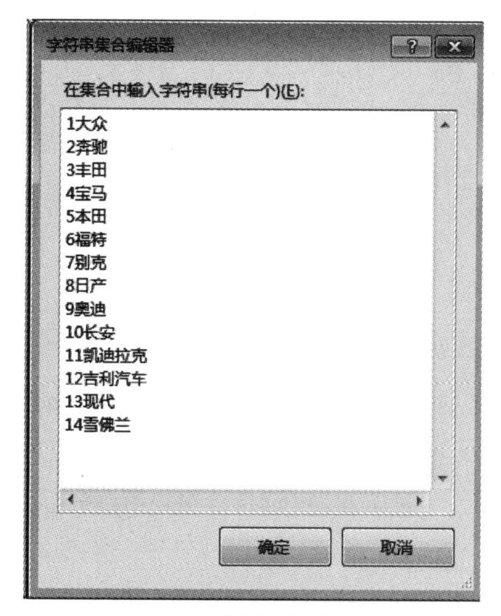


图 2-10 编辑添加列表项

4）全部代码如下：

```
using System;
using System.Collections.Generic;
using System.ComponentModel;
using System.Data;
using System.Drawing;
using System.Linq;
using System.Text;
using System.Threading.Tasks;
using System.Windows.Forms;

namespace ComboBox
{
    public partial class Form1 : Form
    {
        public Form1()
        {
            InitializeComponent();
        }

        private void Form1_Load(object sender, EventArgs e)
        {
            comboBox1.SelectedIndex = 0;  // 设置第一项为默认值
        }

        private void btnCmbStatistics_Click(object sender, EventArgs e)
        {
            label1.Text = comboBox1.Text;
            // 显示 ComboBox 中的内容
            label2.Text = (comboBox1.SelectedIndex + 1).ToString();
            // 注意第几项是从第 0 项开始计数的，依次是第 0 项、第 1 项，第 2 项……，与平时计数的习惯相差 1
            label3.Text = comboBox1.Items.Count.ToString();
            // 统计 ComboBox 中总共有多少项
        }
```

```
            private void btnAdd_Click(object sender, EventArgs e)
            {
                if (textBox1.Text == "")
                // 如果文本框为空，则显示提示对话框
                {
                    MessageBox.Show(" 添加的品牌不能为空，请输入！ ");
                    return;
                }
                if (comboBox1.Items.IndexOf(textBox1.Text) >= 0)
                // 如果添加的品牌重复，则显示提示对话框
                {
                    MessageBox.Show(" 添加的品牌重复，请重新输入！ ");
                    return;
                }
                comboBox1.Items.Add(textBox1.Text);
            }

            private void btnDelete_Click(object sender, EventArgs e)
            {
                if (comboBox1.SelectedIndex < 0)
                {
                    MessageBox.Show(" 请先选中要删除的列表项！ ");
                    return;
                }
                comboBox1.Items.Remove(comboBox1.SelectedItem);
            }

            private void btnClear_Click(object sender, EventArgs e)
            {
                DialogResult dr = MessageBox.Show(" 你确定要清空所有的列表项吗 ", " 提示 ", MessageBoxButtons.
YesNoCancel, MessageBoxIcon.Information);
                if (dr == DialogResult.Yes)
                {
                    comboBox1.Items.Clear();
                    comboBox1.Text = "";
                }
            }
        }
    }
```

## 必备知识

### 1．ComboBox 组合框控件概述

ComboBox 组合框控件是一个文本框和一个列表框的组合，是一个下拉组合框控件，如图 2-11 所示。该类控件用于在下拉列表框中显示数据，便于用户从下拉列表框的多个选项中进行选择，该选项的内容将自动装入文本框中，当没有所需选项时，允许在文本框中直接输入信息。

ComboBox 控件在使用的时候经常只是绑定数据表中的其中一列或把其中一列的值添加到 Items 中，如姓名 Name 列。但在查询或使用的时候有可能需要 Name 所对应的 ID，这时可能还要再用一条查询语句将 Name 对应的 ID 取出来。通常在使用时取名为 cmb，如姓名的下拉组合框控件取名为 cmbName。

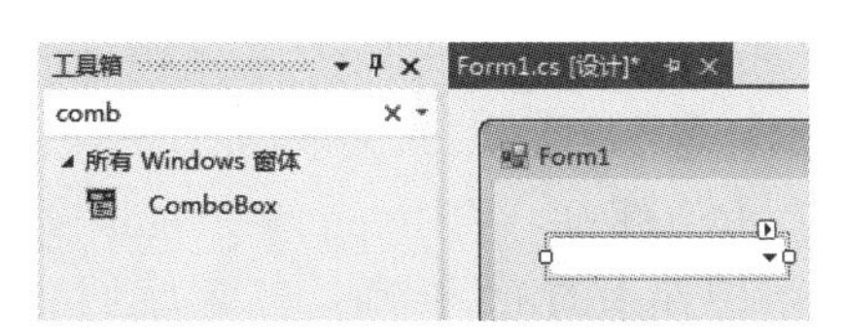


图 2-11 ComboBox 控件

2．常用属性

1）Text 属性：这个属性返回的是选中的项的文本。要显示选中的项的文本，可以用下面的事件：

```
private void comboBox1_SelectedIndexChanged(object sender, EventArgs e)
        {
            MessageBox.Show(comboBox1.Text.ToString());
        }
```

2）Items 属性：项。获取一个对象，该对象表示该 ComboBox 中所包含项的集合。

3）DropDownStyle 属性：组合框风格。

4）Items.Count 属性：项数。

5）SelectedIndex 属性：选中项索引号，SelectedIndex 属性返回一个表示与当前选定列表项的索引的整数值，可以编程更改它。列表中相应项将出现在组合框的文本框内。如果未选中任何项，则 SelectedIndex 为 –1；如果选中了某个项，则 SelectedIndex 是从 0 开始的整数值。

6）SelectedItem 属性：选中项。SelectedItem 属性与 SelectedIndex 属性类似，但是 SelectedIndex 属性返回的是项。SelectedItem 获取的是选中项本身，这里返回的是 Object 类型的一个对象，不一定是选中项的文本。例如，现在将 ComboBox 绑定到一个 DataReader 上，如果我们使用 SelectedItem.ToString() 的话，返回的是 System.Data.DataRowView，这表明返回的是一个 System.Data.DataRowView 的对象，然后转换为 Object 类型返回。

7）SelectedValue 属性：获取或设置由 ValueMember 属性指定的成员属性的值。也就是说要绑定了数据源之后才能使用这个属性。

8）BackColor 属性：获取或设置 ComboBox 控件的背景色。

9）DropDownStyle 属性：获取或设置指定组合框样式的值，确定用户能否在文本部分输入新值以及列表部分是否总显示。包含 3 个值，如图 2-12 所示，默认值为 DropDown。其属性见表 2-1。

表 2-1 DropDownStyle 属性

| 成员名称 | 说明 |
| --- | --- |
| DropDown | 文本部分可编辑。用户必须单击箭头按钮来显示列表部分 |
| DropDownList | 用户不能直接编辑文本部分。用户必须单击箭头按钮来显示列表部分 |
| Simple | 文本部分可编辑。列表部分总可见 |

10）DropDownWidth 属性：用于获取或设置组合框下拉部分的宽度（以像素为单位）。有些列表项太长，就需要通过改变该属性来显示该类表项的全部文字，如果未设置 DropDownWidth 的值，该属性返回组合框的 Width。注意，下拉部分的宽度不能小于 ComboBox 的宽度，所以设置 DropDownWidth 的值如果小于 ComboBox 的宽度时，下拉列表框的宽度还是与文本框的宽度是一样的。

11）IntegralHeight 属性：指定是否自动调整文本框控件的高度，以显示一行文本，如图 2-13 所示。设计时可用，运行时只读，默认为 False。如果列表框控件的高度不合适，则控件中的最后一行文字会只显示一部分，将 IntergralHeight 设置为“True”，可以自动调整控件的高度，这样可以正确显示控件中的最后一项。注意，当 Integralheight 属性设置为“True”时，Height 属性的值可能与控件的真实高度不符。

12）MaxDropDownItems 属性：下拉部分中可显示的最大项数。该属性的最小值为 1，最大值为 100。

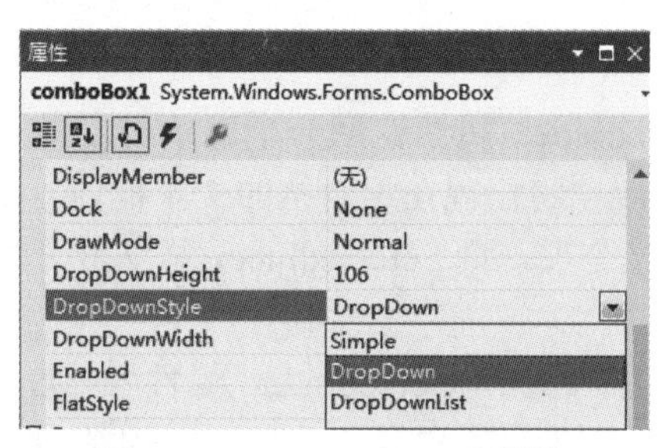


图 2-12　DropDownStyle 属性

图 2-13　IntegralHeight 属性

### 3. 常用方法

1）Add 方法：Items 属性的方法之一，使用形式为 ComboBox1.Items.Add("Item 0")。

使用 Items 属性可添加或删除 ComboBox 控件中的列表项。要在程序中添加或删除项，可使用 Items.Add()、Items.Insert()、Items.Clear() 或 Items.Remove() 方法。注意，此方法返回的是 int 型值，是 Item 所在的 Index 值。

2）BeginUpdate 方法和 EndUpdate 方法：当使用 Add 方法一次添加一个项时，则可以使用 BeginUpdate 方法，以防止每次向列表添加项时控件都重新绘制 ComboBox。完成向列表添加项的任务后，调用 EndUpdate 方法来启用 ComboBox 进行重新绘制。当向列表添加大量的项时，使用这种方法添加项可以防止绘制 ComboBox 时闪烁。

```
private void button1_Click(object sender, EventArgs e)
    {
        int i;
        comboBox1.BeginUpdate();
        for (i = 0; i < 99; i++)
        {
            comboBox1.Items.Add("Item" + comboBox1.Items.Count.ToString());
        }
        comboBox1.EndUpdate();
    }
```

3）FindString 方法：用于查找 ComboBox 中以指定字符串开始的第一个项，该方法是模糊查询，但是查找的字符串一定在匹配项的开始位置。

4）FindStringExact 方法：用于查找与指定字符串完全匹配的项。

5）GetItemText 方法：返回指定项的文本表示形式。使用形式为 GetItemText(item)。

6）Items.Indexof（字符串）方法：判断 Items 是否存在“字符串”的项，返回值为 -1 代表不存在，其他值代表“字符串”在 Items 中的索引，表示存在。

## 触类旁通

常用组合框的应用举例：当用户选择省份时，在一个组合框中列出所包含的城市名。

参考代码如下：

```
using System;
using System.Collections.Generic;
using System.ComponentModel;
using System.Data;
using System.Drawing;
using System.Linq;
using System.Text;
using System.Threading.Tasks;
using System.Windows.Forms;

namespace WindowsFormsApplication1
{
    public partial class FrmMain : Form
    {
        public FrmMain()
        {
            InitializeComponent();
            cmbProvince.Items.Add(" 江苏省 ");
            cmbProvince.Items.Add(" 浙江省 ");
            cmbProvince.Items.Add(" 安徽省 ");
            //cmbProvince.SelectedIndex = 0;
        }

        private void cmbProvince_SelectedIndexChanged(object sender, EventArgs e)
        {
            cmbCity.Items.Clear();
            switch (cmbProvince.SelectedIndex)
            {
                case 0:
                    cmbCity.Items.Add(" 苏州 ");
                    cmbCity.Items.Add(" 南京 ");
                    cmbCity.Items.Add(" 常州 ");
                    break;
                case 1:
                    cmbCity.Items.Add(" 杭州 ");
                    cmbCity.Items.Add(" 宁波 ");
                    cmbCity.Items.Add(" 温州 ");
                    break;
                case 2:
                    cmbCity.Items.Add(" 黄山 ");
                    cmbCity.Items.Add(" 合肥 ");
                    cmbCity.Items.Add(" 马鞍山 ");
```

```
                    break;
                default:
                    break;
            }
            cmbCity.SelectedIndex = 0;
        }

        private void FrmMain_Load(object sender, EventArgs e)
        {
            cmbProvince.SelectedIndex = 0;
        }
    }
}
```

需要注意的是，ComboBox（类似的 ListBox 也是）在 Form_load 窗体加载时会自动触发 SelectedIndexChanged 事件。还有一点需要注意，在 cmbProvince_SelectedIndexChanged 事件中，先要用 cmbCity.Items.Clear() 清除所有的选项，以防止重复添加。另外，“cmbProvince.SelectedIndex=0;”写在 Form_load 事件中，而不写在初始化的事件的构造方法 FrmMain() 中。这是因为在开发的时候，FrmMain() 是经常写委托（delegate）的，这时可能会出现找不到数据源的情况，在目前的程序中，这些事件是在界面中单击鼠标后生成的，所以写在初始化部分也没有问题，但是在工程中，如果代码量很大，又要涉及代码迁移，界面也发生改变，就很难处理。类似的按钮双击生成的代码也是注册在系统中的，如果按钮被删除，则系统不能运行，而如果使用委托就不会出现这种情况。

# 任务 4　ListBox 控件的应用

## 任务情境

在软件开发中，经常遇到可供用户选择的一列数据，称为列名框，控件名为 ListBox。列表框的应用案例效果如图 2-14 所示。当用户在左边选择一个列表项时，如“China”，在右边的列表项中显示中国的省份“河北”“山东”等。当选择“America”时，显示美国各个州的名称。当单击按钮时，弹出信息提示框，显示用户所选择的内容，如图 2-15 所示。

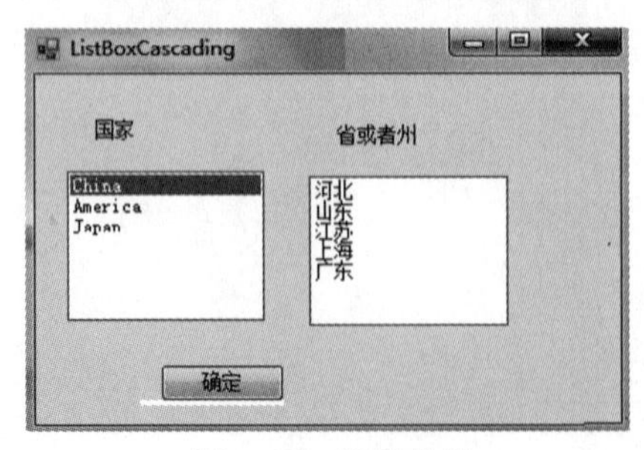


图 2-14　案例效果

图 2-15　显示用户选择的信息

## 任务分析

此任务与上一个任务类似，只是控件选择不同，不同的是此次用 Items.Add("") 方法添加数据源。SelectedItem.ToString() 显示选中的项。

## 任务实施

1）新建 Windows 应用程序项目，把窗体的 Text 属性设置为“ListBoxCascading”。单击工具箱中的控件，在窗体上添加两个列表框控件 listBox1、listBox2，设置其 Name 属性分别为“lstCountry”和“lstProvince”。

2）添加 Button 按钮。

3）全部代码如下：

```
using System;
using System.Collections.Generic;
using System.ComponentModel;
using System.Data;
using System.Drawing;
using System.Linq;
using System.Text;
using System.Windows.Forms;

namespace ListBoxCascading
{
    public partial class Form1 : Form
    {
        public Form1()
        {
            InitializeComponent();

        }
        private void Form1_Load(object sender, EventArgs e)
        {
            lstCountry.Items.Add("China");
            lstCountry.Items.Add("America");
            lstCountry.Items.Add("Japan");
            lstCountry.SelectedIndex = 0;
        }
        private void lstCountry_SelectedIndexChanged(object sender, EventArgs e)
        {
            switch (lstCountry.SelectedIndex)
            {
                case 0:
                    lstProvince.Items.Clear();
                    lstProvince.Items.Add(" 河北 ");
                    lstProvince.Items.Add(" 山东 ");
                    lstProvince.Items.Add(" 江苏 ");
                    lstProvince.Items.Add(" 上海 ");
                    lstProvince.Items.Add(" 广东 ");
                    break;
                case 1:
                    lstProvince.Items.Clear();
                    lstProvince.Items.Add("New Jersey");
                    lstProvince.Items.Add("Texas");
```

```
                lstProvince.Items.Add("Wisconsin");
                lstProvince.Items.Add("Utah");
                lstProvince.Items.Add("Ohio");
                break;
            case 2:
                lstProvince.Items.Clear();
                lstProvince.Items.Add(" 东京都 ");
                lstProvince.Items.Add(" 北海道 ");
                lstProvince.Items.Add(" 大阪府 ");
                lstProvince.Items.Add(" 京都府 ");
                break;
            default:
                lstProvince.Items.Clear();
                break;
        }
    }

    private void button1_Click(object sender, EventArgs e) // 按钮的 Click 事件

    {
        string strSelect = lstCountry.SelectedItem.ToString() + "： " + lstProvince.SelectedItem.ToString();
        MessageBox.Show(strSelect," 国家的省或州 ", MessageBoxButtons.OK,MessageBoxIcon.Information);
    }
}
```

## 必备知识

### 1. ListBox 控件概述

ListBox 控件是 Windows 窗体的一个控件，它提供一个项目列表，用户可从中选择一项或多项。在列表框内的项称为列表项，列表项的加入是按一定顺序进行的，顺序号称为索引号。列表框内列表项的索引号是从 0 开始的。如果项总数超出可以显示的项数，则自动向 ListBox 控件添加滚动条。

### 2. 常用属性

1）MultiColumn 属性：当 MultiColumn 属性设置为 True 时，列表框以多列形式显示项，并且会出现一个水平滚动条。当 MultiColumn 属性设置为 False 时，列表框以单列形式显示项，并且会出现一个垂直滚动条。默认情况下为 False。

2）ScrollAlwaysVisible 属性：当设置为 True 时，无论项数多少都将显示滚动条。默认情况下为 False。

3）SelectionMode 属性：确定一次可以选择多少列表项，组件中条目的选择类型有 None、One、MutiSimple 和 MultiExtended 几种，即无法选择（None）、单选（One）、多选（Multi）。默认情况下为 One。若要设置在列表框中可以一次选中多项，可以设置列表框的 SelectionMode 属性为 MultiExtended 或 MultiSimple，如图 2-16 所示。

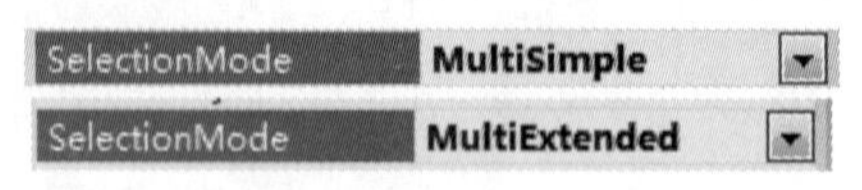

图 2-16　SelectionMode 属性选择多项

4）SelectedIndex 属性：返回对应于列表框中被选中项的索引值。通过在代码中更改

SelectedIndex 值，可以以编程方式更改选中项；列表框中的相应项将在 Windows 窗体上突出显示。如果未选中任何项，则 SelectedIndex 的值为 -1；如果选中了列表中的第一项，则 SelectedIndex 的值为 0；当选中多项时，SelectedIndex 的值反映列表中最先出现的选中项。

5）SelectedItem 属性：类似于 SelectedIndex 属性，但它返回选中项本身，通常是字符串值，返回的类型是 ListItem，表示列表框中选中项。

6）Items.Count 属性：反映列表框中项目的总数。并且 Items.Count 属性的值总比 SelectedIndex 的最大值大 1，因为 SelectedIndex 是从 0 开始的。

经常用到移动指针到指定位置，如若移至第一项，则将被选中项的索引设置为 0，即 ListBox.SelectedIndex=0；若移至最后一项，则将被选中项的索引设置为 ListBox.Items.Count–1，即 ListBox.SelectIndex=ListBox.Items.Count–1；若移动到上一项，则用当前被选中项的索引去减 1，即 ListBox.SelectedIndex =ListBox.SelectedIndex–1；若移动到下一项，则用当前被选中项的索引去加 1，即 ListBox.SelectedIndex=ListBox.SelectedIndex + 1。

7）Rows 属性：表示列表框中总共显示多少行。

8）Seleceted 属性：表示检查项目是否被选中。

9）Items 属性：泛指列表框中的所有项，每一项的类型都是 ListItem。listBox1.Items[i] 表示列表框中的第 i+1 项，其中 i 为列表项索引号，应为非负整数。

### 3. 常用方法

若要在 ListBox 控件中添加或删除项，通常使用 Items.Add、Items.Insert、Items.Clear 或 Items.Remove 方法。也可以在设计时使用 Items 属性向列表添加项，或通过列表框任务窗格中的“编辑项”命令直接添加，也可在应用程序中用 Items.Add 或 Items.Insert 方法添加。用 Items.Remove 方法删除指定的列表项，用 Items.Clear 方法删除全部的列表项。

1）取列表框中被选中的值可以使用 listBoxl.SelectedItem. ToString()，代码如下：

```
MessageBox.Show(listBox1.SelectedItem.ToString());
```

2）动态地添加列表框中的项可以使用 listBox1.Items.Add(" 所要添加的项 ")，代码如下：

```
listBox1.Items.Add(" 音乐 ");
listBox1.Items.Add(" 美术 ");
listBox1.Items.Add(" 体育 ");
listBox1.Items.Add(textBox1.Text); // 用户在 textBox1 输入的内容添加到 listBox1 中
listBox1.Items.Insert(0, " 英语 ");  // 将字符串 " 英语 " 插入 listBox1 中第一项的位置
```

3）删除指定项，代码如下：

```
if (listBox1.Items.Count > 0) // 首先判断列表框中的项是否大于 0
    {
        listBox1.Items.Remove(listBox1.SelectedItem); // 移出选择的项
    }
```

另外一种方法是使用 RemoveAt() 方法移除指定索引处的项，代码如下：

```
listBox1.Items.RemoveAt(listBox1.SelectedIndex);  // 删除选中项
```

4）清空所有项，代码如下：

```
if (listBox1.Items.Count > 0)
    {
        listBox1.Items.Clear(); // 清空所有项
    }
```

5）获取指定项的索引可以使用 IndexOf() 方法。listBox1.Items. IndexOf(s) >=0 表明字符串 s 与列表项重复。下面的代码就是在添加前进行检查。

```
if (listBox1.Items.IndexOf(textBox1.Text) >= 0)
```

```
{
        MessageBox.Show(" 添加的项名不允许重复 ");
        textBox1.Focus( );
        return;
}
listBox1.Items.Add(textBox1.Text);
```

列表框控件的默认事件为 SelectedIndexChanged 事件，该事件在列表框的 SelectedIndex 属性更改时发生。可以参考任务中的 lstCountry_SelectedIndexChanged 事件。

## 触类旁通

列表框的应用举例：显示选中项，可以添加、删除、清空列表框中的内容，效果如图 2-17 所示。

当选中列表框中某项时，界面下方给出相应的提示，否则提示内容为空。

单击“添加”按钮时，若添加内容为空或者与列表框中内容重复，则给出相应提示，否则将添加内容加入列表框。

单击“删除”按钮时，若没有选中项，则给出相应提示，否则删除列表框中所选项。

单击“清空”按钮时，删除列表框中所有项，且对话框下方的提示内容为空。

注意：在清空操作前最好给出“是否确认清空？”提示，然后根据用户的选择做出相应的处理。

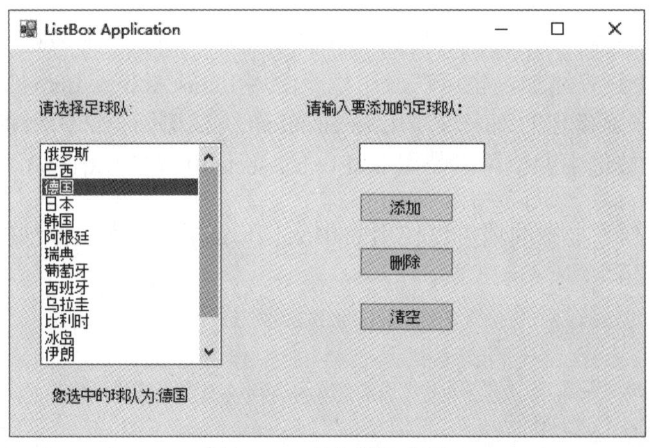


图 2-17　列表框的应用

操作步骤如下：

1）新建一个名为 LisBoxApplication 的 Windows 应用程序项目。

2）选择窗体，把窗体的 Text 属性设置为“ListBoxApplication”。

3）单击工具箱中容器类选项卡中的 SplitContainer 控件，在窗体上添加一个窗体拆分器控件 splitContainer1。

在 splitContainer1 控件的左侧面板 Panel1 中添加 2 个标签 label1、label2 和 1 个列表框 listBox1。设置 2 个标签的 Text 属性分别为“请选足球队：”和“请输入要添加的足球队：”。单击 listBox1 的任务面板中的“编辑项”按钮添加列表项。

在 SplitContainer1 控件的右侧面板 Panel2 中添加 1 个标签 label3、1 个文本框 textBox1 和 3 个按钮控件。设置 3 个按钮的 Text 属性分别为“添加”“删除”和“清空”。

4）双击列表框 listBox1 控件，添加如下代码：

```
private void listBox1_SelectedIndexChanged(object sender, EventArgs e)
    {
        if (listBox1.SelectedIndex>=0)  // 如果有列表项被选中
          label2.Text = " 您选中的球队为 :" + listBox1.SelectedItem.ToString();
        else label2.Text = "";
    }
```

5）双击“添加”按钮，添加如下代码：

```
private void btnAdd_Click(object sender, EventArgs e)
    {
        if (txtBoxTeam.Text == "")
        {
            MessageBox.Show(" 添加的球队名不可为空 ");
            txtBoxTeam.Focus();
            return;
        }
        if (listBox1.Items.IndexOf(txtBoxTeam.Text) >= 0)
        {
            MessageBox.Show(" 添加的球队名不允许重复 ");
            txtBoxTeam.Focus();
            return;
        }
        listBox1.Items.Add(txtBoxTeam.Text);
    }
```

6）双击“删除”按钮，添加如下代码：

```
private void btnDelete_Click(object sender, EventArgs e)
    {
        if (listBox1.SelectedIndex == –1)
        {
            MessageBox.Show(" 请选中要删除的项 !");
            return;
        }
        listBox1.Items.Remove(listBox1.SelectedItem);
        // listBox1.Items.RemoveAt（listBox1.SelectedIndex）；
    }
```

7）双击“清空”按钮，添加如下代码：

```
private void btnClear_Click(object sender, EventArgs e)
    {
        listBox1.Items.Clear();
        label2.Text = "";     // 不显示选择结果标签
    }
```

# 任务 5　TreeView 控件的应用

## 任务情境

Windows 系统的资源管理器对目录的管理是采用树形结构，这种树形结构可以用

TreeView 控件来实现。现要求制作类似的树形目录，并且能进行 TreeView 操作，添加节点的运行效果如图 2-18 所示，可添加根结点、子结点，还可删除结点。

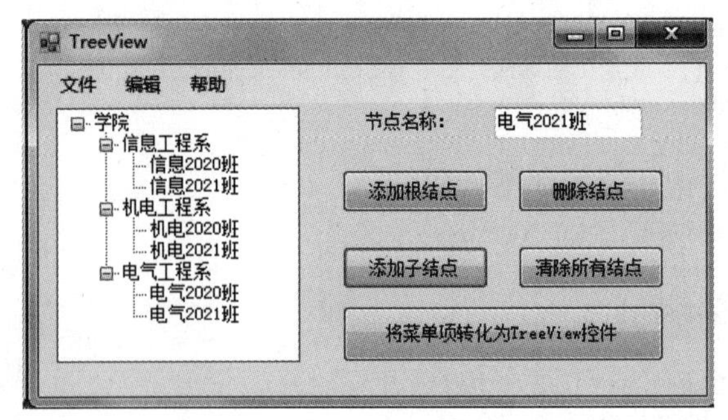


图 2-18　TreeView 运行效果图

单击“将菜单项转化为 TreeView 控件”按钮时，运行效果如图 2-19 所示，以树形视图方式显示菜单的层次结构。其中菜单有“文件”“编辑”和“帮助”，每个菜单下有二级子菜单，有的还有三级子菜单。

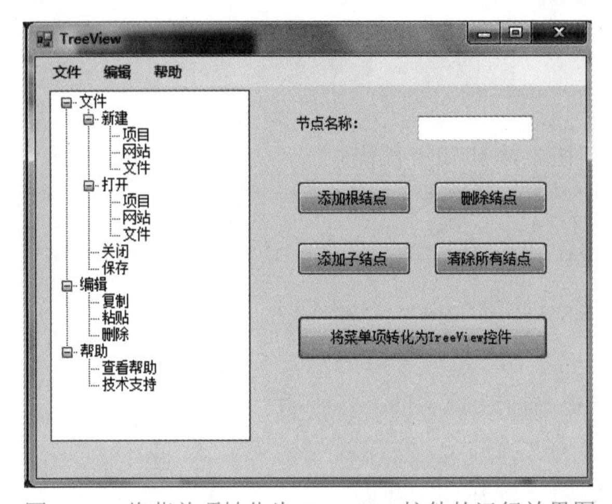


图 2-19　将菜单项转化为 TreeView 控件的运行效果图

## 任务分析

TreeView 控件中的结点都是 TreeNode 类型的对象，每个结点都有一个子结点集合属性 Nodes。添加结点时，先实例化结点对象，再运用 treeView1.Nodes.Add(node) 添加结点。结点名称文本框为 txtNode，用 Nodes.Remove(selectNode) 删除结点。

将菜单项转化为 TreeView 的方法是，先遍历 MenuStrip 组件中的一级菜单项，将一级菜单项的名称添加到 TreeView 组件的根结点中。再遍历二级菜单项，将二级菜单名称添加到 TreeView 组件的子结点 newNode1 中，依此类推。

## 任务实施

1）编写添加根结点方法 btnAddRootNode_Click()。

2）编写清除所有结点方法 btnClear_Click()。
3）编写添加子结点方法 btnAddNode_Click()。
4）编写删除结点方法 btnDeleteNode_Click()。
5）编写把菜单项转化为 TreeView 控件方法 btnMenuToTreeView_Click()。
6）全部代码如下：

```
using System;
using System.Collections.Generic;
using System.ComponentModel;
using System.Data;
using System.Drawing;
using System.Linq;
using System.Text;
using System.Windows.Forms;

namespace TreeView
{
    public partial class Form1 : Form
    {
        public Form1()
        {
            InitializeComponent();
        }
        /// <summary>
        /// 添加根结点
        /// </summary>
        /// <param name = "sender"></param>
        /// <param name = "e"></param>
        private void btnAddRootNode_Click(object sender, EventArgs e)
        {
            TreeNode node = new TreeNode(txtNode.Text);
            treeView1.Nodes.Add(node);
        }
        /// <summary>
        /// 清除所有结点
        /// </summary>
        /// <param name ="sender"></param>
        /// <param name="e"></param>
        private void btnClear_Click(object sender, EventArgs e)
        {
            treeView1.Nodes.Clear();

        }
        /// <summary>
        /// 添加子结点
        /// </summary>
        /// <param name="sender"></param>
        /// <param name="e"></param>
        private void btnAddNode_Click(object sender, EventArgs e)
        {
            TreeNode selectNode = treeView1.SelectedNode;
            if (selectNode != null)// 判断是否有结点被选中
            {
                selectNode.Nodes.Add(txtNode.Text);
                selectNode.Expand();
            }
```

```
        else
            MessageBox.Show(" 请先选中一个结点！ ");
    }
    /// <summary>
    /// 删除结点
    /// </summary>
    /// <param name ="sender"></param>
    /// <param name="e"></param>
    private void btnDeleteNode_Click(object sender, EventArgs e)
    {
        TreeNode selectNode = treeView1.SelectedNode;
        if (selectNode != null)// 判断是否有结点被选中
        {
            selectNode.Nodes.Remove(selectNode);
            selectNode.Expand();
        }
        else
            MessageBox.Show(" 请先选中一个要删除的结点！ ");
    }
    /// <summary>
    /// 将菜单项转化为 TreeView 控件
    /// </summary>
    /// <param name="sender"></param>
    /// <param name="e"></param>
    private void btnMenuToTreeView_Click(object sender, EventArgs e)
    {
        treeView1.Nodes.Clear();
        // 遍历 MenuStrip 组件中的一级菜单项
        for (int i = 0; i < menuStrip1.Items.Count; i++)
        {
            // 将一级菜单项的名称添加到 TreeView 组件的根结点中，并设置当前结点的子结点 newNode1
            TreeNode newNode1 = treeView1.Nodes.Add(menuStrip1.Items[i].Text);
            // 将当前菜单项的所有相关信息存入到 ToolStripDropDownItem 对象中
            ToolStripDropDownItem newmenu = (ToolStripDropDownItem) menuStrip1. Items[i];
            // 判断当前菜单项中是否有二级菜单项
            if (newmenu.HasDropDownItems && newmenu.DropDownItems.Count > 0)
                // 遍历二级菜单项
                for (int j = 0; j < newmenu.DropDownItems.Count; j++)
                {
                    // 将二级菜单名称添加到 TreeView 组件的子结点 newNode1 中，并设置当前结点的子
                    // 结点 newNode2
                    TreeNode newNode2 = newNode1.Nodes.Add(newmenu. DropDownItems[j].Text);
                    // 将菜单项所有相关信息存入到 ToolStripDropDownItem 对象中
                    ToolStripDropDownItem newmenu2 = (ToolStripDropDownItem) newmenu.DropDownItems[j];
                    // 判断二级菜单项中是否有三级菜单项
                    if (newmenu2.HasDropDownItems && newmenu2.DropDownItems. Count > 0)
                        // 遍历三级菜单项
                        for (int p = 0; p < newmenu2.DropDownItems.Count; p++)
                        // 将三级菜单名称添加到 TreeView 组件的子结点 newNode2 中
                        newNode2.Nodes.Add(newmenu2.DropDownItems[p].Text);
                }
        }
        treeView1.ExpandAll();   // 展开所有结点
    }
  }
}
```

# 必备知识

## 1．TreeView 控件概述

TreeView 控件称为树形视图控件，是以树形结构向用户展示一系列信息。该控件很适合表现数据的层次关系，具有直观和易于管理的特点。Windows 操作系统的资源管理器对目录的管理就是采用树形结构。

TreeView 控件中的结点都是 TreeNode 类型的对象，每个结点都有一个子结点集合属性 Nodes。

## 2．常用属性

1）Nodes 的 count 属性：返回指定结点集 Nodes 中的结点数。

2）SelectedNode 属性：选中的结点。

3）ImageList 属性：从中获取结点图像的控件。

4）ImageIndex 属性：结点的默认图像索引。

5）SelectedImageIndex 属性：选中结点的默认图像索引。

6）Nodes 属性：指定结点的子结点集合。

编辑结点的方法 1：添加 TreeView 控件后，在属性窗口（如图 2-20 所示）中，单击 Nodes 后边的扩展（有三个小点的）按钮，弹出如图 2-21 所示的 TreeNode 编辑器，直接进行结点的编辑。

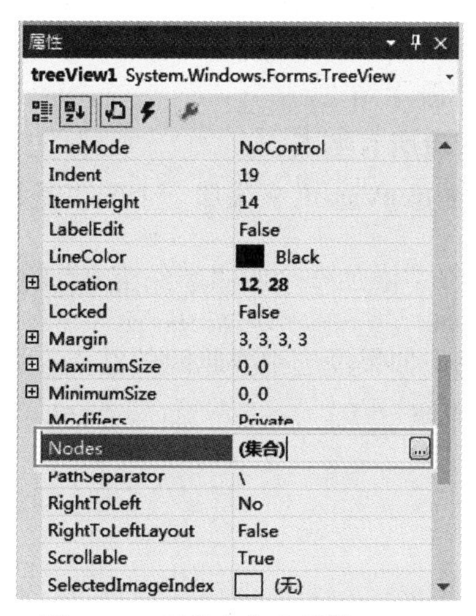


图 2-20　子结点集合属性 Nodes

编辑结点的方法 2：在窗体上添加一个 TreeView 控件后，再单击该控件任务面板上的“编辑结点”命令 TreeView 任务 编辑节点...，会弹出“TreeNode 编辑器”对话框，如图 2-21 所示。通过该编辑器，可添加根结点和子结点，还可移动和删除结点。

这种在设计视图中编辑 TreeView 控件结点的方法比较直接简单，与目录的层次结构一样。但需注意右边的属性设置。

编辑结点的方法 3：使用 TreeView 控件 Nodes 集合中的一些方法来编辑 TreeView 控件的结点。

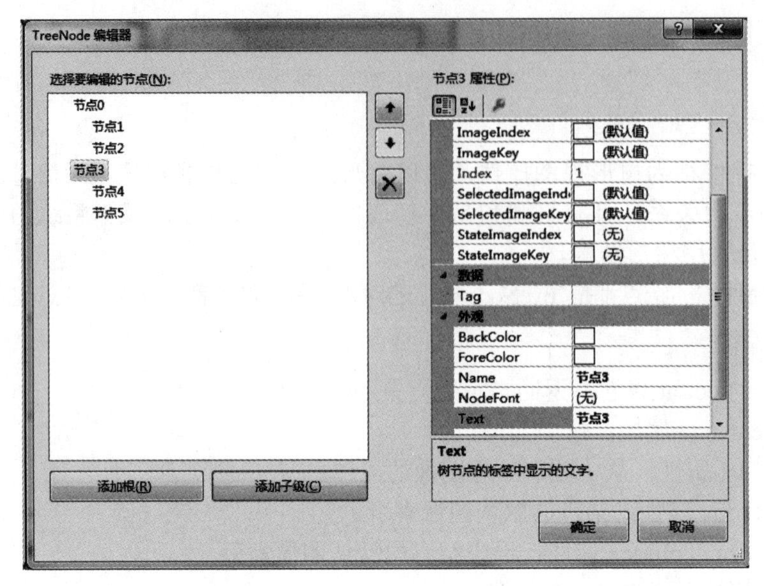

图 2-21 编辑 TreeView 控件的结点

### 3. 常用方法

另一种常用的编辑结点的方法是使用 TreeView 控件 Nodes 集合中的一些方法。

1）Nodes.Add() 方法：添加结点。

2）Nodes.Remove() 方法：删除结点。

3）Nodes.Clear() 方法：清除所有结点。

【例 2-4】在 TreeView 控件 treeView1 中添加一个叫“新结点 1”的结点。

```
treeView1.Nodes.Add(“新结点 1”);
```

【例 2-5】在 treeView1 控件中添加一个叫“新结点 2”的结点。

```
TreeNode node = new TreeNode(“新结点 2");treeView1. Nodes.Add (node);
```

【例 2-6】删除选中的结点，如果没选中要删除的结点，则会删除根结点。

```
TreeNode selectNode = treeView1.SelectedNode;
selectNode.Nodes.Remove(selectNode);
```

【例 2-7】清除所有的结点。

```
treeView1.Nodes.Clear();
```

# 任务 6　ListView 控件的应用

## 任务情境

在软件开发中，经常遇到以列表视图表达每一条数据信息的情况，类似于以详细信息方式在 Windows 操作系统中查看文件夹下的所有信息一样，以详细资料方式显示。现要求运用 ListView 控件，显示增加的每一行数据，效果如图 2-22 所示。

添加两个按钮，分别用于在 ListView 控件添加记录和清除所有记录。

| 学号 | 姓名 | 年龄 | email |
| --- | --- | --- | --- |
| 1401 | 马杰 | 19 | majie@sina.com |
| 1401 | 马杰 | 19 | majie@sina.com |
| 1401 | 马杰 | 19 | majie@sina.com |
| 1401 | 马杰 | 19 | majie@sina.com |
| 1401 | 马杰 | 19 | majie@sina.com |
| 1401 | 马杰 | 19 | majie@sina.com |

图 2-22 以详细资料方式显示

# 任务分析

ListView 控件称为列表视图控件，该控件能够以多种形式显示项目列表：小图标、大图标、列表、详细信息等。

以大图标方式显示：listView1.View = View.LargeIcon;。

以小图标方式显示；listView1.View = View.SmallIcon;。

以列表方式显示 : listView1.View = View.List; 。

以详细资料方式显示 : listView1.View = View. Details;。

本任务中要求以详细资料方式显示记录。

# 任务实施

1）在窗体上添加 ListView 控件 listView1，在任务面板上单击“编辑列”命令。增加 4 列，列名为学号、姓名、年龄、email。

2）添加两个按钮，分别用于添加记录和清除所有记录，代码如下：

```
// 添加记录
private void button1_Click(object sender, EventArgs e)
        {
            listView1.View = View.Details;
            string[] subs = { "1401", " 马杰 ", "19", "majie@sina.com" };
            ListViewItem lst = new ListViewItem(subs);
            listView1.Items.Add(lst);
        }
// 清除所有记录
private void button2_Click(object sender, EventArgs e)
        {
            for (int i = listView1.Items.Count−1; i >= 0; i−−)
            {
                listView1.Items.Remove(listView1.Items[i]);
            }
        }
```

# 必备知识

## 1．ListView 控件概述

ListView 控件称为列表视图控件，该控件能够以小图标、大图标、列表、详细信息多种形式显示项目列表。该控件数据项的图像保存在 ImageList 类组件中。与 ListView 控件相关的 ImageList 主要有两个，分别用于保存大图标和小图标。

在窗体上添加一个 ListView 控件，单击其右上角的智能三角形，会弹出 ListView 控件的任务面板，如图 2-23 所示。利用该任务面板，可在设计视图中对 ListView 控件进行编辑

列标题、编辑列表项、设置视图、设置大图标列表控件、设置小图标列表控件、设置控件的停靠位置等操作。

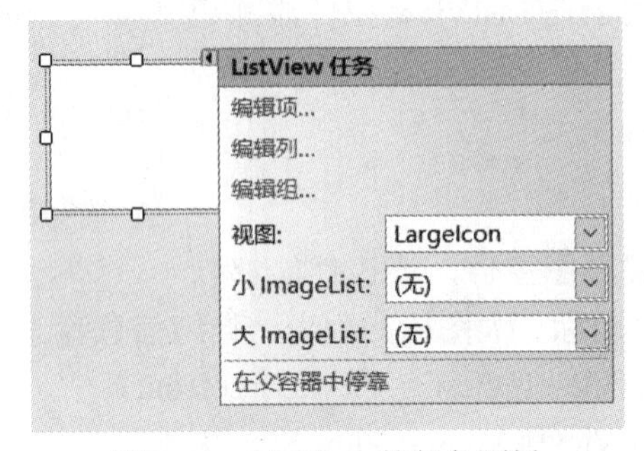


图 2-23　ListView 的任务面板

### 2. 常用属性

1）View：设置控件视图显示方式，可选值为 LargeIcon、SmallIcon、Details、List、Tile，分别表示以大图标、小图标、详细信息、列表、平铺方式显示。如 View. Details 表示以详细信息方式显示。

2）LargeImageList：设置大图标列表控件。

3）SmallImageList：设置小图标列表控件。

4）Items：列表项集合。Items.Count 表示列表项的个数。

5）SelectedItems：被选中项的集合，如 SelectdIlems[0] 表示选中第 1 项。

6）Dock：设置控件的停靠位置。

7）MultiSelect: 设置控件是否可以选择多项，默认值为 True。

### 3. 常用方法

与列表控件相似，ListView 控件 Items 属性有一系列方法。可利用这些方法对 ListView 控件的列表项进行添加、删除、清空等操作。

1）Items.Add() 方法：添加列表项，参数是列表项（ListViewItem 类型的实例）。

2）Items.Remove() 方法：删除列表项，参数是列表项（ListViewItem 类型的实例）。

3）Itmes.RemoveAt() 方法：删除列表项，参数是被删除的索引号。

4）Itmes.Clear() 方法：清空列表项。

# 任务 7　Panel 控件的应用

## 任务情境

软件开发过程中，用户单击不同的标签展示不同的窗体，这些窗体大部分内容相同；也有不同的控件，所有的窗体大小相同，让用户使用时感觉很平稳地过渡，不会有窗体之间的跳跃感。这时不必制作多个窗体，在一个窗体中可以使用多个 Panel 控件来实现。

现在要求制作一个窗体，同时实现登录界面、注册界面和修改密码界面。用 Panel 控件来实现各个功能之间平稳过渡，登录、注册和修改密码的具体功能不要求实现，效果如图 2-24 ～图 2-26 所示。

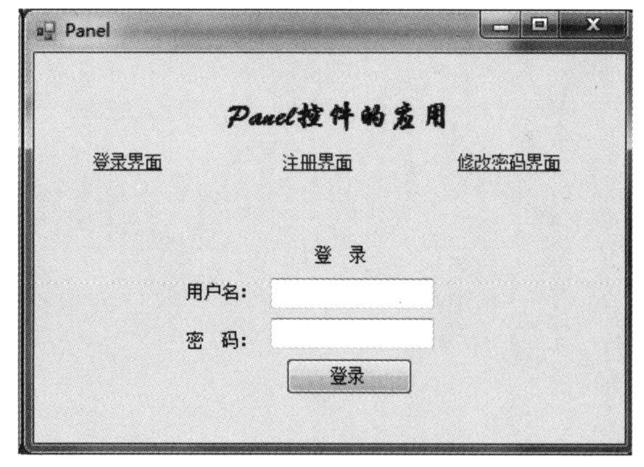


图 2-24 登录

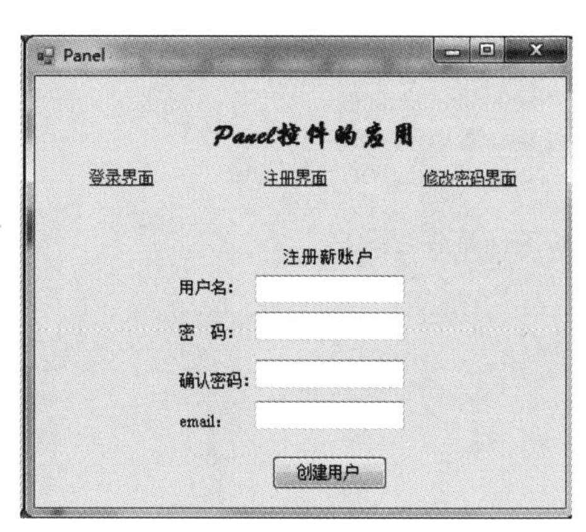


图 2-25 注册

图 2-26 修改密码

## 任务分析

在设计窗体时固定窗体的大小，在窗体中添加 3 个 Panel 控件，在每个 Panel 控件中添加不同控件，再把 3 个 Panel 控件的位置重叠在一起。

## 任务实施

1）新建 Windows 窗体应用程序项目，添加 Label 控件，将其 Font 属性设置为华文行楷、粗体、3 号字。

2）添加 3 个 LinkLabel 控件，其 Name 属性分别为 llbLogin、llbRegister 和 llbModify Password。

3）添加 3 个 Panel 控件，在每个 Panel 控件中添加不同控件，再把 3 个 Panel 控件的位置重叠在一起。

全部代码如下：

```
using System;
using System.Collections.Generic;
using System.ComponentModel;
using System.Data;
using System.Drawing;
using System.Linq;
using System.Text;
using System.Windows.Forms;

namespace Pannel
{
    public partial class Form1 : Form
    {
        public Form1()
        {
            InitializeComponent();
        }
        // 登录界面
        private void llbLogin_LinkClicked(object sender, LinkLabelLinkClickedEventArgs e)
        {
            panel1.Visible = true;
            panel2.Visible = false;
            panel3.Visible = false;
        }
        // 注册界面
        private void llbRegister_LinkClicked(object sender, LinkLabelLinkClickedEventArgs e)
        {
            panel1.Visible = false;
            panel2.Visible = true;
            panel3.Visible = false;
        }
        // 修改密码界面
        private void llbModifyPassword_LinkClicked(object sender, LinkLabelLinkClickedEventArgs e)
        {
            panel1.Visible = false;
            panel2.Visible = false;
            panel3.Visible = true;
        }

        private void Form1_Load(object sender, EventArgs e)
        {
            panel1.Visible = false;
            panel2.Visible = false;
            panel3.Visible = false;
        }
    }
}
```

# 必备知识

## 1. Panel 控件概述

Panel 控件是一个容器控件，可以用来动态建立控件或者显示和隐藏在 Panel 控件中的控件。

Windows 窗体的 Panel 面板控件用于为其他控件提供可识别的分组。通常，使用面板按功能细分窗体，将所有选项分组在一个面板中向用户提供逻辑可视化的提示。在设计时所有控件都可以轻松移动，当移动 Panel 控件时，它包含的所有控件也将移动。

Panel 控件类似于 GroupBox 控件，两者的区别是，Panel 控件可以有滚动条，而 GroupBox 控件可以显示标题。

2．常用属性

1）BackgroundImage 属性：设置获取的背景图像。

2）Controls 属性：分组在一个面板中的控件可以通过面板的 Controls 属性进行访问。此属性返回一批 Control 实例，因此，通常需要将采用该方式检索得到的控件强制转换为它的特定类型。

3）AutoScroll 属性：若要显示滚动条，请将 AutoScroll 属性设置为 True。

4）BorderStyle 属性：可以通过设置 BackColor、BackgroundImage 和 BorderStyle 属性自定义面板的外观。BorderStyle 属性确定面板轮廓为无可视边框（None）、简单线条（FixedSingle）还是阴影线条（Fixed3D）。

3．常用方法

Panel 控件常用的方法有 Panel.Controls.Contain() 和 Panel.Controls. Remove () 两种。下面的代码示例从派生类 Panel 的 Control.ControlCollection 中移除一个 Control（如果它是该集合的成员）。该示例要求已在 Form 上创建了一个 Panel（名为 panel1）、一个 Button（名为 btnRemove）以及至少一个 RadioButton 控件（名为 radioButton1），将 RadioButton 控件添加到 Panel 控件，将 Panel 控件添加到 Form。单击按钮时，从 Control.ControlCollection 中移除名为 radioButton1 的单选按钮。

```
// 如果存在一个 radioButton 按钮，则将其删除
private void btnRemove_Click(object sender, EventArgs e)
    {
        if(panel1.Controls.Contains(radioButton1))
        {
            panel1.Controls.Remove(radioButton1);
            MessageBox.Show(" 控件已被删除！ ");
        }
    }
```

# 任务 8　RadioButton 控件的应用

## 任务情境

在软件开发中，经常有许多供用户选择的选项，这些选项之间是互斥的，每次只能选中其中的一项，在这种情况下，可以使用 RadioButton 控件。任务的运行效果如图 2-27 所示。可以看到，图中显示的是两道选择题，根据用户的选择，每题 50 分，共计 100 分，并提示得分信息。

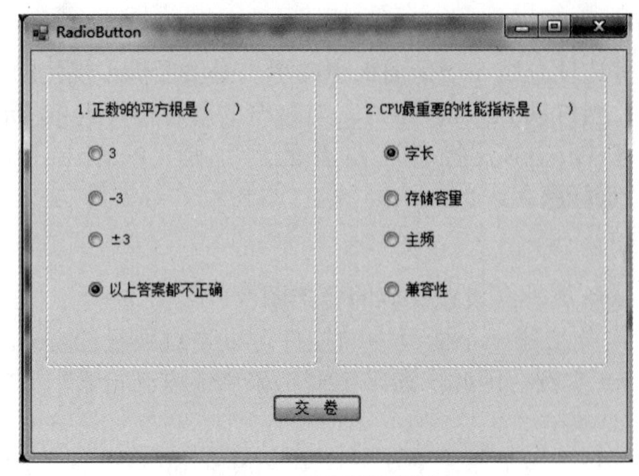


图 2-27　运行效果图

## 任务分析

第一题中有 4 个 RadioButton 控件，放在一个 GroupBox 控件中。将其中 radioButton1 的 Name 属性改为 rdo1A，其他 radioButton 类似改名。两道选择题放在两个不同的 GroupBox 控件中，以保证每道题只有一个选项可选。

## 任务实施

1）编写“交卷”按钮方法 btnSend_Click()。

2）全部代码如下：

```
using System;
using System.Collections.Generic;
using System.ComponentModel;
using System.Data;
using System.Drawing;
using System.Linq;
using System.Text;
using System.Windows.Forms;

namespace RadioButton
{
    public partial class Form1 : Form
    {
        public static int s;
        public Form1()
        {
            InitializeComponent();
        }

        private void btnSend_Click(object sender, EventArgs e)
        {
            s = 0;  //s 表示总分，注意 s 的初值设备的位置
            if (rdo1C.Checked == true)   // 表示第 1 题的答案为 C
                s += 50;
```

```
                if (rdo2C.Checked == true)    // 表示第 2 题的答案为 C
                    s +=50;
            MessageBox.Show(" 满分 100 分，你的得分是 "+s+" 分 "," 得分 ",MessageBoxButtons.OK,MessageBoxIcon.
Information);
            }
        }
    }
```

## 必备知识

RadioButton（单选按钮）控件为用户提供由两个或多个互斥选项组成的选项集。从一组单选按钮中可以选中一个且只能选中一个选项。

1）Text 属性：单选按钮右侧显示的文本。

2）Checked 属性：单选按钮是否被选中，若被选中，其值为 True。当单选按钮控件的 Checked 属性的值更改时，将引发 CheckedChanged 事件。

# 任务 9　CheckBox 控件的应用

## 任务情境

在软件开发中，经常有许多供用户选择的选项，这些选项是多选的，此时可以使用 CheckBox 控件。

现在要制作一个选票的程序，运行效果如图 2-28 所示。单击“投票”按钮，弹出消息框，显示感谢您的投票。单击“查看”按钮，显示界面如图 2-29 所示。

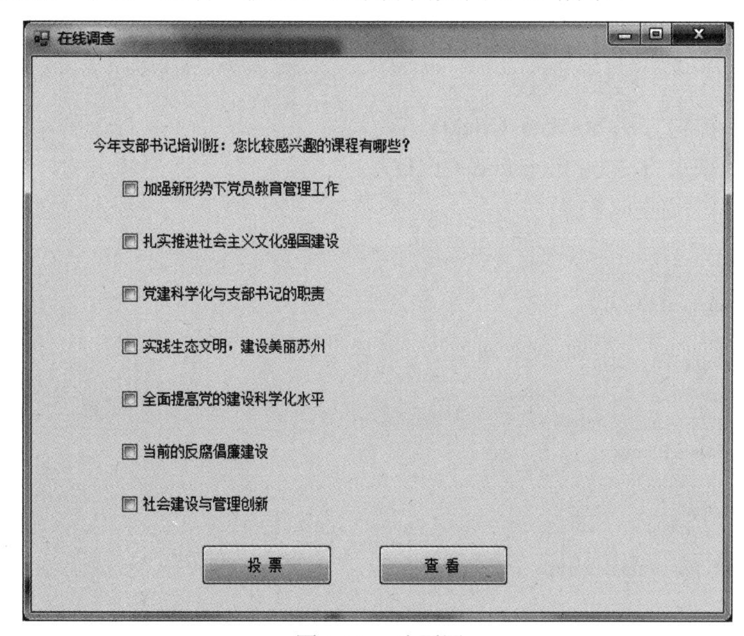


图 2-28　选票图

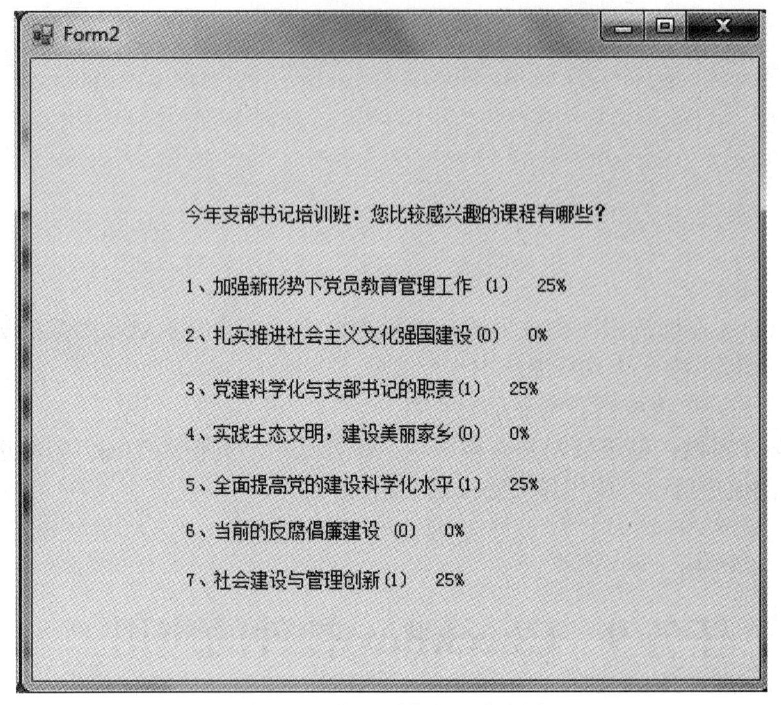


图 2-29　统计票数和百分比图

## 任务分析

更改每个 CheckBox 的 Text 为每个选项的内容。“投票”按钮为 btnVote，“查看”按钮为 btnExamine。其中，Form1 中的 checkBox1 的 Name 为 chk1，Form2 中的 label1 的 Name 为 lbl1，其他类似。

## 任务实施

1）编写投票按钮方法 btnVote_Click()。
2）编写查看按钮方法 btnExamine_Click()。
3）Form1 全部代码如下：

```
using System;
using System.Collections.Generic;
using System.ComponentModel;
using System.Data;
using System.Drawing;
using System.Linq;
using System.Text;
using System.Windows.Forms;

namespace CheckBox
{
    public partial class Form1 : Form
    {
        public Form1()
```

```
            {
                InitializeComponent();
            }

            private void btnVote_Click(object sender, EventArgs e)
            {
                if (chk1.Checked == true)  // 选中第一项
                    Form2.vote1++;
                if (chk2.Checked == true)
                    Form2.vote2++;
                if (chk3.Checked == true)
                    Form2.vote3++;
                if (chk4.Checked == true)
                    Form2.vote4++;
                if (chk5.Checked == true)
                    Form2.vote5++;
                if (chk6.Checked == true)
                    Form2.vote6++;
                if (chk7.Checked == true)
                    Form2.vote7++;
                MessageBox.Show(" 投票成功，感谢您的参与！ "," 提示 ",MessageBoxButtons.OK,MessageBoxIcon.Warning);
        }

            private void btnExamine_Click(object sender, EventArgs e)
            {
                this.Hide();
                Form2 frm2 = new Form2();
                frm2.Show();
            }
        }
}
```

**4）Form2 全部代码如下：**

```
using System;
using System.Collections.Generic;
using System.ComponentModel;
using System.Data;
using System.Drawing;
using System.Linq;
using System.Text;
using System.Windows.Forms;

namespace CheckBox
{
    public partial class Form2 : Form
    {
        //vote1 等记录每项人得票数，percent1 等表示每项所占的百分比
        public static int vote1, vote2 , vote3, vote4 , vote5, vote6, vote7, votesum;
        public static double percent1 = 0, percent2 = 0, percent3 = 0, percent4 = 0, percent5 = 0, percent6 = 0, percent7 = 0;
        public Form2()
        {
            InitializeComponent();
        }

        private void Form2_Load(object sender, EventArgs e)
```

```
        {
            votesum = vote1 + vote2 + vote3 + vote4 + vote5 + vote6 + vote7;
            percent1 = double.Parse(string.Format("{0:f2}", vote1 * 100 / (votesum * 1.0))); //f2 表示保留两位小数
            percent2 = double.Parse(string.Format("{0:f2}", vote2 * 100 / (votesum * 1.0)));
            percent3 = double.Parse(string.Format("{0:f2}", vote3 * 100 / (votesum * 1.0)));
            percent4 = double.Parse(string.Format("{0:f2}", vote4 * 100 / (votesum * 1.0)));
            percent5 = double.Parse(string.Format("{0:f2}", vote5 * 100 / (votesum * 1.0)));
            percent6 = double.Parse(string.Format("{0:f2}", vote6 * 100 / (votesum * 1.0)));
            percent7 = double.Parse(string.Format("{0:f2}", vote7 * 100 / (votesum * 1.0)));
            lbl1.Text += "(" + vote1 + ")" + "    " + percent1 + "%";
            lbl2.Text += "(" + vote2 + ")" + "    " + percent2 + "%";
            lbl3.Text += "(" + vote3 + ")" + "    " + percent3 + "%";
            lbl4.Text += "(" + vote4 + ")" + "    " + percent4+ "%";
            lbl5.Text += "(" + vote5 + ")" + "    " + percent5 + "%";
            lbl6.Text += "(" + vote6 + ")" + "    " + percent6+ "%";
            lbl7.Text += "(" + vote7+ ")" + "    " + percent7 + "%";
        }
    }
}
```

## 必备知识

CheckBox（复选框）控件常用于为用户提供是 / 否或真 / 假选项。可以组合使用复选框控件以显示多重选项，用户可以从中选中一项或多项。多个复选框可以使用 GroupBox 控件进行分组。这对于可视外观以及用户界面设计很有用，因为成组控件可以在窗体设计器上一起移动。

1）Text 属性：复选框右侧显示的文本。

2）Ckecked 属性：复选框是否被选中，若被选中，值为 True，显示“ √ ”。

虽然单选按钮和复选框都提供一些选项给用户进行选择，但是在一组单选按钮中一次只能选中一项，而在一组复选框中则可以同时选中任意多项。

# 任务 10　TabControl 控件的应用

## 任务情境

在软件开发中，经常有许多供用户选择的选项卡，这些选项卡是在一个窗体中的，用户单击选项卡标签时，跳转出此选项卡的界面，这种情况可以使用 TabControl 控件。TabControl 控件是多选项卡结构，可轻松实现窗体上的多页面技术，使用户能在有限的空间内叠加多层页面。程序运行时，单击页面标签，即可在多页面间进行切换。

现在要求制作 Momo 北部和南部赛区球队的显示图，程序运行的效果图如图 2-30 所示。两个选项卡标签分别为北部赛区 Northern 和南部赛区 Southern。当单击某选项卡标签时，会

显示相应的页面，并且在状态栏中给出相应的提示。

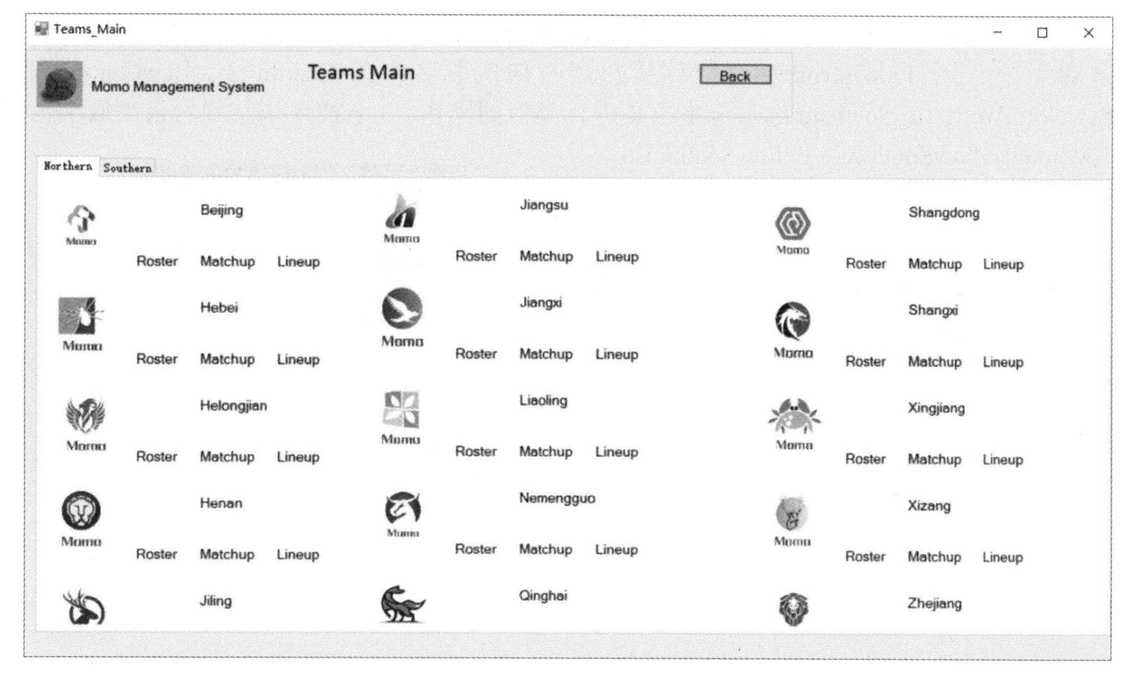


图 2-30　程序运行的效果图

每个选项卡中分 3 列显示所有的球队，每个球队的信息包括球队的 Logo 和球队名，另外还有 3 个超级链接，即 Roster（花名册）、Matchup（赛程）和 Lineup（出场阵容）。界面的设计如图 2-31 所示。

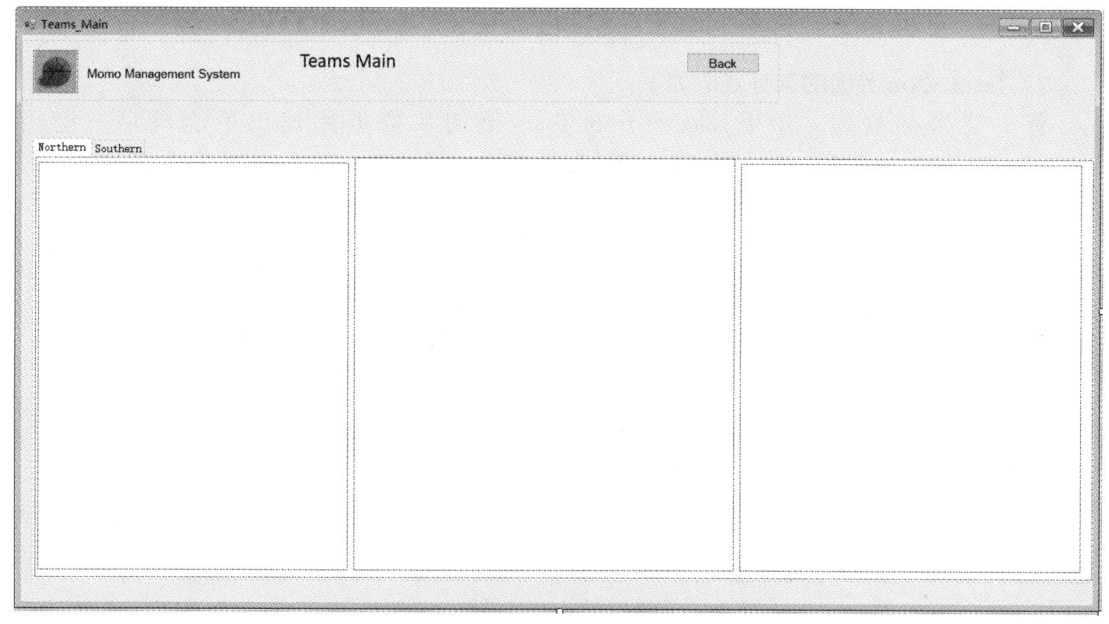


图 2-31　界面设计图

# 任务分析

在 Northern 选项卡的每列添加 FlowLayoutPanel 控件 flowLayoutPanel1。根据北部赛区的划分，3 个 FlowLayoutPanel 控件从左到右依次取名为 flowNorthEast、flowCentral 和 flowNorthWest。在 Southern 选项卡中也是进行类似的操作，3 个控件从左到右依次取名为 flowSouth、flowSouthwest 和 flowSouthEast。

# 任务实施

1）在程序中用到用户自定义的控件，如图 2-32 所示。

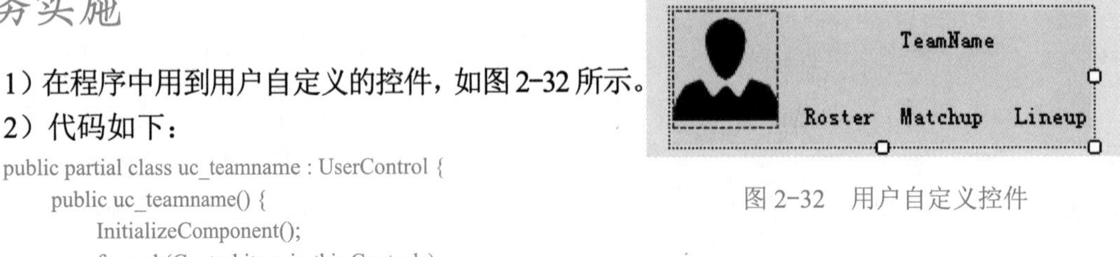


图 2-32　用户自定义控件

2）代码如下：

```
public partial class uc_teamname : UserControl {
    public uc_teamname() {
        InitializeComponent();
        foreach(Control item in this.Controls)
        {
            // 如果是标签，并且标签的 Name 不是队名，则对鼠标指针的形状进行修改
            if (item is Label && item.Name != "labTeamName")
            {
                item.MouseEnter += delegate {
                    Cursor = Cursors.Hand;
                // 鼠标指针进入项时发生，获取手形光标，例如当悬停在 Web 链接上时通常使用该光标
                };
                item.MouseLeave += delegate {
                    Cursor = Cursors.Default;
                    // 当鼠标指针离开项时发生，鼠标形状为默认的游标状态（通常为一个箭头）
                };
            }
        }
    }
}
```

3）Team Main 界面的部分代码如下：

首先连接数据库，运用 select * from Team 语句从数据库读出所有球队，运用 SqlDataAdapter 对象的 Fill 方法填充 DataTable 的对象，得到 DataTable 的对象集 dt。

```
for (int i = 0; i < dt.Rows.Count; i++) // 遍历球队
    {
        // 实例化每个球队
        uc_teamname uc = new MomoSystem.uc_teamname();
        uc.lblTeamName.Text = dt.Rows[i]["TeamName"].ToString();
        // 球队 Logo 是否存在，代表球队是否存在
        if (dt.Rows[i]["Logo"] != DBNull.Value)
        {
            // 显示球队 Logo
              uc.pbTeamLogo.Image = Image.FromStream(new MemoryStream ((byte[])dt.Rows[i]["Logo"]));
            // 显示球队花名册
              uc.lblRoster.Tag = dt.Rows[i]["TeamId"].ToString();
            // 显示球队赛程
              uc.lblMatchup.Tag = dt.Rows[i]["TeamId"].ToString();
            // 显示球队出场阵容
              uc.lblLineup.Tag = dt.Rows[i]["TeamId"].ToString();
            // 超链接标签到花名册
              uc.lblRoster.Click += LblRoster_Click;
```

```
        uc.lblMatchup.Click += LblMatchup_Click;
        uc.lblLineup.Click += LblLineup_Click;
       // 根据分区号 DivisionId，确定在哪个 FlowLayoutPanel 中添加球队
        switch (dt.Rows[i]["DivisionId"].ToString())
        {
            case "1":
                this.flowNorthEast.Controls.Add(uc);
                break;
            case "2":
                this.flowCentral.Controls.Add(uc);
                break;
            case "3":
                this.flowNorthWest.Controls.Add(uc);
                break;
            case "4":
                this.flowSouth.Controls.Add(uc);
                break;
            case "5":
                this.flowSouthwest.Controls.Add(uc);
                break;
            case "6":
                this.flowSouthWest.Controls.Add(uc);
                break;
            default:
                break;
        }
    }
}
```

# 必备知识

1）TabPages 属性：单击该属性后的扩展按钮，即可弹出“TabPage 集合编辑器”对话框，如图 2-33 所示，利用该编辑器可添加、删除选项卡。这些操作也可利用任务面板实现，任务面板的操作与 PictureBox 控件的类似。

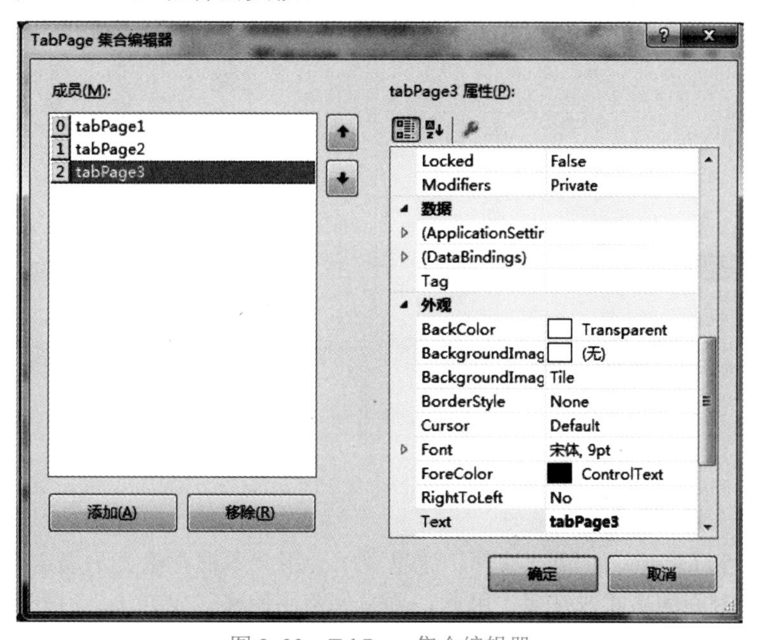


图 2-33 TabPage 集合编辑器

2）SelectedTab 属性：选中的选项卡。

3）SelectedIndex 属性：选中的选项卡的索引号，索引号是从 0 开始的。

4）Appearance 属性：选项卡标签的形状，有 Normal、Buttons、FlatButtons 三种取值。

5）ShowToolTips 属性：是否显示提示信息。

对 TabControl 控件来说，要修改某单个选项卡如 tabPage1 选项卡的属性，也可用如下方法：先单击该选项卡的标签，再在该选项卡下方的空白位置右击，在弹出的菜单中选择“属性”命令，即可在打开的“属性”对话框中修改该选项卡的属性。

# 任务 11　MonthCalendar 控件的应用

## 任务情境

任务程序运行效果如图 2-34 所示，当程序运行时，会自动显示当前的日期和时间。当用户利用 DateTimePicker 控件分别选择日期、时间后单击“Show Your Choice”按钮时，下方的文本框会显示用户选择的日期与时间，如图 2-34a 所示。当用户单击第 2 个选项卡时，会显示当前的日期，当用户在月历上选择日期时，下方的日期文本框及星期文本框随之变化，如图 2-34b 所示。

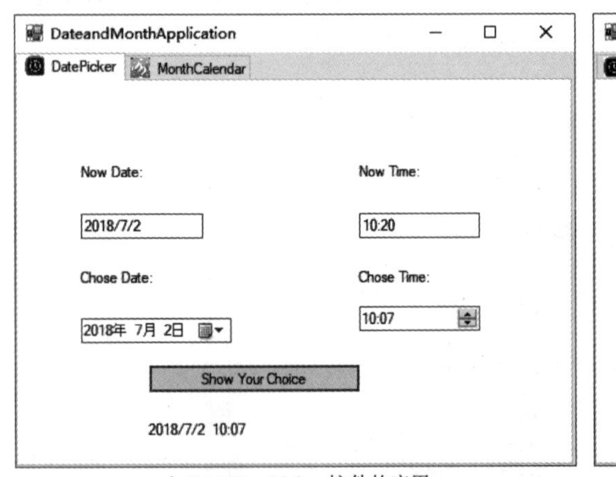


a）DateTimePicker 控件的应用

b）MonthCalendar 控件应用

图 2-34　程序运行效果

## 任务分析

在任务中用到 MonthCalendar 控件。这里要求会用文本框正确显示规定格式的日期和时间。由于日期和时间的格式非常多，因此，要掌握常用的格式化方法。另外，本任务中，还用到前面学习过的选项卡控件 TabControl。

## 任务实施

1）新建一个名为DateandMonthApplication的Windows应用程序项目。

2）把窗体的Text属性设置为“DateandMonthApplication”。

3）添加一个ImageList控件imageList1，并为其添加两张图片。

4）在窗体上添加1个TabControl控件，并设置其Dock属性为“Fill”，ImageList属性为“imageList1”。

5）选中第1个选项卡tabPage1，并设置其Text属性为“DatePicker”，ImageIndex属性为0。在该选项卡上添加5个标签、2个文本框、2个DateTimePicker控件和1个按钮。其中，用于选择时间的dateTimePicker2控件的Format属性为Time，ShowUpDown属性为True。

6）选中第2个选项卡tabPage2，并设置其Text属性为“MonthCalendar”，ImageIndex属性为1。在该选项卡上添加2个标签，2个文本框和1个MonthCalender控件。

7）添加代码。

双击“Show You Choice”按钮，添加如下代码：

```
private void btnShow_Click(object sender, EventArgs e)
{
    // 显示用户选择的日期与时间
    lblShow.Text = dateTimePicker1.Value.ToShortDateString() + "  " + dateTimePicker2.Value.ToString("HH:MM");
    // 将 dateTimePicker2.Value.ToString("HH:MM") 改为 dateTimePicker2.Value. ToShortTimeString(), 看会发生什么
}
```

双击monthCalendar1控件，添加如下代码：

```
private void monthCalendar1_DateChanged(object sender, DateRangeEventArgs e)
{
    txtBoxCalendarDate.Text = monthCalendar1.SelectionStart.ToShortDateString();
    txtBoxCalendarWeekDay.Text = monthCalendar1.SelectionStart.DayOfWeek.ToString();
}
```

为窗体的Load事件添加如下代码：

```
private void Form1_Load(object sender, EventArgs e)
{
    // 显示当前日期和时间
    txtBoxDate.Text = DateTime.Now.ToShortDateString();
    txtBoxTime.Text = DateTime.Now.ToShortTimeString();
    // 显示月历中的日期与时间
    monthCalendar1_DateChanged(null, null);
}
```

## 必备知识

MonthCalendar控件又称月历控件，用于显示日期和选择日期，可以通过该控件得到当前日期及用户选择的日期。在MonthCalendar控件中可以通过使用鼠标拖拽来实现选择连续的日期段。

主要属性：

1）MaxDate：能显示的最大日期时间。

2）MinDate：能显示的最小日期时间。

3）SelectionRange：日期的范围。可在设计阶段设置开始日期（Start）和结束日期（End），也可在运行时使用 SelectionStart 属性获得选择的开始日期，使用 SelectionEnd 属性获得选择的结束日期。

4）Visible：控件是否可见。

5）TodayDate：当前的日期。

# 任务 12　Custom Control 的应用

## 任务情境

本例是制作一些简单的 Custom Control 自定义控件（定制控件），然后用一个简单的程序制作一个取消按钮。这样做的目的是，如果在多个界面中都用到这样的取消按钮，则不需要每次都重新设置各种属性，以达到事半功倍的效果。本例比较简单。

Custom Control 是通过从 Control 类继承来完全从头地创建的一个控件。什么情况下需要它呢？ Control 类提供控件（例如事件）所需的所有基本功能，但不提供控件特定的功能或图形接口。想要提供控件的自定义图形化表示形式，需要实现无法从标准控件获得的自定义功能。这时候就需要 Custom Control 自定义控件。

现在运用 Custom Control 制作一个取消按钮的控件。要求前景色是红色，背景色是 Argb(025, 106, 166)，FlatStyle 是 Flat 型。

## 任务分析

制作的目的是在以后的项目中如果需要用到取消按钮，都是使用这一种风格的按钮。在项目的开发中有很多同样的按钮，不可能每次都去设置这些属性，费时费力，也不符合软件开发的规范。因此，就需要 Custom Control 自定义控件。

## 任务实施

1）在 WinForm 应用程序中，右击解决方案名称，在弹出的菜单中选择“添加→新项目”命令，按图 2-35 所示进行操作。

2）单击“Add”按钮后，按 <F7> 键查看代码。把“public partial class btnCancelStyle: Control”中最后一个 Control，改为 Button，即为“public partial class btnCancelStyle : Button”。

```
public partial class btnCancelStyle : Button
```

```
{
        public btnCancelStyle()
        {
            InitializeComponent();
        }

        protected override void OnPaint(PaintEventArgs pe)
        {
            base.OnPaint(pe);
        }
}
```

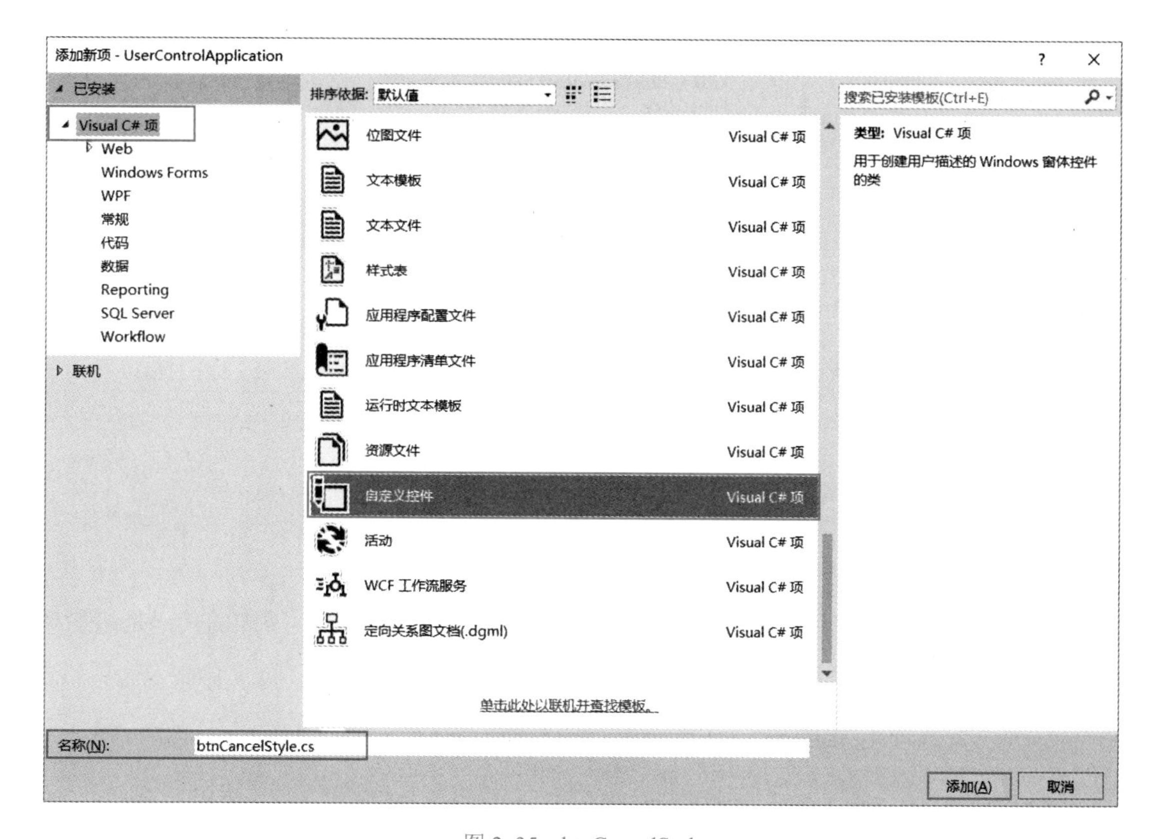


图 2-35 btnCancelStyle

3）在 InitializeComponent() 后加入如下代码：

```
ForeColor = Color.Red;
FlatStyle = FlatStyle.Flat;
BackColor = Color.FromArgb(025, 106, 166); // 遵循风格指引（竞赛时用到的）
```

4）最后，btnCancelStyle.cs 代码如图 2-36 所示。此应用程序名应该为 CustomControl Application。

5）按快捷键 <Ctrl+Shift+B> 编译自定义控件。可以看到有“Build: 1 succeeded, 0 failed, 0 up-to-date, 0 skipped”信息，提示成功。回到 Form 窗体，按快捷键 <Ctrl+Alt+X> 打开工具箱，可以看到 Custom Control 里面已经有了 btnCancelStyle 。

```
1   using System;
2   using System.Collections.Generic;
3   using System.ComponentModel;
4   using System.Data;
5   using System.Drawing;
6   using System.Linq;
7   using System.Text;
8   using System.Threading.Tasks;
9   using System.Windows.Forms;
10
11  namespace  ControlApplication
12  {
        2 references
13      public partial class btnCancelStyle : Button
14      {
            0 references
15          public btnCancelStyle()
16          {
17              InitializeComponent();
18              ForeColor = Color.Red;
19              FlatStyle = FlatStyle.Flat;
20              BackColor = Color.FromArgb(025, 106, 166);
21          }
22
            11 references
23          protected override void OnPaint(PaintEventArgs pe)
24          {
25              base.OnPaint(pe);
26          }
27      }
28  }
29
```

图 2-36　btnCancelStyle.cs 代码

## 触类旁通

依此类推，再编辑一些常用的自定义控件，如 Button 的 btnFlat，增加的代码是遵循风格指引的，如下所示：

```
BackColor = Color.FromArgb(025, 106, 166);
ForeColor = Color.FromArgb(247, 148, 032);
FlatStyle = FlatStyle.Flat;
```

还有 ComboBox 的 cmbflat，增加的代码如下：

```
DropDownStyle = ComboBoxStyle.DropDownList;
```

还有自定义的日期时间控件 dtpformat，继承自日期时间控件 DateTimePicker，增加的代码如下：

```
Format = DateTimePickerFormat.Custom;
CustomFormat = "yyyy-MM-dd";
```

应用最多的是 DataGridView 控件，下面自定义一个 dgv 控件，部分代码如图 2-37 所示。

自定义控件 dgv 的功能是，用户不能增加或删除行，行与列的大小自动调整。AddColumns 方法是根据传入的参数来决定添加的是什么，如果是 btn，则添加一个按钮，如果是 link，则添加一个超文本链接。

自定义的控件经过编译后，在解决方案窗口里显示已经存在。如图 2-38 所示，btnCancelStyle、btnFlat 以及 dgv 都是自定义控件。

```
2 references
public partial class dgv : DataGridView
{
    0 references
    public dgv()
    {
        InitializeComponent();
        AllowUserToAddRows = false;
        AllowUserToDeleteRows = false;
        AutoSizeColumnsMode = DataGridViewAutoSizeColumnsMode.AllCells;
        AutoSizeRowsMode = DataGridViewAutoSizeRowsMode.AllCells;
    }

    0 references
    public void AddColumns(string type, string text, string name = "", int index = -1)

    {
        if (name == null)
            name = text;
        switch (type)
        {
            case "btn":
                DataGridViewButtonColumn btn = new DataGridViewButtonColumn();
                btn.UseColumnTextForButtonValue = true;
                btn.Text = text;
                if (index == -1)
                {
                    Columns.Add(btn);
                }
                else
                {
                    Columns.Insert(index, btn);
                }
                break;
            case "link":
                DataGridViewLinkColumn link = new DataGridViewLinkColumn();
                //link Column
                link.HeaderText = text;
                link.Text = name;
                link.UseColumnTextForLinkValue = true;
                if (index == -1)
                    Columns.Add(link);
                else
                    Columns.Insert(index, link);
                break;
            default:
                break;
        }
    }
```

图 2-37 自定义控件 dgv

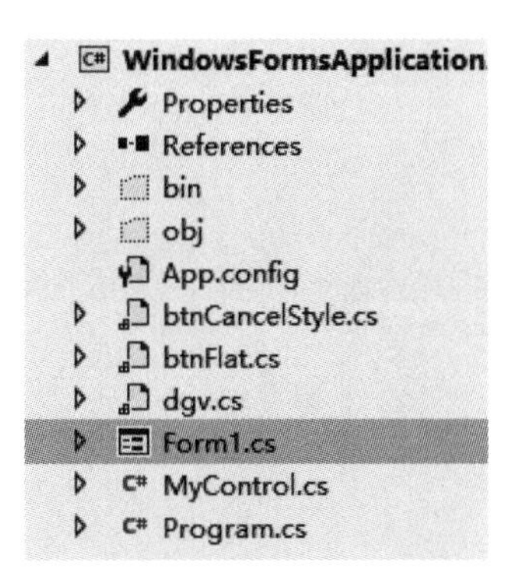


图 2-38 解决方案窗口中的自定义控件

另一种方法是把所有的 Custom Control 写在一个类文件里，取名为 MyControl.cs。这样编译后不会在解决方案中看到这么多个自定义控件，但在工具箱中还是有自定义控件的。MyControl.cs 的代码如下：

```
using System;
using System.Collections.Generic;
using System.Drawing;
using System.Linq;
using System.Text;
using System.Threading.Tasks;
using System.Windows.Forms;

namespace SunshineAirlines
{
    public class MyControl
    {
    }
    public class ZoomPB : PictureBox  // PictureBox 的自定义控件
    {
        public ZoomPB()        // 构造方法，初始化对象
        {
            this.SizeMode = PictureBoxSizeMode.Zoom;
        }
    }
    public class ExchangePB : ZoomPB
    {
        public ExchangePB()
        {
            this.Image = Properties.Resources.exchange;
        }
        // 互换 Combox 控件里的内容的自定义控件
        public void Exchange(ComboBox from, ComboBox to)
        {
            this.Click += delegate        // 用委托方法，创建一个 Click 事件
            {
                string temp = from.Text;
                from.Text = to.Text;
                to.Text = temp;
            };
        }
    }

    public class BorderPanel : Panel              // Panel  的自定义控件
    {
        public BorderPanel()
        {
            this.BorderStyle = BorderStyle.FixedSingle;
        }
    }
    public class AutoScroll : FlowLayoutPanel  // 流布局 FlowLayoutPanel 的自定义控件

    {
        public AutoScroll()
        {
```

```
                this.AutoScroll = true;
            }
        }
public class DatePicker : DateTimePicker        // DateTimePicker 的自定义控件
{
        public DatePicker()
        {
            this.Format = DateTimePickerFormat.Custom;  //this 表示这个类的对象
            this.CustomFormat = "yyyy-MM-dd";
        }
        public void ReValue(DateTimePicker picker)
        {
            this.ValueChanged += delegate
            {
                picker.MinDate = this.Value.Date;  // 当前选择的日期是最小日期
            };
        }
}

// 多继承 MinDatePicker : DatePicker: DateTimePicker
public class MinDatePicker : DatePicker
{
        public MinDatePicker()
        {
            this.MinDate = DateTime.Now.Date;     // 最小日期是现在日期
        }
}
public class StyleButton : Button    // Button  的自定义控件
{
        public StyleButton()
        {
            this.BackColor = Global.MainOrange;  // 在 Global.cs 文件定义
            this.ForeColor = Color.White;
            this.FlatStyle = FlatStyle.Flat;
            this.FlatAppearance.BorderSize = 0;

            this.TextChanged += delegate
            {
                if (this.Text == "Cancel")
                {
                    this.ForeColor = Color.Red;
                }
                else
                {
                    this.ForeColor = Color.White;
                }
            };
            this.Click += delegate
            {
                if ((this.Text == "Cancel" || this.Text == "Back"))  // 如果是取消或返回按钮
                {
                    Form frm = this.Parent as Form;
          // as 操作符的工作方式与强制类型转换一样，只是它永远不会抛出一个异常
          // 相反，如果对象不能转换，结果就是 null。详细解释请见“必备知识”
```

```
                    if (frm != null && !frm.Text.Contains("Manage"))
                    {
                        frm.Close();
                    }
                }
            };
        }
    }

    public class DGV : DataGridView
    {
        public DGV()
        {
            this.AllowUserToAddRows = false;
            this.AllowUserToDeleteRows = false;
            this.AutoSizeColumnsMode = DataGridViewAutoSizeColumnsMode.Fill;
            this.RowTemplate.Height = 30;
            this.BackgroundColor = Color.White;
            this.RowHeadersVisible = false;
        }
        public void Hide(params string[] cols) => cols.ToList().ForEach(t => Columns[t].Visible = false);
        public void Show(params string[] cols) => cols.ToList().ForEach(t => Columns[t].Visible = true);
        public void ChangeName(string oldName, string newName) => Columns[oldName].HeaderText = newName;
        public void AddLink(string text)
        {
            this.Columns.Add(new DataGridViewLinkColumn()
            {
                Text = text,
                Name = text,
                UseColumnTextForLinkValue = true,
            });
        }
    }

    public class RainBow : TableLayoutPanel // 参考“必备知识”中的解释
    {
        public void Generate(List<int> list)
        {
            this.Controls.Clear();
            this.RowCount = 1;
            this.ColumnCount = list.Count;
            this.RowStyles.Clear();
            this.ColumnStyles.Clear();
            this.RowStyles.Add(new RowStyle(SizeType.Percent, 100));
            list.Reverse();
            decimal total = list.Sum();
            for (int i = 0; i < list.Count; i++)
            {
                Panel panel = new Panel()
                {
                    Margin = new Padding(0),
                    Dock = DockStyle.Fill,
                    BackColor = frmDetailReport.Colors[list.Count - i - 1],
                };
                this.ColumnStyles.Add(new ColumnStyle(SizeType.Percent, (float)(list[i] / total)));
```

```
                    this.Controls.Add(panel, i, 0);
                }
            }
        }
    }
```

说明：①如果 Button、TableLayoutPanel 等报错，是缺少引用 using System.Windows.Forms。② FrmDetailReport 是一个 Form 窗体，里面有 public static Color [] Colors= {Color.Red, Color.Blue} 等定义。

## 必备知识

### 1．TableLayoutPanel 控件概述

TableLayoutPanel 表格布局控件提供的功能类似于 HTML 表格元素。TableLayoutPanel 控件允许将控件放置在网格布局中，而无需精确指定每个控件的位置。其单元格排列为行和列，并且这些行和列可具有不同的大小，可以合并单元格。

TableLayoutPanel 控件还提供了成比例调整大小的功能。在运行时，以便调整窗体的大小同时布局可以顺利地更改。这使得 TableLayoutPanel 控件非常适合用于如数据输入窗体等情境。

### 2．WinForm 中 as 的用法

```
Object obj = new Object();
ClassA a = obj  as ClassA;
 if(a != null)  // 用 if 判断 a 是否为 null
     {
             ...
}
```

在这一段代码中，CLR 核实 obj 是否兼容于 ClassA 类型。如果是，as 会返回对同一个对象的一个非 null 引用；如果 obj 不兼容 ClassA 类型，as 操作符会返回 null。因此，as 操作符使 CLR 只检验一次对象的类型。if 语句只是检查 a 是否为 null。这个检查的速度比检验对象的类型要快得多。

所以，正确的做法是检查最终生成的引用是否为 null。如果企图直接使用最终生成 null 的引用，会抛出一个 NullReferenceException 异常。

示例代码如下：

```
Object obj = new Object(); // 创建一个 object 对象
ClassA a = obj as ClassA;// 将 obj 转型为 ClassA，此时转型操作会失败，不会抛出异常，但 a 会被设为 null
a.ToString();// 访问 a 会抛出一个 NullReferenceException 异常
```

# 任务 13　User Control 的应用

## 任务情境

用户控件 User Control 的应用举例：以某航空公司机餐的用户点餐界面为例，在界面中

有多种类似的表格，每一个可以看作是一个用户控件，每个用户控件里有食物的图像，旁边有食物的名称编号和简介。现在要开发一个 Form 类似于图 2-39 所示的飞机上的菜单界面。

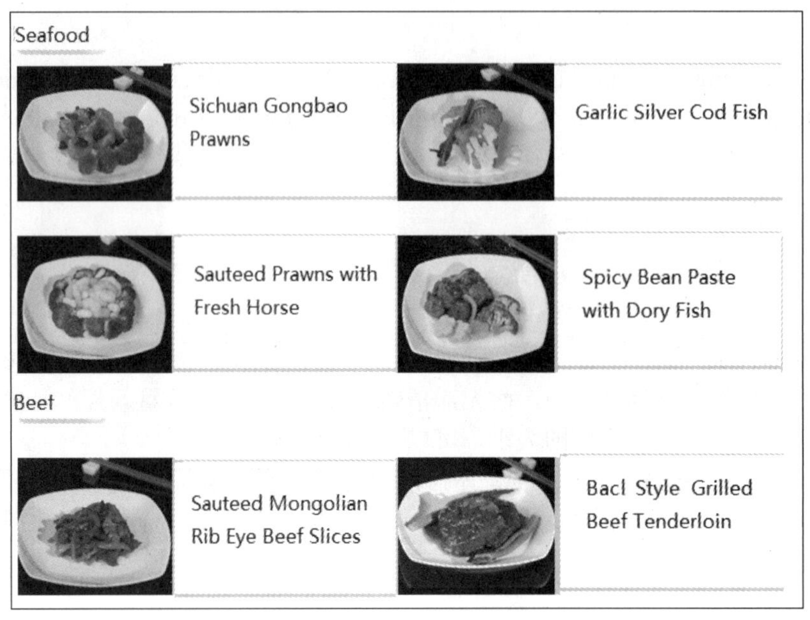


图 2-39　飞机上的菜单界面

软件设计的界面要求如图 2-40 所示。要求用户登录后根据 Passport 查找航班，选中某个航班后，单击“Load”按钮后可以点餐。最后计算出点了几个菜，并计算总费用。

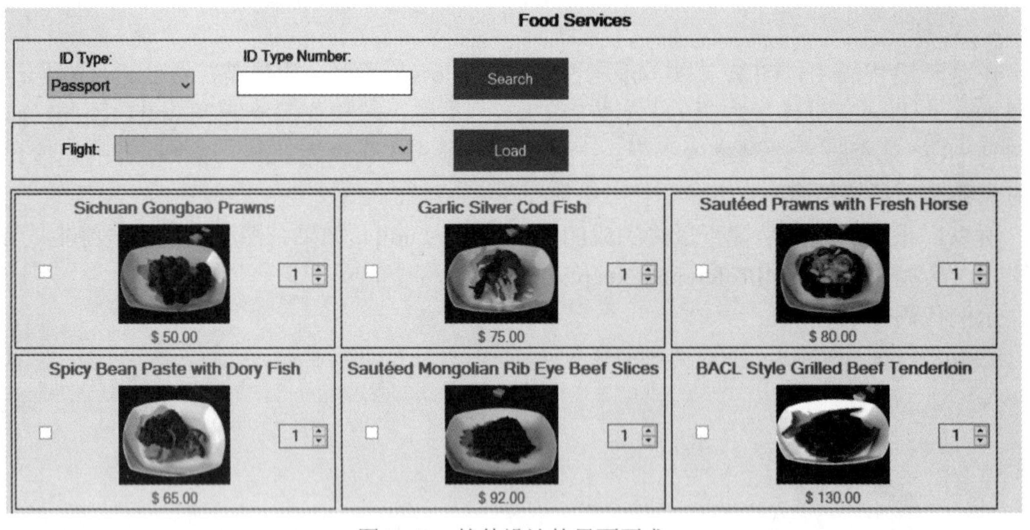


图 2-40　软件设计的界面要求

# 任务分析

User Control 是用户控件，将若干个 Windows 窗体控件的功能合成一个可重新使用的单元。用户控件是封装在公共容器内的 Windows 窗体控件的集合。此容器包含与每个 Windows 窗体

控件相关联的所有固有功能，允许用户有选择地公开和绑定它们的属性。

在本任务中，把每道菜抽象出来，制作统一的用户控件，这样所有的菜品都使用这个控件，省时省力。

# 任务实施

1）在项目中添加 User Control 的方法：在 WinForm 应用程序中，右击解决方案名称，在弹出的菜单中选择“添加→新项目”命令。如图 2-41 所示，选中“用户控件”控件，输入名称为 UC_Food.cs。

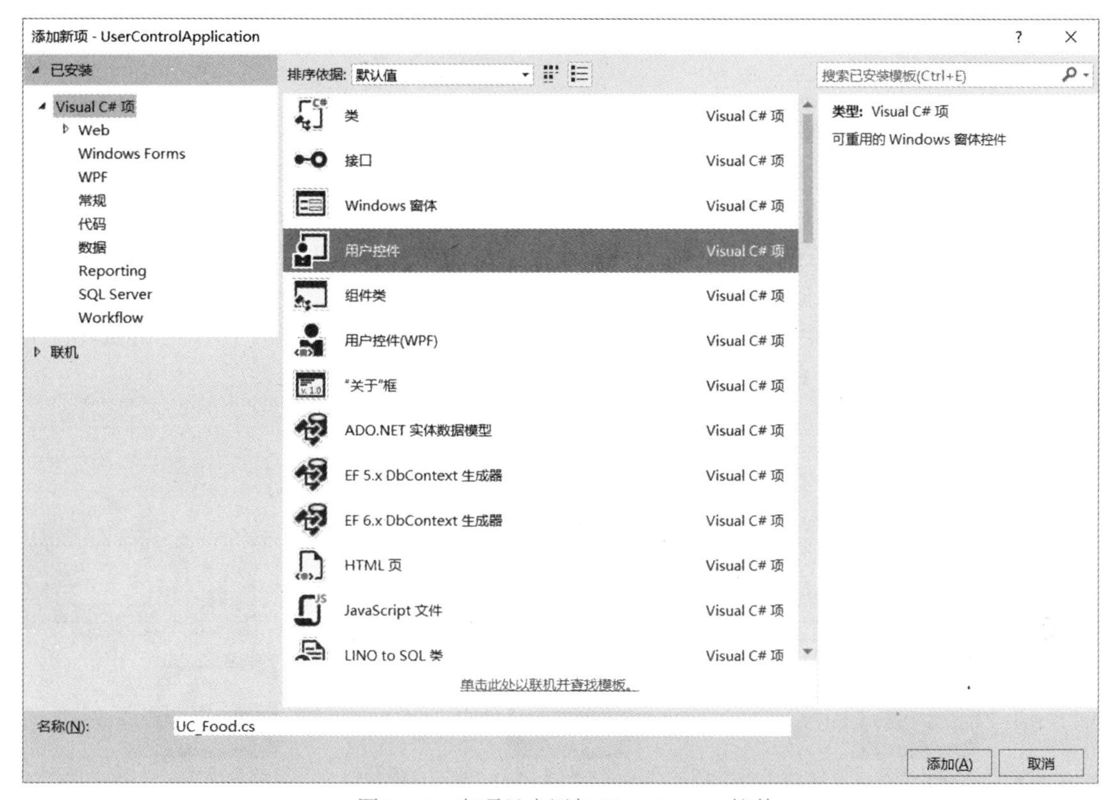

图 2-41　在项目中添加 User Control 控件

2）与自定义控件类似，添加完成后，与其他 Form 一样，进行设计，如图 2-42 所示。在资源管理器中可以看到文件 UC_Food.cs。

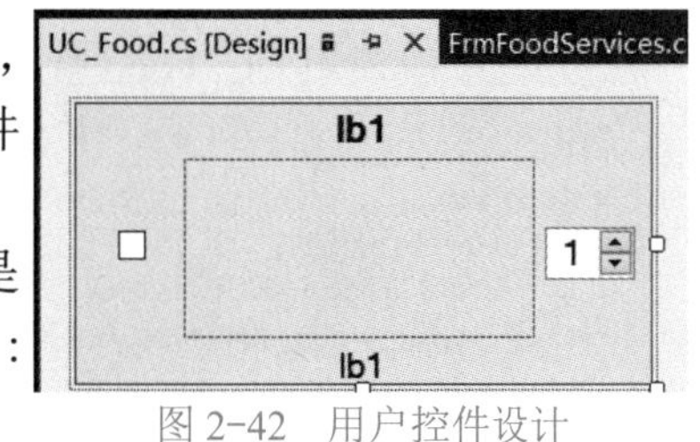

图 2-42　用户控件设计

左边的小方框是 CheckBox 的 Custom Control，类型是 Cb，命名为 cb，在 MyControl.cs 中定义为 public class Cb : CheckBox { }。

右边的是 txtNumber 计数器，也是 Custom Control，名称是 TxtNumber，继承于 Numeric UpDown 控件，在 MyControl.cs 中定义如下：

```
public class TxtNumber : NumericUpDown
{
        public TxtNumber()
```

```
        {
            this.TextAlign = HorizontalAlignment.Center;
            this.Maximum = int.MaxValue;
        }
}
```

上面和下面的Label也是Custom Control，类型为Lb控件，分别命名为lbanamer和lbprice，在MyControl.cs中定义如下：

```
public class Lb : Label { }
```

中间的图像也是Custom Control，类型为Pic控件，命名为Pic，在MyControl.cs中定义如下：

```
public class Pic : PictureBox
{
        public Pic()
        {
            this.SizeMode = PictureBoxSizeMode.Zoom;
        }
}
```

3）可以看出，许多的Custom Control组成了所需要的User Control。与自定义控件类似，设计完成也要进行编译。按快捷键[Ctrl+Shift+B]，编译用户控件，才能使用。在资源管理器中可以看到文件UC_Food.cs。

4）运行程序，选择Passport，再输入航班号，单击“Search”按钮，出现Flight，在下拉框中选择日期时间等，单击“Load”按钮，出现如图2-43所示的结果。

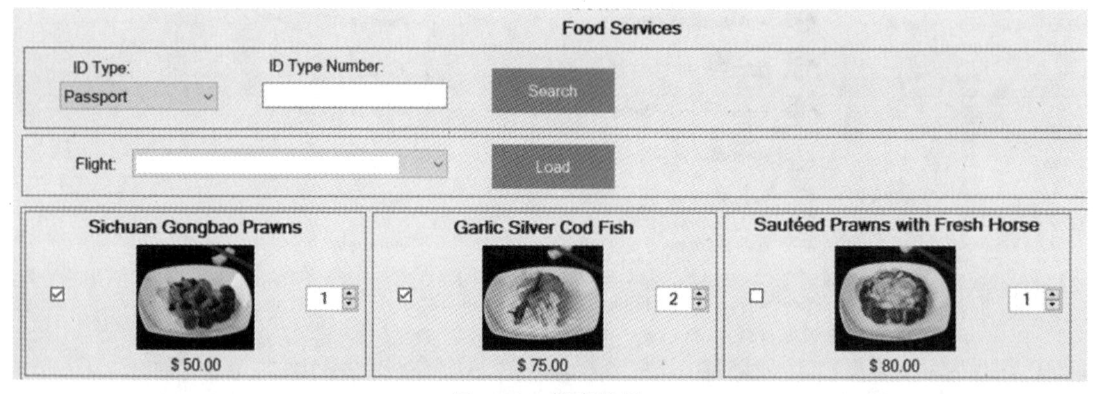


图2-43　搜索结果

5）程序中使用UC_Food控件的部分代码如下：

```
private void FrmFoodServices_Load(object sender, EventArgs e)
{
        //Load id types
        cmbIdType.SetDSIDType();
        //Load all food data
        using (DBDataContext db = new DBDataContext())
        {
            var rt = db.FlightFoods.ToList();
            foreach (var item in rt)
            {
                UC_Food uc = new SunshineAirlines.UC_Food();
            }
            uc.lbPrice.Text = item.Price.ToMoeny();
```

```
            uc.lbname.Text = item.Name;
            uc.pic.Image = Image.FromFile(Environment.CurrentDirectory + @"/Food/" + item.Img);
            uc.cb.Tag = item.FoodId;
            uc.lbPrice.Tag = item.Price;
            uc.txtNumber.ValueChanged += delegate { LoadFee(); };
            uc.cb.CheckStateChanged += delegate { LoadFee(); };
            flp.Controls.Add(uc);
        }
        Cleardata();
    }
```

6）当选择1份川府宫爆虾，2份蒜香深海银鳕鱼，单击“Confirm”按钮，出现如图2-44所示的结果。

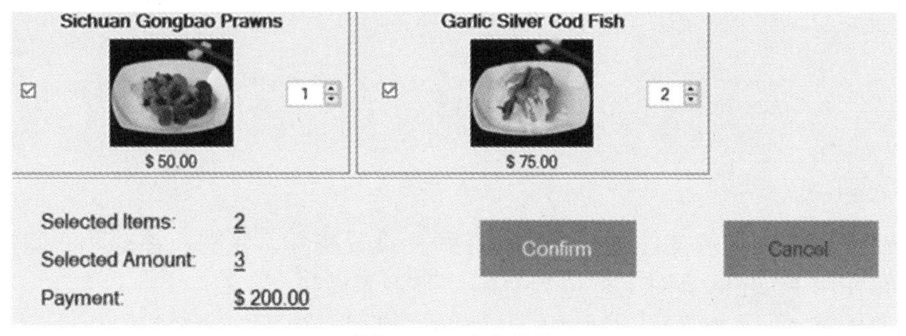


图2-44　点餐统计

结果显示点了2样品种，数量为3，总价为200美元。

# 项目 3 文件系统

## 职业能力目标

- 能够使用 File 类对文件进行新建、打开、设置属性、复制、移动和删除操作。
- 能够使用 FileInfo 类对文件进行复制、删除等操作。
- 能够使用 StreamReader 类与 StreamWriter 类对文件进行读和写操作。
- 能够使用 FileStream 类对文件进行读、写等操作。
- 能够使用 Path 类与 Directory 类对路径和目录进行操作。

## 任务 1 File 类的应用

### 任务情境

已知 D 盘下有 test 文件夹，现在要判断 D:\test 目录下是否存在 newFile.txt 文件。如果存在，将文件复制到 D 盘根目录下，并重命名为 FileCopy.txt；删除原文件，即删除 D:\test\newFile.txt 文件；移动 D:\FileCopy.txt 文件到 D:\test 目录下，并重命名为 FileMove.txt。如果不存在，则创建该文件；打开文件，写入“Hello”；把 newFile.txt 文件设置为只读和隐藏。请使用 File 类完成上述任务。

### 任务分析

File 类是一个静态类，主要用来提供一些函数被调用。它提供了很多静态的方法，支持对文件的基本操作，包括创建、复制、移动、删除和打开一个文件。

需要注意的是要事先做好逻辑上的判断，否则可能会出现错误。先判断是否存在 D:\test\newFile.txt 文件。若存在，先复制该文件到 D:\FileCopy.txt，然后删除 D:\test\newFile.txt 文件，最后移动 D:\FileCopy.txt 文件到 D:\test 目录下，并重命名为 FileMove.txt；若不存在，则先创建 D:\test\newFile.txt 文件，然后打开该文件并进行写入“Hello”操作，最后将文件属性设为只读、隐藏。

使用 File 类时，要使用 using System.IO，否则会报错。

粗略的代码如下：

## 任务实施

1）判断文件是否存在。代码如下：

```
if(File.Exists(@"D:\test\newFile.txt"))
{
  CopyFile(); // 复制文件
  DeleteFile(); // 删除文件
  MoveFile(); // 移动文件
}
else
{
  CreateFile(); // 生成文件
  OpenFile(); // 打开文件
  SetFile(); // 设置文件属性
}
```

2）复制文件。代码如下：

```
private void CopyFile()
{
  File.Copy(@"D:\test\newFile.txt", @"D:\FileCopy.txt", true);
}
```

3）删除文件。代码如下：

```
private void DeleteFile()
{
  File.Delete(@"D:\test\newFile.txt");
}
```

4）移动文件。代码如下：

```
private void MoveFile()
{
  File.Move(@"D:\FileCopy.txt ", @"D:\test\FileMove.txt");
}
```

5）生成文件。代码如下：

```
private void CreateFile()
{
    FileStream NewText = File.Create(@"D:\test\newFile.txt");
    NewText.Close();
}
```

6）打开文件。代码如下：

```
private void OpenFile()
{
   // 使用 FileMode.Append，如果文件不存在，也会自动新建文件
  FileStream TextFile = File.Open(@"D:\test\newFile.txt", FileMode.Append);
  byte[] Info = { (byte)'h', (byte)'e', (byte)'l', (byte)'l', (byte)'o' };
  TextFile.Write(Info, 0, Info.Length);
  TextFile.Close();
}
```

7）设置文件属性。代码如下：

```
private void SetFile()
{
    File.SetAttributes(@"D:\test\newFile.txt", FileAttributes.ReadOnly | FileAttributes. Hidden);
}
```

# 必备知识

文件是应用程序保存和读取数据的一个重要场所。在编写应用程序时经常需要以文件的形式来保存和读取一些信息。这就涉及各种文件操作。

计算机操作系统中用到了FAT、FAT32和NTFS等文件系统，这些文件系统在操作系统内部实现时有不同的方式，但是提供给用户的接口是一致的。因此，在编写关于文件操作的程序时，用户不需要考虑文件的具体实现方式，只需要用语言环境提供的外部接口就可以顺利地进行各种有关操作。所以在C#中进行文件操作时，用户不需要关心文件的具体存储格式，只要利用Framework所封装的对文件操作的统一外部接口，就可以保证程序在不同的文件系统上能够良好地移植。

.NET Framework在System.IO命名空间中提供了许多类可以用来访问文件夹与文件，允许用户对数据流和文件进行同步/异步读取和写入。其重要的类见表3-1。

表3-1　System.IO命名空间中的类及说明

| 类 | 说　明 |
|---|---|
| BinaryReader | 以二进制方式读取文本文件 |
| BinaryWriter | 以二进制方式将数据写入文本文件 |
| Directory | 用来创建、移动或访问文件夹。由于此类提供的是共享方法，故无须创建对象实例化就可以使用其方法 |
| DirectoryInfo | 用来创建、移动或访问文件夹。与Directory类提供的功能相似，但必须创建对象实例才可以使用其属性与方法 |
| File | 用来创建、打开、复制或删除文件。由于此类提供的是共享方法，故无须创建对象实例就可以使用其方法 |
| FileInfo | 用来创建、打开、复制或删除文件。与File类提供的功能相似，但必须创建对象实例才可以使用其方法 |
| FileSteam | 用来读取文本文件内容或将文本数据写入文本文件 |
| Path | 用来操作路径。由于此类提供的是共享方法，故无须创建对象实例就可以使用其方法 |
| StreamReader | 用来读取文本文件 |
| StreamWriter | 用来将数据写入文本文件 |

File类方法的参数很多时候都是路径path。File的一些方法可以返回FileStream和StreamWriter的对象，可以和他们配套使用。

System.IO.File类和System.IO.FileInfo类主要提供有关文件的各种操作，在使用时需要引用System.IO命名空间。可以通过上述的任务程序实例来掌握其主要方法和属性。

打开文件方法的声明如下：

```
public static FileStream Open(string path,FileMode mode)
```

创建文件方法的声明如下：

```
public static FileStream Create(string path);
```

由于 File.Create 方法默认向所有用户授予对新文件的完全读 / 写访问权限，所以文件是用读 / 写访问权限打开的，必须关闭后才能由其他应用程序打开，因此需要使用 FileStream 类的 Close 方法将所创建的文件关闭。注意，不要用 File file=new File() 来创建对象，使用 File 类来创建、打开、复制或删除文件，由于是类的静态方法，故无须创建对象实例就可以使用，可以直接写成“File.Create(@"D:\test\secondFile.docx")；”，也就是说直接使用类的方法创建文件。

删除文件方法声明如下：

```
public static void Delete(string path);
```

【例 3-1】如果文件 firstFile.docx 存在，则删除，否则提示文件不存在。

```
if (File.Exists(@"D:\test\firstFile.docx"))
{
    File.Delete(@"D:\test\firstFile.docx");
    MessageBox.Show(" 删除成功！ "," 提示 ", MessageBoxButtons.OK, MessageBoxIcon.Information);
}
else
    MessageBox.Show(" 文件不存在！ ");
```

复制文件方法的声明如下：

```
public static void Copy(string sourceFileName,string destFileName,bool overwrite);
```

如果 Copy 方法的 overwrite 参数设为 true，目标文件已存在，则会被复制过去的文件所覆盖。

移动文件方法的声明如下：

```
public static void Move(string sourceFileName,string destFileName);
```

需要注意的是，只能在同一个逻辑盘下进行文件转移。如果试图将 D 盘下的文件转移到 E 盘，将发生错误。

设置文件属性方法声明如下：

```
public static void SetAttributes(string path,FileAttributes fileAttributes);
```

文件除了常用的只读和隐藏属性外，还有 Archive（文件存档状态）、System（系统文件）、Temporary（临时文件）等属性。关于文件属性的详细情况请参看 MSDN（Microsoft Developer Network）中 FileAttributes 的描述。

File 类的 Exists 方法用来确定指定的文件是否存在。语法格式如下：

```
public static bool Exists(string path)
```

参数 path 表示要检查的文件。例如，使用 public static bool Exists("D:\\test\\library.accdb")，检测 D 盘 test 目录下是否存在 library.accdb 文件。如果不想使用转义字符，可以改为 File.Exists(@"D:\test\library.accdb")。

## 触类旁通

File 类对于 Text 文本提供了更多的支持：AppendText 用于将文本追加到现有文件中；CreateText() 为写入文本创建或打开新文件；OpenText() 是打开现有文本文件以进行读取。

上述方法主要对 UTF-8 的编码文本进行操作，显得不够灵活。在这里推荐使用下面的代码对 txt 文件进行操作。

1）对 txt 文件进行“读”操作，示例代码如下：

```
if (File.Exists(@"D:\test\test.txt"))
{
    StreamReader txtReader = new StreamReader(@"D:\test\test.txt", System.Text.Encoding.Default);
    string FileContent;
    FileContent = txtReader.ReadToEnd();
    txtReader.Close();
    MessageBox.Show(FileContent);
}
```

2）对 txt 文件进行“写”操作，示例代码如下：

```
if (File.Exists(@"D:\test\test.txt"))
{
    StreamWriter txtWriter = new StreamWriter(@"D:\test\test.txt");
    string FileContent = "Hello World!";
    txtWriter.Write(FileContent);
    txtWriter.Close();
}
```

File 类提供的方法主要有 Create()、Copy()、Move()、Delete 等，用户可以利用这些方法实现基本的文件管理操作。File 类的常用方法见表 3-2。

表 3-2　File 类的常用方法

| 方　法 | 方法说明 |
| --- | --- |
| Create() | 创建一个文件。该方法执行成功后将返回代表新建文件的 FileStream 类对象。Create 方法的原型定义如下：<br>public static FileStream Create(string path);<br>其中，path 参数表示文件的路径 |
| Open() | 打开文件。原型定义如下：<br>Public static FileStream Open(string path,FileMode mode);<br>其中，path 参数表示文件的路径，而 FileMode 是 Enum 类型，有 Append、Create、CreateNew、Open、OpenOrCreate 和 Truncate |
| Delete() | 删除指定文件。在 C# 中可以用 Delete 方法从磁盘上删除一个文件。<br>该方法的原型定义如下：<br>public static void Delete(string path);<br>其中，path 参数表示要删除的文件的路径 |
| Move () | 指定文件移到新位置。在 C# 中可以用 Move 方法将指定文件移动到新位置，并提供指定新文件名的选项。<br>该方法的原型定义如下：<br>puvlic static void Move(string sourceFIleName , string destFileName);<br>其中，sourceFileName 参数表示原文件的路径，destFileName 参数表示文件的新路径 |
| Copy () | 将现有文件复制到新文件。在 C# 中可以使用 Copy 方法实现以文件为单位的数据复制操作，Copy 方法能够将原文件中的所有内容复制到目的文件中。<br>该方法的原型定义如下：<br>public static void Copy(string sourceFileName,string destFileName);<br>public static void Copy(string sourceFileName, string destFileName , bool overwrite);<br>其中，sourceFileName 参数表示原文件的路径，destFileName 参数表示目的文件的路径，overwrite 参数表示是否覆盖目的文件 |

注：“原型定义”可以理解为类似于函数声明（函数原型），函数声明由函数返回类型、函数名和形参列表组成。形参列表必须包括形参类型，但是不必对形参命名。这三个元素被称为函数原型，函数原型描述了函数的接口。

# 任务 2 FileInfo 类的应用

## 任务情境

先判断 D:\test\newFile.txt 文件是否存在。如果存在，则复制后再删除原文件。如果不存在，则创建并打开文件，写入“Hello everyone! Welcome to China!”。与任务 1 不同的是，本次任务使用 FileInfo 类来完成。

## 任务分析

与 File 类不同的是使用 FileInfo 类时，要先用 new 创建一个对象。FileInfo 类是一个密封类，可以用来创建、复制、删除、移动和打开文件的实例方法。其他与任务 1 类似。

## 任务实施

1）实例化类 FileInfo 的对象，再调用其属性。

2）实例化类 FileStream 的对象，再调用其方法。

3）全部代码如下：

```
static void Main(string[] args)
{
    FileInfo fileInfo = new FileInfo("D:\\test\\newFile.txt");
    if (fileInfo.Exists)// 判断文件是否存在
    {
        fileInfo.CopyTo(@"D:\FileCopy.txt", true); // 复制文件
        fileInfo.Delete(); // 删除文件
    }
    else
    {
        // 使用 OpenWrite() 方法打开 newFile.txt 文件，并保存为 FileStream 类的实例 fs
        FileStream fs = fileInfo.OpenWrite();
        string strValue = "Hello everyone! Welcome to China!"; // 设置被写入的内容
        // 转换为 byte 类型，并写到 fs 中
        char ch;
        byte b;
        for (int i = 0; i < strValue.Length; i++)
        {
            ch = strValue[i];
            b = (byte)ch;
            fs.WriteByte(b);
        }
        fs.Close();
    }
}
```

4）运行结果如图 3-1 所示。

```
static void Main(string[] args)
{
    FileInfo fileInfo = new FileInfo("D:\\test\\newFile.txt");
    if (fileInfo.Exists)//判断文件是否存在
    {
        fileInfo.CopyTo(@"D:\FileCopy.txt", true); //复制文件
        fileInfo.Delete(); //删除文件
    }
    else
    {
        //使用OpenWrite()方法打开newFile.txt文件，并保存为FileStream类的实例fs
        FileStream fs = fileInfo.OpenWrite();
        string strValue = "Hello everyone! Welcome to China!";  //设置被写入的内容
        //转换为byte类型，并写到fs中
        char ch;
        byte b;
        for (int i = 0; i < strValue.Length; i++)
        {
            ch = strValue[i];
            b = (byte)ch;
            fs.WriteByte(b);
        }
        fs.Close();
    }
}
```

newFile - 记事本

文件(F) 编辑(E) 格式(O) 查看(V) 帮助(H)

Hello everyone! Welcome to China!

图 3-1　将字符串写入到文件中

# 必备知识

FileInfo 类的属性和方法见表 3-3。密封类是类的一种，用 sealed 修饰，不能用作基类，主要用于防止派生。

表 3-3　FileInfo 类的方法和属性

| 方　法 | 方法说明 | 属　性 | 属性说明 |
|---|---|---|---|
| AppendText() | 创建一个 StreamWriter，可以对文本文件追加内容 | CreateTime | 获取或设置当前文件或目录的创建时间 |
| Create() | 创建文件 | Directory | 获取父目录 |
| CreateText() | 创建写入新文本文件的 StreamWriter | DirectoryName | 获取文件的完整路径 |
| CopyTo() | 将现有文件复制到新文件 | Exists | 指定当前文件是否存在 |
| Delete() | 删除指定文件 | Extension | 获取表示文件扩展名部分的字符串 |
| MoveTo() | 将指定文件移到新位置 | FullName | 获取目录或文件的完整目录 |
| OpenRead() | 以只读方式打开文件 | IsReadOnly | 获取或设置当前文件是否为只读 |
| OpenText() | 打开指定文本文件，并准备从其文件中读取内容 | Length | 获取当前文件的大小（字节） |
| OpenWrite() | 以只写方式打开文件 | Name | 获取文件名 |
| Replace() | 使用其他文件的内容替换指定文件的内容 | | |

密封类可以用来限制扩展性。当在程序中密封了某个类时，其他类不能从该密封类继承。使用密封类可以防止对类型进行自定义，这种特性在某些情况下与面向对象编程技术的灵活性和可扩展性是相抵触的。通常不建议使用密封的方法来处理类。

密封类的定义是通过 sealed 关键字实现的，下面的代码定义了一个密封类：

```
sealed class MySealedClass
{
}
```

FileInfo 类的 Exists 属性用来确定指定的文件是否存在。

FileInfo 类可以创建、打开、复制或删除文件，与 File 类提供的功能相似，但必须创建对象实例才可以使用其方法。

【例 3-2】创建一个名称为 "fistFile.docx" 的文件。

```
FileInfo fi = new FileInfo("fistFile.docx");
fi.Create();
```

首先创建 FileInfo 类的实例 fi，被指定为 fistFile.docx 文件，然后调用 Create() 方法创建该文件。新创建的 fistFile.docx 文件保存在应用程序所在的目录下，即在程序项目的 FileSystem\bin\Debug 目录下，其中 FileSystem 是项目名称。也可以新建在指定目录下，如 FileInfo fi = new FileInfo(@"D:\test\fistFile.docx");。

使用 FileInfo 类的 CopyTo() 方法复制文件，代码如下：

```
FileInfo fi = new FileInfo(@"D:\test\test.txt");
fi.CopyTo(@"D:\test\test3.txt");
```

又分为带一个参数和带两个参数的。带一个参数的只写目标文件名。带两个参数的，第一个参数为目标文件名，第二个参数若为 true，表示可以覆盖已经同名的文件。

技巧

通常一个方法可能有多种不同的参数形式，要想了解可以使用哪种方法，了解对应位置的参数类型，可以在方法中输入一个逗号，如图3-2所示。当有逗号时，就提示总共有两种用法，现在是第二种，即“2of2”，并且后面有提示“string destFileName,bool overwrite”。

```
FileInfo fi = new FileInfo(@"D:\test\test.txt");
fi.CopyTo(@"D:\test\test3.txt");
fi.CopyTo(,);
▲ 2 of 2 ▼ FileInfo FileInfo.CopyTo(string destFileName, bool overwrite)
Copies an existing file to a new file, allowing the overwriting of an existing file.
overwrite: true to allow an existing file to be overwritten; otherwise, false.
```

图 3-2 方法的多种参数形式

也就是说如果用这种方法，第一个参数是目标文件名，第二个参数是布尔型。

# 触类旁通

如果修改文件的属性，则可以用 FileInfo 类的 Attributes 属性用来获取和设置属性。语法格式如下：

```
public FileAttributes Attributes{get;set;}
```

属性值：FileAttributes 枚举之一。FileAttibutes 枚举值及其说明见表 3-4。

表 3-4 FileAttibutes 枚举值及其说明

| 枚举值 | 说明 | 枚举值 | 说明 |
|---|---|---|---|
| ReadOnly | 只读属性 | System | 系统文件属性 |
| Hidden | 隐藏属性 | Archive | 存档属性 |

修改文件的属性，例如，利用 FileAttributes 把 D:\test\test.txt 设置为只读属性，代码如下：

```
File.SetAttributes (@"D:\test\test.txt", FileAttributes.ReadOnly);
```

# 任务 3　StreamReader 类与 StreamWriter 类的应用

## 任务情境

先读取 D:\test\newFile.txt 文件，将文本文件中的内容读到副文本框 RichTextBox 中；计算文本文件中有几行，再通过在文本框中输入内容，增加到文本文件中去。本任务使用 StreamReader 类与 StreamWriter 类来完成。效果如图 3-3 所示。

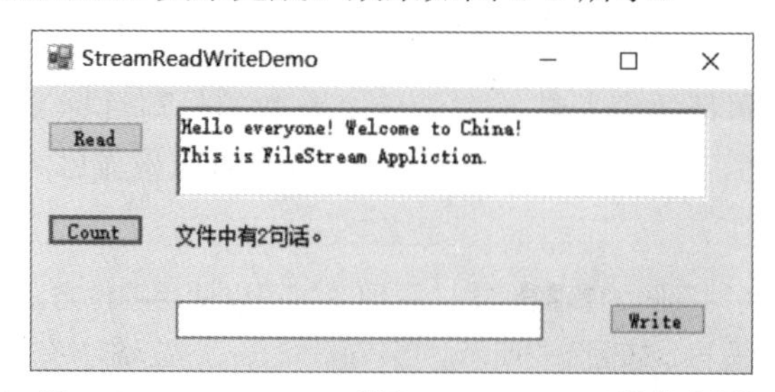


图 3-3　StreamReader 类和 StreamWriter 类的应用

## 任务分析

StreamReader 类以一种特定的编码从字节流中读取字符，默认编码为 UTF-8。通常使用 StreamReader 类读取标准文本文件的各行信息。StreamWriter 类允许直接将字符和字符串写入文件。如果要追加文本，则在用 new 创建对象时，将第二个参数设为 true。

## 任务实施

1）在初始化部分添加 List<string> 集合类接口。

2）编写读到副文本框的方法 btnReadtoRichTextBox_Click()。

3）编写 Count 按钮的方法 btnCount_Click()。

4）编写 Write 按钮的方法 btnWrite_Click()。

5）全部代码如下：

```
using System;
using System.Collections.Generic;
using System.ComponentModel;
using System.Data;
using System.Drawing;
using System.IO;
using System.Linq;
```

```
using System.Text;
using System.Threading.Tasks;
using System.Windows.Forms;

namespace FileStreamDemo
{
    public partial class Form1 : Form
    {
        List<string> ls = new List<string>();
        StreamReader sr;
        string path = null;
        public Form1()
        {
            InitializeComponent();
        }

        private void btnReadtoRichTextBox_Click(object sender, EventArgs e)
        {
            richTextBox1.Clear();
            openFileDialog1.ShowDialog();
            path = openFileDialog1.FileName;
            sr = new StreamReader(path);
            richTextBox1.Text = sr.ReadToEnd();
            sr.Close();
        }

        private void btnCount_Click(object sender, EventArgs e)
        {
            string temp = null;
            ls.Clear();
            sr = new StreamReader(path);
            while ((temp = sr.ReadLine()) != null)
            {
                ls.Add(temp);
            }
            label1.Text = " 文件中有 " + ls.Count.ToString() + " 句话。";
            sr.Close();
        }

        private void btnWrite_Click(object sender, EventArgs e)
        {
            using (StreamWriter writer = new StreamWriter(@"D:\test\FileWrited.txt", true))
            {
                foreach (var item in ls)
                {
                    writer.WriteLine(item);
                }
                if (txtBoxWrite.Text.Length > 0)
                    writer.WriteLine(txtBoxWrite.Text);
                Console.WriteLine("Success!");
                writer.Close();
            }
        }
    }
}
```

6）程序运行后，虽然是WinForm程序，在Output窗口中也能够看到结果。如果添加成功，则在Output窗口有“Success!”输出。

## 必备知识

### 1．StreamReader类构造函数

为指定的流初始化StreamReader类的新实例构造函数原型如下：

```
public StreamReader(Stream stream);
```

为指定的文件名初始化StreamReader类的新实例的构造函数原型如下：

```
public StreamReader(string path);
```

### 2．StreamReader类方法

1）Read方法：用于读取输入流中的下一个字符，并使当前流的位置提升一个字符。

该方法的原型定义如下：

```
public override int Read
```

2）ReadLine方法：用于从当前流中读取一行字符，并将数据作为字符串返回。

该方法的原型定义如下：

```
public override string ReadLine();
```

3）ReadToEnd方法：用于从当前流的当前位置到末尾读取所有字符。

该方法的原型定义如下：

```
public ovrerride string ReadToEnd ();
```

### 3．StreamWriter类构造函数

为指定的流初始化StreamWriter类的新实例的构造函数原型如下：

```
public streamWriter(Stream stream);
```

为指定的文件名初始化StreamWriter类的新实例的构造函数原型如下：

```
public StreamWriter(string path);
```

### 4．StreamWriter类方法

1）Write方法：用于将字符、字符数组、字符串等写入文本流。

该方法的原型定义如下：

```
public override void Write(char);
public override void Write(char[]);
public override void Write(string);
```

2）WriteLine方法：用于将后面各行结束符的字符、字符数组、字符串等写入文本流。

该方法的原型定义如下：

```
public override void WriteLine(char value);
public override void WriteLine(char[] value);
public override void WriteLine(string value);
```

## 触类旁通

若要修改文件内容，则可以进行以下操作步骤：先打开该文件；再读取文件的数据；对数据进行操作后，将修改后的数据写入文件中。

文件test.txt的内容是10+10=15，现在要修改为10+5=15。实现代码如下：

```
// 读取文本
StreamReader sr = new StreamReader(@"D:\test\test.txt");
string str = sr.ReadToEnd();
sr.Close();
// 替换文本
str = str.Replace("+10", "+5");
// 更改保存文本
StreamWriter sw = new StreamWriter(@"D:\test\test.txt", false);
sw.WriteLine(str);
sw.Close();
```

# 任务4 FileStream类的应用

## 任务情境

先读取 D:\test\marathon.mp4 文件，将要复制的多媒体文件读取出来，然后写入指定的地方 D:\newMarathon.mp4。本任务使用 FileStream 类来完成。

## 任务分析

本任务要先将要复制的多媒体文件读取出来，然后写入指定的地方。

## 任务实施

1）初始化原文件和目标文件的路径。

2）自定义文件复制函数 CopyFile()。在其中要实例化 FileStream 对象，并创建字节数组。

3）全部代码如下：

```
using System;
using System.Collections.Generic;
using System.IO;
using System.Linq;
using System.Text;
using System.Threading.Tasks;

namespace FileStreamDemo
{
    class Program
    {
        static void Main(string[] args)
        {
            string s_path = @"D:\test\marathon.mp4"; // 要读取的文件路径
            string d_path = @"D:\newMarathon.mp4"; // 存放的路径
            CopyFile(s_path, d_path);
            Console.WriteLine(" 复制完成 ...");
```

```
                Console.ReadKey();
            }
            public static void CopyFile(string source, string target)  // 自定义文件复制函数
        {
            // 创建负责读取的流
            using (FileStream fsread = new FileStream(source, FileMode.Open, FileAccess.Read))
                {
                 // 创建一个负责写入的流
                 using (FileStream fswrite = new FileStream(target, FileMode.OpenOrCreate, FileAccess.Write))
                     {
                         byte[] buffer = new byte[1024*1024*5]; // 声明一个 5M 大小的字节数组
                         // 因为文件有 500M, 要循环读取
                         while (true)
                          {
                                // 返回本次实际读取到的字节数
                                int r = fsread.Read(buffer, 0, buffer.Length);
                                // 如果返回一个 0 时，就意味着什么都没有读到，表示读取完了
                                if (r == 0)
                                     break;
                                fswrite.Write(buffer, 0, r);
                          }
                     }
                }
            }
        }
    }
```

## 必备知识

文件（File）和流（Stream）是既有区别又有联系的两个概念。文件实质是在各种存储介质上（如可移动磁盘、硬盘、CD 等）的永久存储的数据的有序集合，是进行数据读 / 写操作的基本对象。通常情况下，文件按照树状目录进行组织，每个文件都有文件名、文件所在路径、创建时间、访问权限等属性。

流是字节序列的抽象概念，如文件、输入 / 输出设备、内部进程通信管道或者 TCP/IP 套接字。流提供了一种向后备存储器写入字节和后备存储器读取字节的方式。除了和磁盘文件直接相关的文件流以外，流还有多种类型，可以分布在网络中、内存中或磁带中，分别称为网络流、内存流和磁带流等。所有表示流的类都是从抽象基类 Stream 继承而来的。

FileStream 类用于以文件流的方式操纵文件。下面对 FileStream 类的重要方法和主要属性做简要介绍。

### 1．构造函数

通过 FileStream 类的构造函数可以新建一个文件。FileStream 类的构造函数有很多，其中比较常用的构造函数的原型定义如下：

通过指定路径和创建模式初始化 FileStream 类的新实例：

```
public FileStream(string path,FileMode mode);
```

通过指定路径、创建模式和读写权限初始化 FileStream 类的新实例：

```
public FileStream(string path,FileMode mode,FileAccess access);
```

通过指定路径、创建模式、读 / 写权限和共享权限初始化 FileStream 类的新实例：

```
public FileStream(string path,FileMode mode, FileAccess access,FileShare share);
```

其中，mode 参数、access 参数的取值和 File 类的 Open 方法的相应参数的取值是相同的。如果用户需要通过文件流的构造函数新建一个文件，则可以设定 mode 参数为 Create，同时设定 access 参数为 Write。例如：

```
FileStream fs = new FileStream("test.txt",FileMode.Creat , FileAccess.Write);
```

如果需要打开一个已经存在的文件，则指定 FileStream() 方法的 mode 参数为 Open 即可。

2．属性

CanRead：决定当前文件流是否支持文件读取操作。

CanSeek：决定当前文件流是否支持文件查找操作。

CanWrite：决定当前文件是否支持文件写入操作。

Length：用字节表示文件流的长度。

Position：获取或设置文件流的当前文件。

3．方法

1）Close 方法：Close 方法用于关闭文件流。

该方法的原型定义如下：

```
public override void Close();
```

2）Read 方法：Read 方法可以实现文件流的读取。

该方法的原型定义如下：

```
public override int Read(byte[] arrary,int offset, int count);
```

其中，array 参数是保存读取数据的字节数组，offset 参数表示开始读取的文件偏移值，count 参数表示读取的数据量。

3）ReadByte 方法：ReadByte 方法可以用于从文件流中读取一个字节的数据。

该方法的原型定义如下：

```
publice override int ReadByte();
```

4）Write 方法：Write 方法和 Read 方法相对应，该方法负责将数据写入到文件中。

该方法的原型定义如下：

```
public override int Write(byte[] array , int offset , int count);
```

其中，array 参数保存写入数据的字节数组，offset 参数表示开始写入的文件偏移值，count 参数表示写入的数据量。

5）Flush 方法：在向文件中写入数据后，一般还需要调用 Flush 方法来刷新该文件。Flush 方法负责将保存在缓冲区中的所有数据真正写入到文件中。

该方法的原型定义如下：

```
public override int Flush();
```

此外，Seek 方法用于将文件流的当前位置设置为指定位置；Lock 方法用于在多任务操作系统中锁定文件或文件的某一部分，此时其他应用程序对该文件或者对其中锁定部分的访问被拒绝; UnLock方法执行与Lock方法相反的操作，它用于解除对文件或者文件的某一部分的锁定。

6）Open 方法。在 C# 中打开文件的方法有多种，常用的有 Open、OpenRead、OpenText、OpenWrite 等。使用 Open 方法可以打开一个文件，该文件的原型定义如下：

```
public static FileStream Open(string,FileMode);
public static FileStream Open(string, FileMode,FileAccess);
public static FileStream Open(string, FileMode,FileAccess,FileShare);
```

其中，FileMode 参数用于指定对文件的操作模式，可以是下列值之一：

- Append：向文件中追加数据。
- Create：新建文件，如果同名文件已经存在，则新建文件将覆盖该文件。
- CreateNew：新建文件，如果同名文件已经存在，则引发异常。
- Open：打开文件。
- OpenOrCreate：如果文件已经存在，则打开该文件，否则新建一个文件。
- Truncate：截断文件。

FileAccess 参数用于指定程序对文件流所能进行的操作，它可以是下列值之一：

- Read：读访问，从文件中读取数据。
- ReadWrite：读访问和写访问，从文件读取数据和将数据写入文件。
- Write：写访问，可将数据写入文件。

考虑到有可能多个应用程序需要同时读取一个文件，因此在 Open 方法中提供了文件共享标志 FileShare，该参数的值可以是下列值之一：

- Inheritable：使文件句柄可以由子进程继承。
- None：不共享当前文件。
- Read：只读共享，允许打开文件读取。
- Write：只写共享，允许打开文件写入。

7）OpenRead 方法。除了可以用 Open 文件打开文件以外，用户还可以用 OpenRead 方法打开文件，不过用 OpenRead 方法打开的文件只能进行文件读的操作，不能进行写入文件的操作。该方法的原型定义如下：

```
public static FileStream OpenRead(string path);
```

其中，path 参数表示要打开的文件路径。

8）OpenText 方法。此外，用户还可以用 OpenText 方法打开文件，不过用 OpenText 方法打开的文件只能进行读取操作，不能进行文件写入操作，而且打开的文件类型只能是纯文本文件。该方法的原型定义如下：

```
public static FileStream OpenText(string path);
```

9）OpenWrite 方法。和 OpenText 方法有所不同，用 OpenWrite 方法打开的文件既可以进行读取操作，也可以进行写入操作。该方法的原型定义如下：

```
public static FileStream OpenWrite(string path);
```

# 任务 5　Path 类的应用

## 任务情境

在文件夹下完成打开图片类型的文件，如果成功，则显示“Upload Successfully”，否则显示“Upload failed!”。输出当前文件目录和文件名称，输出获取当前目录下不带扩展名的文件名称和当前路径的根目录信息。

# 任务分析

本任务主要用到了获得扩展名的方法 Path.GetExtension(path) 和其他方法。

# 任务实施

1）初始化路径。

2）定义图片扩展名的数组。

3）调用 Path 类的方法。

4）全部代码如下：

```
string path = @"D:\Documents\sun.jpg";
string[] filter = { ".jpg", ".jpeg", ".png", ".gif" };
string extension = Path.GetExtension(path);//.jpg
if (filter.Contains(extension))
{
    Console.WriteLine("Upload Successfully!");
}
else
{
    Console.WriteLine("Upload failed!Please check your file whether correct!");
}
Console.WriteLine(Path.GetDirectoryName(path));// 获取当前文件目录
Console.WriteLine(Path.GetFileName(path));// 获取当前目录的文件名称
Console.WriteLine(Path.GetFileNameWithoutExtension(path));// 获取当前目录下不带扩展名的文件名称
Console.WriteLine(Path.GetPathRoot(path));// 获取当前路径的根目录信息
```

# 必备知识

Path 类对路径字符串进行操作，获得扩展名，能合并路径，获取文件名。另外经常用到的一类是 Directory 类和 DirectoryInfo 类，主要是目录管理。两者之间的主要区别类别 File 和 FileInfo 之间的区别。.NET Framework 在命名空间 System.IO 中提供了 Directory 类进行目录管理。利用 Directory 类可以完成创建、移动、浏览目录（或子目录）等操作，甚至可以定义隐藏目录和只读目录。两者都可以用于判断目录是否存在，创建目录，删除目录，获取目录下所有的子目录，获取目录下所有的子文件。

## 1. Directory 类

Directory 类是一个密封类，所有方法都是静态的，因而不必创建类的实例就可以直接调用。

Directory 类的构造函数形式如下：

```
public Directory(string path);
```

其中，参数 path 表示目录所在的路径。

Directory 类的常用方法如下：

1）CreateDirectory 方法：用于创建目录。

【例 3-3】在选定的文件夹下创建名为 Test 的文件夹。

```
Directory.CreateDirectory(fbd.SelectedPath+\\ " Test ")
```

该方法的原型定义如下：

```
public static DirectoryInfo CreateDirectory(string path);
```

其中，path 参数表示目录所在的路径，返回值是 path 指定位置所有 DirectoryInfo 对象，包括子目录。

2）Delete 方法：用于删除目录及其内容。

该方法的原型定义如下：

```
pubic static void Delete(string);
```

3）GetCurrentDirectory方法：用于获取目录及其内容。

该方法的原型定义如下：

```
public static string GetCurrentDirectory();
```

其他内容可以参考 MSDN。

### 2．DirectoryInfo 类

获取所有子文件夹及文件的名称，可以使用 DirectoryInfo 类的 GetFileSystemInfos 方法、FileInfo 类的 DirectoryName 和 Name 属性。

1）DirectoryInfo 类的 GetFileSystemInfos() 方法：用来获取指定目录的文件和子目录，返回类型为 FileSystemInfo[]，支持通配符查找，该方法有两种重载形式。DirectoryInfo.GetFiles() 是获取目录（不包含子目录）中的文件，返回类型为 FileInfo[]，支持通配符查找。DirectoryInfo.GetDirectories() 是获取目录（不包含子目录）的子目录，返回类型为 DirectoryInfo[]，支持通配符查找。

```
public FileSystemInfo[] GetFileSystemInfos()
```

返回值：强类型 FileSystemInfo 项的数组。

2）FileInfo 类的 DirectoryName 属性用来获取表示目录的完整路径的字符串。语法格式如下：

```
public string DirectoryName{get;}
```

返回值：表示目录的完整路径的字符串。

3）FileInfo 类的 Name 属性

用来获取文件名。语法格式如下：

```
public override string Name{get;}
```

返回值：文件名。

## 触类旁通

### 1．修改文件夹名称

将 D:\test\test.txt，修改文件夹名称为 D:\test2\test.txt。文件不变，文件夹名称改变。代码如下：

```
Directory.Move (@"D:\test",@"D:\test2");
```

### 2．读取文件和路径

首先用打开文件对话框来选择文件，即 OpenFileDialog openFileDialog1 = new OpenFileDialog()，再进行如下判断：

```
if(openFileDialog1.ShowDialog() == DialogResult.OK)
{
    System.IO.FileInfo file = new System.IO.FileInfo(openFileDialog1.FileName);
    string fileName = file.Name;// 获得文件名
    string directoryName = file.DirectoryName;// 获得文件路径
    MessageBox.Show(" 打开的文件是 " +directoryName+'\\'+ fileName);
}
```

同理，获得打开文件的大小 file.Length.ToString()、最后访问时间 file.LastAccessTime.ToString()、最后修改时间 file.LastWriteTime.ToString()。

# 项目 4 数据库技术

## 职业能力目标

- 能够在项目中成功连接 Access 数据库或者 SQL Server 数据库。
- 能够在项目中读取 Excel 文件中的内容。
- 能够把 Excel 文件中的内容有选择性地更新到数据库中。
- 掌握分离和附加数据库操作。
- 掌握备份与恢复数据库操作。

## 任务 1　连接 Access 数据库

### 任务情境

建立一个 Access 数据库，新建图书管理系统（Library Management System）C# 窗体应用程序，运用 OleDbDataAdapter 连接 Access 数据库，添加 DataGridView 控件显示数据库文件的内容。若连接不成功，则提示错误信息。

### 任务分析

首先准备好 Access 数据库文件，其次在项目中新建 OleDbDataAdapter 对象和 OleDbCommand 对象，最后用 Fill 方法填充数据源。

### 任务实施

1）在项目开始之前，准备好 Access 数据库文件“library.accdb”，数据表的名字为“books”，数据库文件的内容如图 4-1 所示。

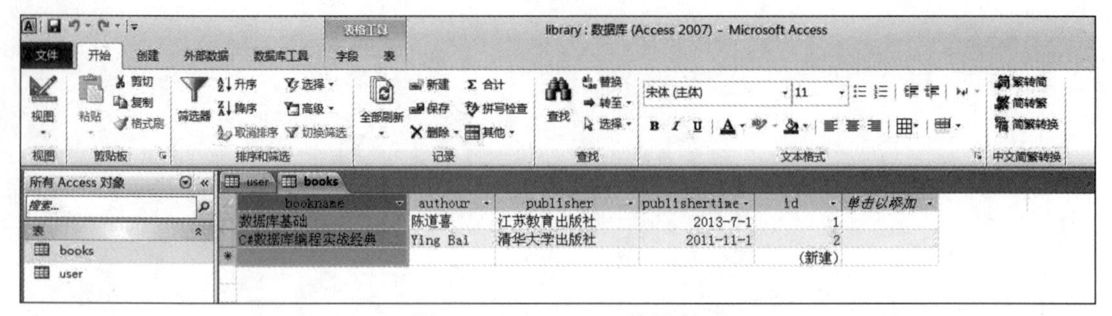


图 4-1　library.accdb 数据库

2）创建项目 library management system。在窗体中添加 Label 控件 label1，并将其 Text 属性设置为“Library Management System”；添加 DataGridView 控件 dataGridView1；添加 Button 控件 button1，将 name 属性改为“btnLogin”，并将其 Text 属性设置为“连接 ACCESS”。界面设置效果如图 4-2 所示。

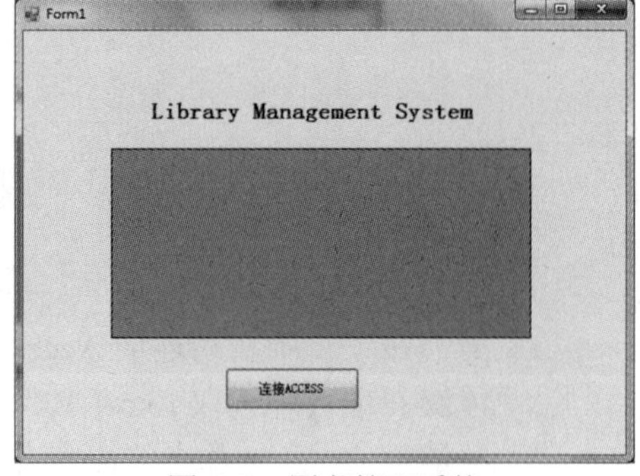


图 4-2　图书管理系统

3）双击按钮，添加如下代码：

```
string sqlString = "select * from books";
OleDbDataAdapter da = new OleDbDataAdapter();
DataTable accDataTable = new DataTable();
OleDbCommand accCommand = new OleDbCommand();
accCommand.Connection = accConnection;
accCommand.CommandType = CommandType.Text;
accCommand.CommandText = sqlString;
da.SelectCommand = accCommand;
da.Fill(accDataTable);
if (accDataTable.Rows.Count > 0)
{
    MessageBox.Show("Login is successful!");
    this.Hide();
}
else
{
    MessageBox.Show("No Matched is found!”);
}
```

4）在程序引用部分添加引用“using System.Data.OleDb;”。

在 public partial class Form1 : Form 里，在 public Form1() 之前添加代码如下：

```
public static OleDbConnection accConnection = new OleDbConnection();
```

5）在 public Form1() 中修改代码如下：

```
public Form1()
{
    InitializeComponent();
    string strConnectionString = "Provider=Microsoft.ACE.OLEDB.12.0;
                                  Data Source=D:\\Test \\library.accdb";
     // 注意：这里的路径请按实际文件的实际路径改写
     accConnection = new OleDbConnection(strConnectionString);
     try
     {
     accConnection.Open();
```

```
    }
    catch (OleDbException e)
    {
        MessageBox.Show("Access Error");
        MessageBox.Show("Error code=" + e.ErrorCode);
        MessageBox.Show("Error Message=" + e.Message);
    }
    catch (InvalidOperationException e)
    {
        MessageBox.Show("Invalid Message=" + e.Message);
    }
}
```

6）启动该项目，如果有错误，请分析相应原因，并进行更改。

# 必备知识

1）OleDbDataAdapter 表示一组数据命令和一个数据库连接，用于填充数据集（DataSet）和更新数据源，充当数据集和数据源之间的桥梁，用于检索和保存数据。OleDbDataAdapter 通过使用填充（Fill）将数据从数据源加载到数据集中，并使用更新（Update）将数据集中所发生的更改发回数据源而发挥桥梁作用，如图 4-3 所示。

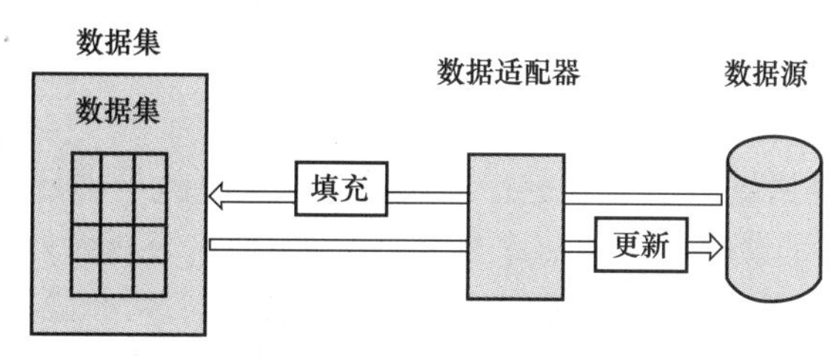


图 4-3 数据适配器

OleDbDataAdapter 还包括 SelectCommand、InsertCommand、DeleteCommand、UpdateCommand 和 TableMappings 属性，以便数据的加载和更新。例如，本任务中的 SelectCommand 属性表示获取或设置 SQL 语句或存储过程，用于选择数据源中的记录。当创建 OleDbDataAdapter 的实例时，属性都设置为其初始值。OleDbDataAdapter 类是对数据库系统运行各种操作的一个类，包括数据的插入、删除、更新等操作。

2）DataTable 是一个临时保存数据的虚拟表，表示内存中数据的一个表。DataTable 是 ADO.NET 库中的核心对象，使用 DataTable 的对象包括 DataSet 和 DataView，可以被应用在 VB 和 ASP 上，无须代码就可以简单地绑定数据库，具有微软风格的用户界面。

3）OleDbCommand 类表示要对数据源执行的 SQL 语句或存储过程。OleDbCommand 的特点在于以下对数据源执行命令的方法，见表 4-1。

表 4-1 OleDbCommand 的方法

| 项 | 说 明 |
|---|---|
| ExecuteReader | 执行返回行的命令。如果用 ExecuteReader 来执行 SQL SET 语句等，则可能达不到预期的效果 |
| ExecuteNonQuery | 执行 SQL INSERT、DELETE、UPDATE 和 SET 语句等 |
| ExecuteScalar | 从数据库中检索单个值（如一个聚合值） |

4）Fill(DataTable) 方法：在 DataSet 的指定范围中添加或刷新行，与使用 DataTable 名称的数据源中的行匹配。

5）运行项目，项目启动运行后，单击 DataSetLogin 按钮，如果显示“Login is successful!”，则表示运行正常。为了能方便地看到 Access 数据库里面的数据内容，可以添加 DataGridView 控件，把 dataGridView1 绑定到数据库，在“Da.Fill(accDataTable);”之后，加上“dataGridView1.DataSource=accDataTable”。

6）如果代码很多，窗口很小，看不清整个代码，则可以选择“窗口→自动隐藏”命令。完成修改后，如果想回到多个框架的布局界面时，选择“窗口→重置窗口布局”命令。

7）常用快捷键见表 4-2。

表 4-2　常用快捷键

| 快捷键 | 功能 | 快捷键 | 功能 |
|---|---|---|---|
| Ctrl+K+D | 格式化代码 | F5 | 运行 |
| Ctrl+K+S | 插入外部代码 | F6 | 生成解决方案 |
| Ctrl+shift+ 空格 | 查看方法说明 | Ctrl+J | 只能提示 |
| Ctrl+K+C | 注释选中的行 | F10 | 单步调试 |
| Ctrl+K+U | 解除注释 | Ctrl+Tab | 本次打开代码页面与前一页面切换 |
| Ctrl+. | 快速加入引用 | F11 | 进入方法体内单步调试 |
| Ctrl+F | 查找 | shift+F5 | 停止调试 |
| Ctrl+R+E | 快速封装字段为属性 | | |

## 常见问题

1）数据库文件路径错误。在项目运行结束后，如果更改了项目的文件夹名称，导致连接数据库的字符串出现错误时。例如，原来文件夹名称为“Library management system”，后改为“Library management system ACCESS2010”，则运行时报错，如图 4-4 所示。

图 4-4　运行错误

解决方法：把数据库文件的准确路径写清楚。程序代码中原来连接字符串为“Provider=Microsoft.ACE.OLEDB.12.0;Data Source=C:\\Documents and Settings\\Administrator \\ 桌面 \\C# research \\Library management system\\library.accdb”，应该改为“Provider=Microsoft.ACE.OLEDB.12.0;Data Source=C:\\Documents and Settings\\Administrator\\ 桌面 \\C# research\\Library management system ACCESS2010\\library.accdb”。经调试后，可以正常运行项目。

2）连接出现问题。未在本地计算机上注册 Microsoft.ACE.OLEDB.12.0 提供程序。

解决方法：确保安装了 Microsoft.ACE.OLEDB.12.0 驱动，可以到以下网站下载：

http://download.microsoft.com/download/7/0/3/703ffbcb-dc0c-4e19-b0da-1463960fdcdb/AccessDatabaseEngine.exe

另一种解决方法是安装 2010 版本的 Office 软件。Microsoft Access 2010 数据库引擎可再发行程序包的下载地址：

http://www.microsoft.com/zh-cn/download/details.aspx?id=13255

3）Microsoft 后面“.”号若缺少，则会出现错误。

解决方法：为了避免出现此类情况，在编写程序代码时，可以把代码放大一些，方法是执行“选项→环境→字体与颜色”命令。

4）项目运行时提示错误“找不到类或命名空间名称‘OleDbConnection’（是否缺少using 指令或程序集引用）”。

解决方法：双击出错的信息，显示出错在 OleDbConnection 的位置上。在程序前加上引用“using System.Data.OleDb；”，这样错误就解决了。

# 任务 2　连接 SQL Server 数据库

## 任务情境

运用 ADO.NET 技术，在 VS 中，新建 SqlConnection 对象，连接 SQL Server 数据库。若连接成功，则给出相应提示；若不能连接，则提示错误。

## 任务分析

首先准备好 SQL Server 数据库文件，其次在项目中新建 SqlConnection 对象，最后用 Open 方法来测试连接是否成功。

## 任务实施

1）项目开始前，准备学生信息的数据库 SQL Server 文件 studentscore.mdf。

2）新建一个 Windows 窗体应用程序，项目名称为 connection，指定存放位置，如图 4-5 所示。

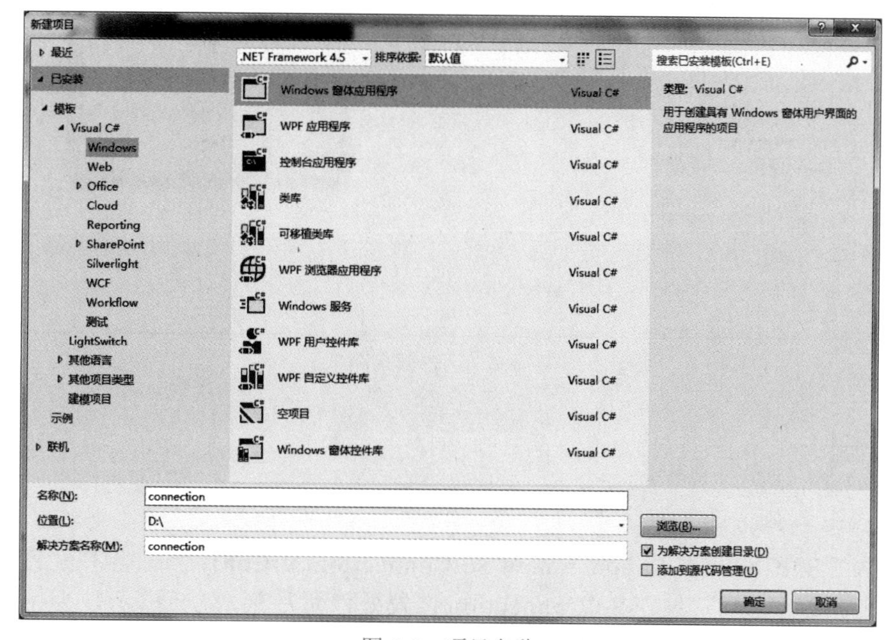


图 4-5　项目名称

3）在窗体上放置一个 Label 控件 label1，用于显示连接是否成功。

4）在窗体上的 Load 事件中添加代码如下：

```
private void Form1_Load(object sender, EventArgs e)
{
    String strCon = "Data Source=.;Database=studentscore;
                Integrated Security=True";
    SqlConnection con = new SqlConnection(strCon);
    try
    {
        con.Open();
        label1.Text = " 连接成功 !";
    }
    catch (Exception ex)
    {
        label1.Text = ex.ToString();
    }
    finally
    {
        con.Close();
    }
}
```

5）运行效果如图 4-6 所示。如果程序设计没有错误，则提示“连接成功”；若有错误，则要查看错误提示，找到相应的解决方法，很多情况下是数据库连接字符串错误。

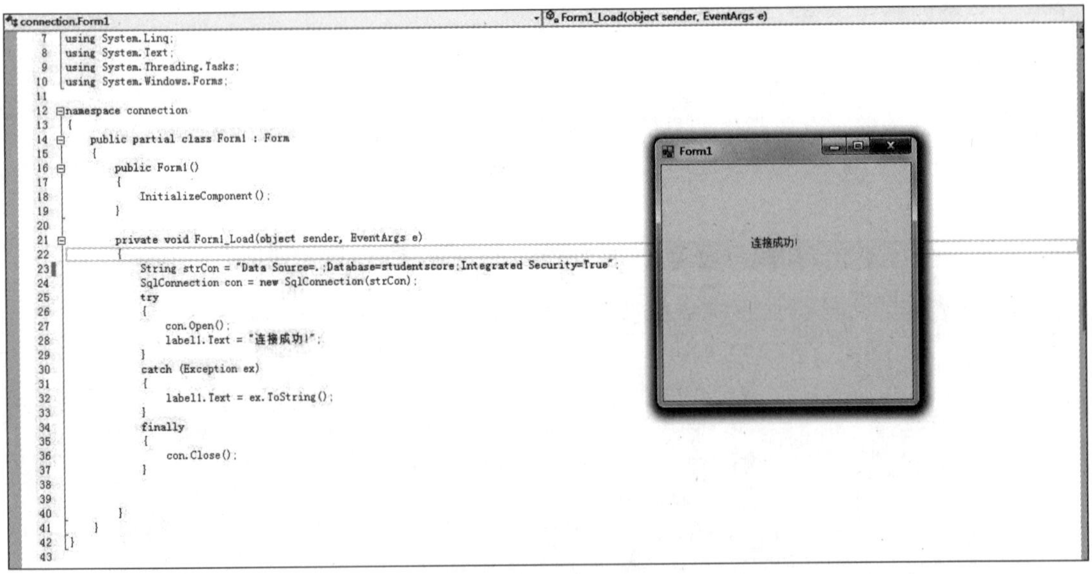

```
connection.Form1                                  Form1_Load(object sender, EventArgs e)
 7  using System.Linq;
 8  using System.Text;
 9  using System.Threading.Tasks;
10  using System.Windows.Forms;
11
12  namespace connection
13  {
14      public partial class Form1 : Form
15      {
16          public Form1()
17          {
18              InitializeComponent();
19          }
20
21          private void Form1_Load(object sender, EventArgs e)
22          {
23              String strCon = "Data Source=.;Database=studentscore;Integrated Security=True";
24              SqlConnection con = new SqlConnection(strCon);
25              try
26              {
27                  con.Open();
28                  label1.Text = "连接成功!";
29              }
30              catch (Exception ex)
31              {
32                  label1.Text = ex.ToString();
33              }
34              finally
35              {
36                  con.Close();
37              }
38
39
40          }
41      }
42  }
43
```

Form1

连接成功!

图 4-6　运行效果图

# 必备知识

## 1. using 引用方法

在输入“SqlConnection con = new SqlConnection(strCon);”时会有红色波浪线提示错误，只需要把光标定位在 SqlConnection 位置处停留片刻，就会提示缺少 using 指令。双击选中 SqlConnection，光标定位在 SqlConnection 的第一个字母“S”的位置处，可以看到如图4-7所示的提示，根据提示直接选中using那一行。也可以直接在代码窗体中，添加引用“using System.Data.SqlClient；”。

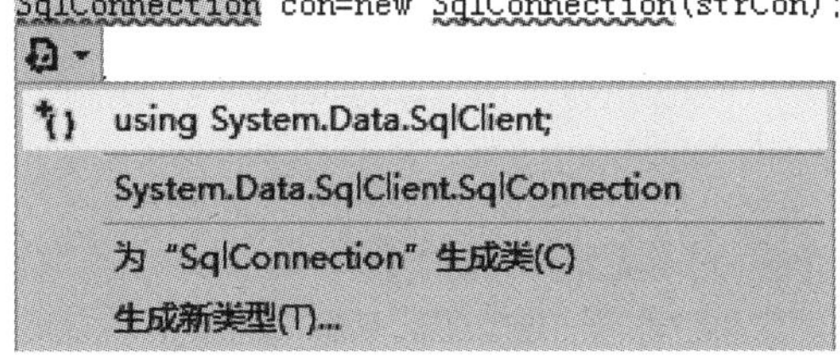


图4-7 添加引用

2. 大小写错误

注意代码的编写是区分大小写的，否则会出现错误。

3. Access 数据库

如果是 Access 数据库，只需要修改 Connection 对象，并添加应用“using System.Data.OleDb；”，其余代码不变。

4. 创建 Connection 对象

Connection 对象用于连接数据库，不同的数据库有不同的 Connection 对象。

SQL Server.NET 和 OLE DB.NET 提供程序中 Connection 对象的创建语法分别如下；

```
SqlConnection 对象名 = new SqlConnection ( 连接字符串 )
OleDBconnection 对象名 = new OleDbconnection( 连接字符串 )
```

其中，“连接字符串”是用分号隔开的多项信息，包括提供程序和不同的数据库，用户名和密码等。注意大小写。使用技巧是，Visual Studio 的“添加新数据源”菜单项可生成这种连接字符串。

5. 设置数据库的连接字符串

1）连接 Access 2010 数据库的连接字符串常用以下写法：

```
Provider = Microsoft.ACE.OLEDB.12.0;Data Source = 数据库实际路径
```

【例4-1】Access 数据库“D:\database.accdb”的连接字符串。

```
Provider = Microsoft.ACE.OLEDB.12.0;Data Source = D:\database.accdb
```

2）连接 SQL Server 数据库的连接字符串常用以下两种写法；

```
Server = 服务器名 ; Database = 数据库名 ; uid= 用户名 ; pwd = 密码 ;
```

或

```
Server = 服务器名 ; Database = 数据库名 ; Integrated Security = True;
```

【例4-2】写出连接字符串，要求连接本地机器上的 SQL Server 数据库“Mysql”，用户名为“sa”，密码为空。则连接字符串为：

```
Server =.; Database = Mysql;uid = sa;pwd =
```

【例4-3】写出连接字符串，要求连接机器 STUDENT81 上的 SQL Server 数据库“studentscore”，Windows 身份认证模式。

```
Data Source = STUDENT81;Database = studentscore; Integrated Security = True
```

3）Connection 对象方法。

Open() 方法：打开与数据库表的连接，如 conn.Open();

Close() 方法：关闭与数据库表的连接，如 conn.Close();

4）使用 Connection 对象步骤。

设置连接字符串；创建 Connection 类型的对象；打开数据源的连接；执行数据库的访问操作代码；关闭数据源的连接。

# 任务 3　连接 Excel 文件

## 任务情境

运用 ADO.NET 技术建立 Connection 对象，连接 Excel 文件，再建立 Command 对象，查询 Excel 中的数据，在 DataGridView 中显示查询到的相应记录。

## 任务分析

首先准备好 Excel 文件，其次在项目中新建 OleDbDataAdapter 对象和 OleDbConnection 对象，最后用 Fill 方法填充数据源。

## 任务实施

1）设计一个如图 4-8 所示的界面，包括一个 Button、一个 DataGridView、一个 Label，单击“OLEDBConnection”按钮，显示 Excel 内容。Excel 文件是 97-2003 格式文件，扩展名是 *.xls。label1 是显示是否连接上 Excel。

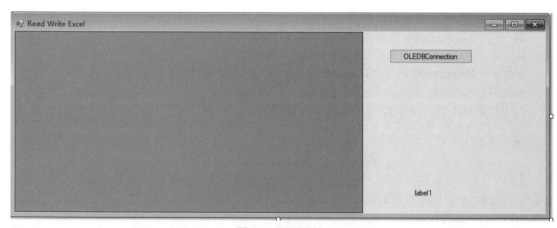


图 4-8　界面设计

2）需要准备一个 Excel 文件，文件名为 ExcelData.xls，在程序中有 Path 指明存放的位置。按钮的名称为 btnOLEDB，Text 属性为 OLEDBConnection。

3）程序代码如下：

```
private void btnOLEDB_Click(object sender, EventArgs e)
{
    string path = @"C:\Users\SSTS\Desktop\WFA\ConnectExcelApplication\ExcelData.xls";
    DataSet dsOleDB = new DataSet();
    dsOleDB = ExcelToDS(path);
    dataGridView1.DataSource = dsOleDB.Tables[0];
}
public DataSet ExcelToDS(string Path)
{
    string strConn = "Provider=Microsoft.jet.OLEDB.4.0;" + "Data Source=" + Path + ";" + "Extended Properties=Excel
4.0;";
    OleDbConnection conn = new OleDbConnection(strConn);  //using System.Data.OleDb;
    conn.Open();
    //try
    //{
    //    conn.Open();
    //    label1.Text = "连接成功!";
    //}
    //catch (Exception ex)
    //{
    //    label1.Text = ex.ToString();
    //}
    //finally
    //{
    //    conn.Close();
    //}
    string strExcel = "select * from [Player$]";
    OleDbDataAdapter adp = new OleDbDataAdapter(strExcel, conn);
    DataSet ds = new DataSet();
    adp.Fill(ds);
    return ds;
}
```

## 必备知识

程序设计中需要注意的几个问题如下：

1）strConn 的写法是针对 Office 2003 以前的版本文件，对以扩展名为 *.xlsx 的文件不适用。

在通过 ADO 对 Excel 对象进行连接时（此时 Excel 被认为是一个数据源），需要配置对 Excel 数据源对应的连接串，这个连接串中包括了 Provider 信息（类似对数据库进行连接操作时，都需要指定连接字符串），以下是一行连接串源代码：

```
strConnString="Provider=Microsoft.ACE.OLEDB.12.0;Data Source=" & strExcelFilePath & ";Extended
Properties=Excel 12.0"
```

这里的 Provider 使用了 Microsoft.ACE.OLEDB.12.0，除了 Microsoft.ACE. OLEDB.12.0，还有 Microsoft.Jet.OLEDB.4.0 可以选择，两者之间有什么联系和区别呢？

共同点：都是做为连接 Excel 对象的接口引擎。

不同点：对于不同的 Excel 版本，有 Microsoft.Jet.OLEDB.4.0（以下简称 Jet 引擎）和 Microsoft.ACE.OLEDB.12.0（以下简称 ACE 引擎）两种接口可供选择。

Jet 引擎，可以访问 Office 97-2003，但不能访问 Office2007。

ACE 引擎是随 Office 2007 一起发布的数据库连接组件，既可以访问 Office 2007，也可以访问 Office 97-2003。

另外，Microsoft.ACE.OLEDB.12.0 可以访问正在打开的 Excel 文件，而 Microsoft.Jet.OLEDB.4.0 是不可以的。

所以，在使用不同版本的 Office 时，要注意使用合适的引擎。

对于 97-2003 版本的 Excel 使用：

Provider=Microsoft.Jet.OLEDB.4.0;Data Source= 文件位置 ;Extended Properties=Excel 8.0;HDR=Yes;IMEX=1

对于 97-2003 版本的 Access 数据库使用：

Provider = Microsoft.Jet.OLEDB.4.0;Data Source = 文件位置 ;Jet OLEDB:Database Password = 密码 ;

对于 2007 版本的 Excel 使用：

Provider = Microsoft.Ace.OleDb.12.0;Data Source = 文件位置 ;Extended Properties = Excel 12.0;HDR = Yes;IMEX=1

对于 2007 版本的 Access 数据库使用：

Provider = Microsoft.Ace.OleDb.12.0;Data Source = 文件位置 ;Jet OLEDB:Database Password = 密码 ;

其他说明：

HDR = Yes/NO 表示是否将首行做标题；IMEX 表示是否强制转换为文本；注意 Extended Properties =' Excel 8.0;HDR = yes;IMEX =1'。

①HDR（HeaDer Row）设置。

若指定值为 Yes，代表 Excel 文档中的工作表第一行是栏位名称。

若指定值为 No，代表 Excel 文档中的工作表第一行就是资料了，没有栏位名称。

② IMEX(IMport EXport mode) 设置。IMEX 有三种模式，各自引起的读 / 写行为也不同：

当 IMEX=0 时为“汇出模式”，这个模式开启的 Excel 档案只能用来做“写入”用途。

当 IMEX=1 时为“汇入模式”，这个模式开启的 Excel 档案只能用来做“读取”用途。

当 IMEX=2 时为“连结模式”，这个模式开启的 Excel 档案可同时支援“读取”与“写入”用途。

2）在 strExcel 的 SQl 语句中，from 表名的写法是 [ 表名 $]。或者写成“string strSql = "select * from [" + tableName + "]";”。

3）dsOleDB.Tables[0] 后面要有 Tables[0]，否则程序可以运行，但是结果不会显示在界面中。

4）程序中被注释的是检测是否连接的成功的代码。

5）程序的运行结果如图 4-9 所示。

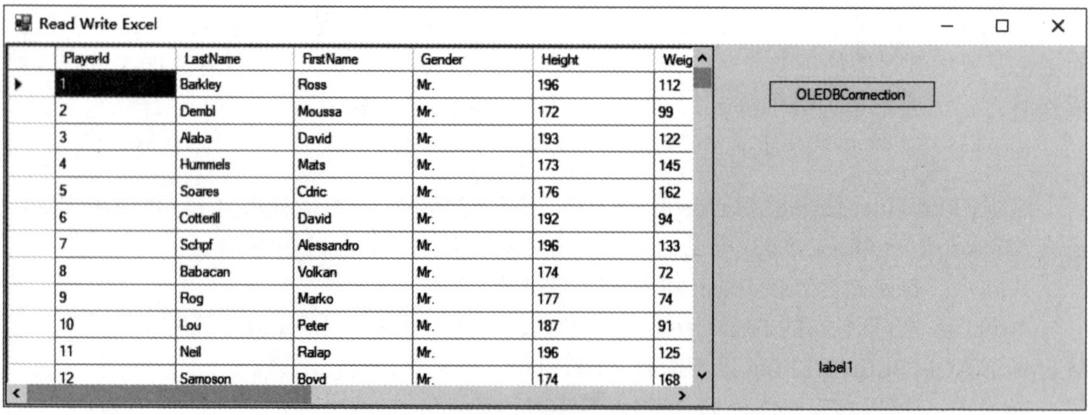

Read Write Excel

| PlayerId | LastName | FirstName | Gender | Height | Weig |
|---|---|---|---|---|---|
| 1 | Barkley | Ross | Mr. | 196 | 112 |
| 2 | Dembl | Moussa | Mr. | 172 | 99 |
| 3 | Alaba | David | Mr. | 193 | 122 |
| 4 | Hummels | Mats | Mr. | 173 | 145 |
| 5 | Soares | Cdric | Mr. | 176 | 162 |
| 6 | Cotterill | David | Mr. | 192 | 94 |
| 7 | Schpf | Alessandro | Mr. | 196 | 133 |
| 8 | Babacan | Volkan | Mr. | 174 | 72 |
| 9 | Rog | Marko | Mr. | 177 | 74 |
| 10 | Lou | Peter | Mr. | 187 | 91 |
| 11 | Neil | Ralap | Mr. | 196 | 125 |
| 12 | Samoson | Bovd | Mr. | 174 | 168 |

OLEDBConnection

label1

图 4-9　运行结果

6）程序中设置断点调试，再按【F11】键查看 DataSet 里面的内容。按【F11】键进行调试，鼠标指向 ds → Table → Result → View → [0] → Columns → Result View，显示有哪些列。

7）另一种读取 Excel 表的语句为“string strExcel = string.Format("select * from [{0}$]", strSheetName);”，其中 strSheetName 为表名。

8）动态获得表名：

```
System.Data.DataTable dt = conn.GetOleDbSchemaTable(System.Data.OleDb.OleDbSchemaGuid.Tables, null);
string tableName = dt.Rows[0][2].ToString().Trim();// 获取 Excel 的表名，默认值是 sheet1
```

9）导入命名空间：

```
using Microsoft.Office.Core;
using Microsoft.Office.Interop.Excel;
using System.IO;
using System.Reflection;
```

# 任务 4　导入 Excel 文件

## 任务情境

在程序界面中，单击浏览按钮导入 Excel 文件（*.csv），并读入到数据库，更新数据库的记录，并在界面中显示出来。

## 任务分析

首先准备好 .csv 文件和 SQL Server 数据库；其次在任务运用 OpenFileDialog 的 Filter 方法过滤文件类型；最后对读取数据进行分析，满足条件的才进行数据库的更新，更新使用 SubmitChanges 方法。

## 任务实施

1）设计一个如图 4-10 所示的界面，表有省略号的即是浏览按钮，选择（*.csv）文件，下面的 Import 是导入按钮。界面最下面的两个标签反应导入后数据库的更新情况。

2）浏览按钮的代码如下：

```
private void btnOpenCSVFile_Click(object sender, EventArgs e)
{
    //Choose a file
    OpenFileDialog ofd = new OpenFileDialog();
    ofd.Filter = “*.csv|*.csv”;
    if (ofd.ShowDialog() == DialogResult.OK)
    {
        txtpath.Text = ofd.FileName;
    }
}
```

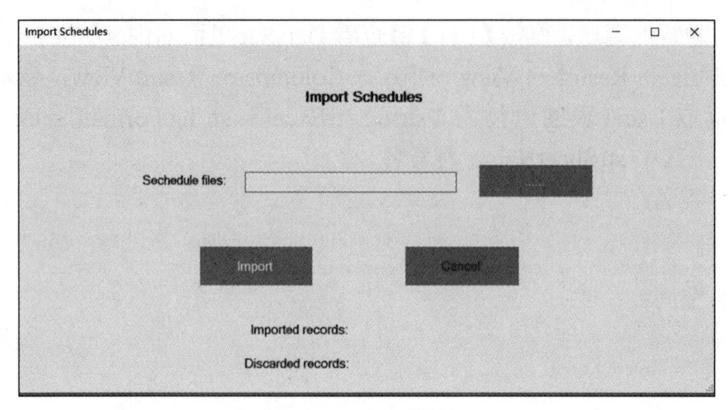


图 4-10　界面设计

3）导入按钮的代码如下：

```
private void btnImport_Click(object sender, EventArgs e)
{
    //Imprt dat
    string path = txtpath.Text;
    if (path.Length == 0)
    {
        "Please choose a file.".Show();
    }
    else
    {
        try
        {
            var lines = File.ReadAllLines(path);
            if (lines.Count() == 0)
                "There no any data.".Show();
            else
            {
                ImportData(lines);
            }
        }
        catch (Exception)
        {

            "This file has been opended.".Show();
        }
    }
}
public void ImportData(string[] linse)
{
    int import = 0;
    int discard = 0;

    DBDataContext db = new DBDataContext();
    foreach (var item in lines)
    {
        try
        {
```

```
                var data = item.Split(',');
                if (data.Contains( "Date" )) //Column name
                    continue;
                Schedule s = new Schedule();
                s.Date = DateTime.Parse(data[0]);
                s.Time = DateTime.Parse(data[0] + " " + data[1]) - s.Date;
                s.RouteId = db.Routes.Single(t => t.DepartureAirportIATA == data[2] && t.ArrivalAirportIATA == data[3]).RouteId;
                s.AircraftId = data[4].ToNumber();
                s.EconomyPrice = Decimal.Parse(data[5]);
                s.FlightNumber = data[6];
                s.Gate = data[7];
                s.Status = data[8];

                var rt = db.Schedules.WHERE(t => t.FlightNumber == s.FlightNumber && t.Date.Date == s.Date.Date);
                if (rt.Any())
                {
                    discard++;
                    continue;
                }

                db.Schedules.InsertOnSubmit(s);
                db.SubmitChanges();
                import++;
            }
            catch (Exception)
            {
                discard++;
            }
        }
        db.Dispose();
        lbImport.Text = import.ToString();
        lbDiscard.Text = discard.ToString();
    }
```

4）运行结果如图 4-11 所示。

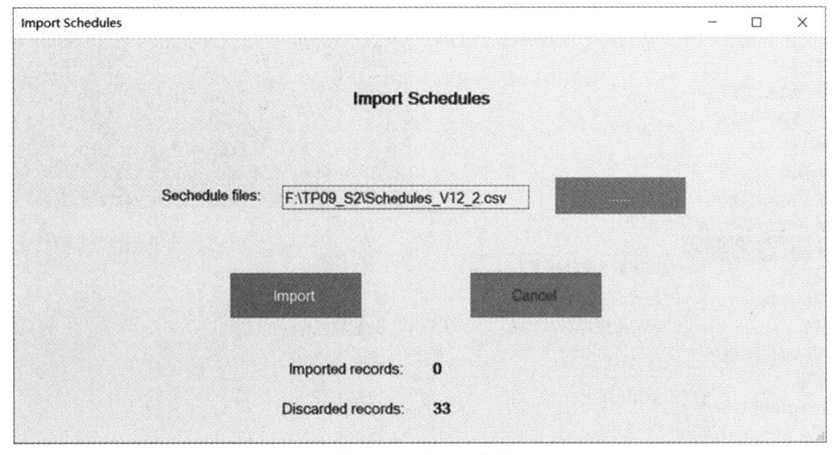


图 4-11　运行结果

# 任务5　分离与附加数据库

## 任务情境

在 SQL Server Management Studio 对象资源管理器中，连接到 SQL Server 数据库引擎的实例，然后展开该实例。分离数据库 FlightDatabase。然后再将已经分离的数据库重新附加上。

## 任务分析

首先准备好 SQL Server 数据库 FlightDatabase，然后在 SSMS 中进行分离和附加数据库的操作。分离数据库是指将数据库从 SQL Server 实例中删除，但使数据库在其数据文件和事务日志文件中保持不变。之后，就可以使用这些文件将数据库附加到任何 SQL Server 实例，包括分离该数据库的服务器。

## 任务实施

1）在 SQL Server Management Studio 对象资源管理器中连接到 SQL Server 数据库引擎的实例，然后展开该实例。

2）如图 4-12 所示，分离数据库 FlightDatabase。展开数据库，并选择要分离的用户数据库的名称，如 FlightDatabase。右击数据库的名称，单击“任务→分离”命令，出现“分离数据库”窗口。

3）在该窗口中列出了要分离的数据库如图 4-13 所示，选中删除连接等复选框，单击“确定”按钮即可。

4）附加数据库时，所有数据文件（.mdf 文件和 .ldf 文件）都必须可用。如果任何数据文件的路径不同于首次创建数据库或上次附加数据库时的路径，则必须指定文件的当前路径。

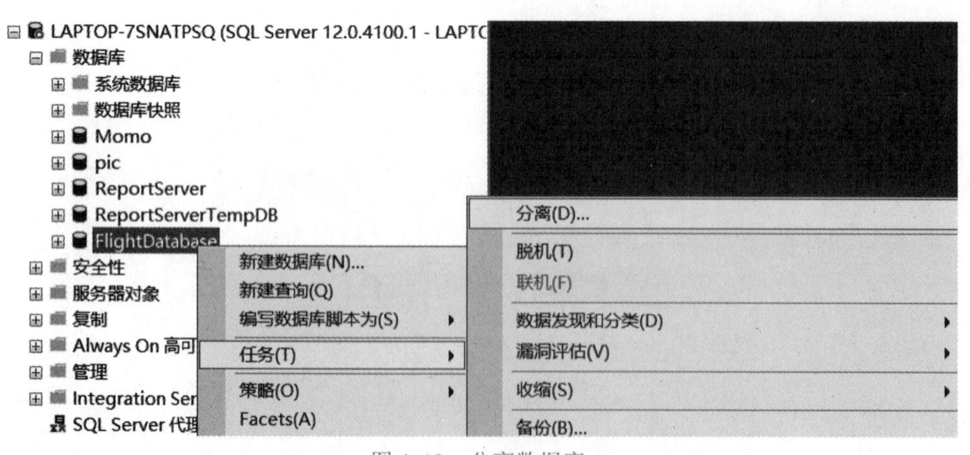

图 4-12　分离数据库

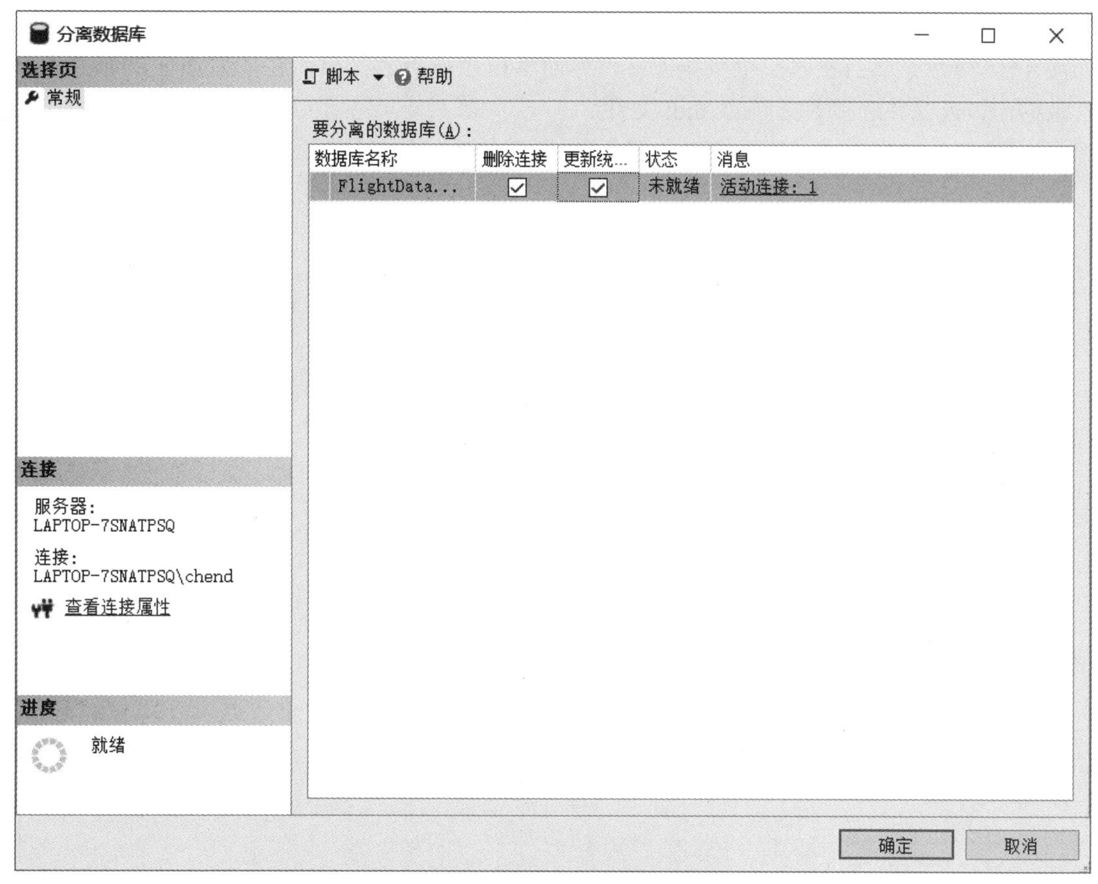


图 4-13 删除连接

5）如图 4-14 所示，附加数据库在 SQL Server Management Studio 对象资源管理中，连接到 SQL Server 数据库引擎的实例，然后单击以在 SSMS 中展开该实例视图。右击“数据库”项，然后在弹出的快捷菜单中单击“附加”命令。

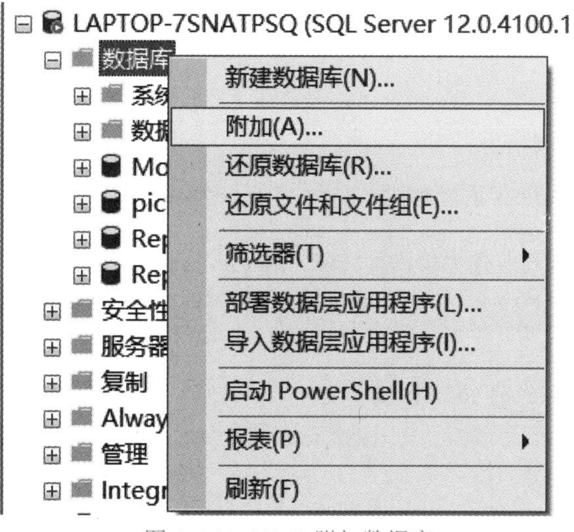


图 4-14 SSMS 附加数据库

6）在“附加数据库”对话框中，若要指定要附加的数据库，可以单击“添加”按钮，如图 4-15 所示。然后在“定位数据库文件”对话框中选择数据库所在的磁盘驱动器并展开目录树，以查找并选择数据库的 .mdf 文件。

7）在附加数据库时，如果出现如图 4-16 所示的访问被拒错误。

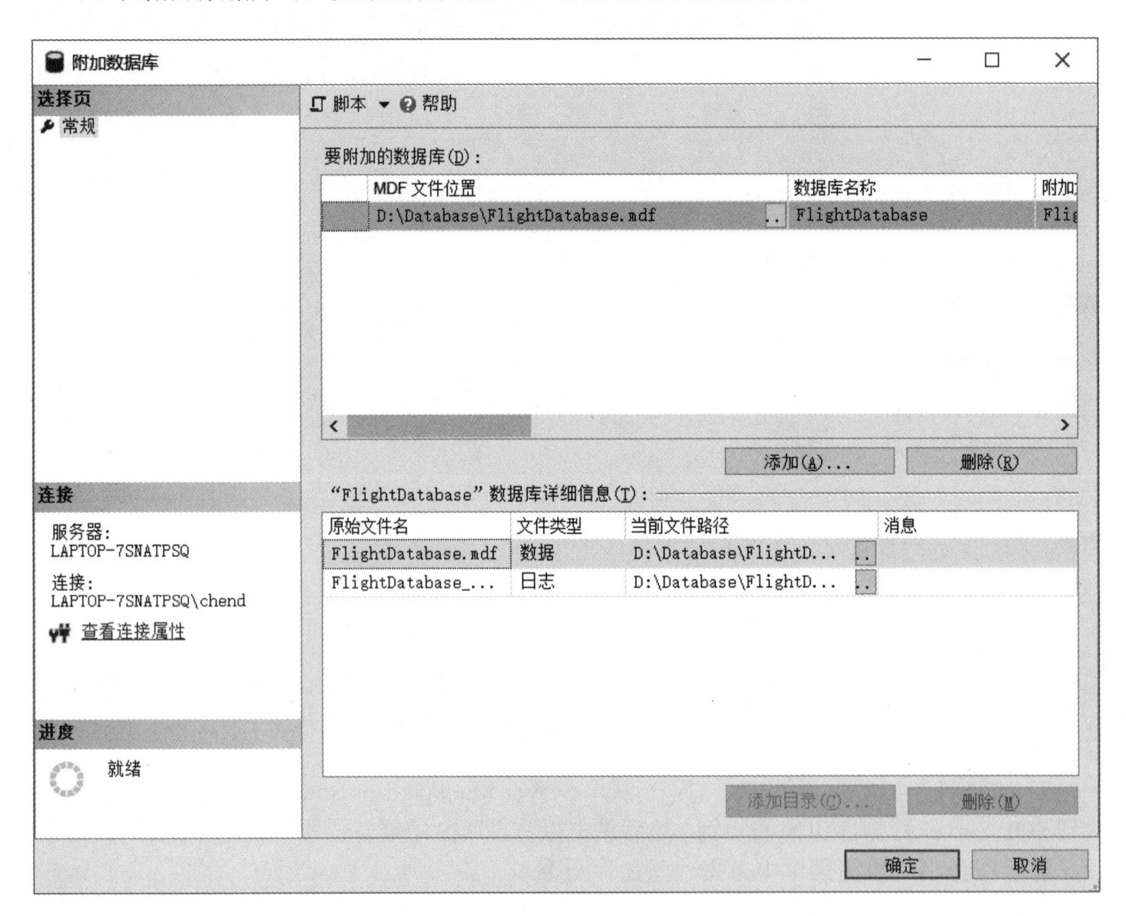


图 4-15　附加数据库

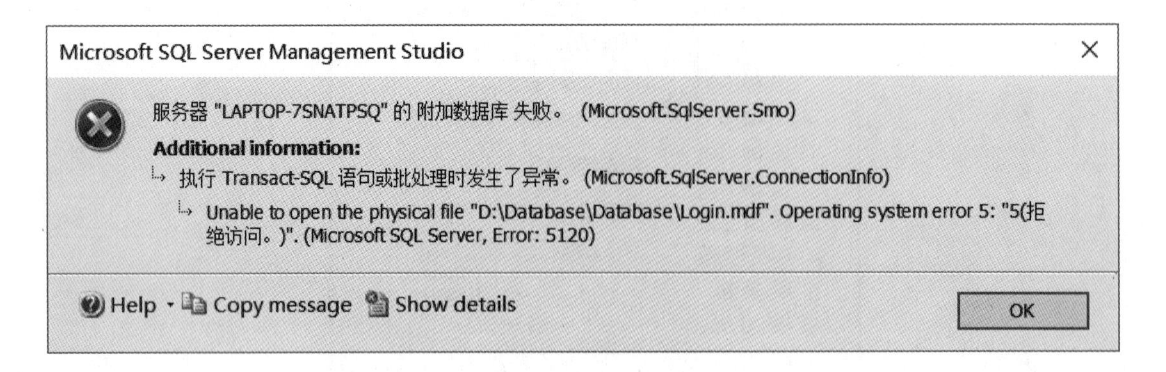


图 4-16　访问被拒

解决方法是：右击 .mdf 文件，选择属性命令，单击安全选项卡，再单击“编辑”命令，在弹出的对话框中的组或用户名中选中 Authenticated Users 选项，在“Authenticated Users 的权限”下，选中完全控制复选框即可。日志文件也是采用类似操作。

分离说的是断开这个数据库的连接，但不是删除，数据库仍然存在于硬盘上，只是该数据库停用了，这样就可以随意地挪动和复制数据库了。分离与附加是相对的两个概念，分离后，数据库不存在，但文件存在于某个目录下，要使用这些文件，就要附加。分离与附加主要用于数据库的完整复制与迁移。

附加数据库是附加已分离的数据库文件。分离和脱机都可以使数据库不能再被使用，但是分离后需要附加才能使用，而脱机后只需联机就可以用了。脱机与联机是相对的概念，它表示数据库所处的一种状态，脱机状态时数据库是存在的，在 SSMS 里还可以看到数据库的名字，只是被关闭了，用户不能访问而已，要想访问可以设为联机状态。

# 任务 6 备份与恢复数据库

## 任务情境

在 SSMS 中，备份与恢复数据库 FlightDatabase。

## 任务分析

首先准备好 SQL Server 数据库 FlightDatabase，然后在 SSMS 中进行备份与恢复数据库的操作。

## 任务实施

1）连接到相应的 Microsoft SQL Server 数据库引擎实例之后，在对象资源管理器中，单击服务器名称以展开服务器树形目录。展开“数据库”文件夹，选择用户数据库，或展开“系统数据库”文件夹，选择系统数据库。右击数据库，单击“任务→备份”命令，将出现“备份数据库 -FlightDatabase”窗口，如图 4-17 所示。

2）在图 4-17 中，删除默认的 C:\Program Files…，单击“添加”按钮，选择一个位置，写上数据库名，并以扩展名 .bak 结尾，如 FlightDatabase.bak。

3）还原数据库。在 SSMS 中，右击数据库，单击“还原数据库”命令，将出现“还原数据库”对话框。按提示操作即可。

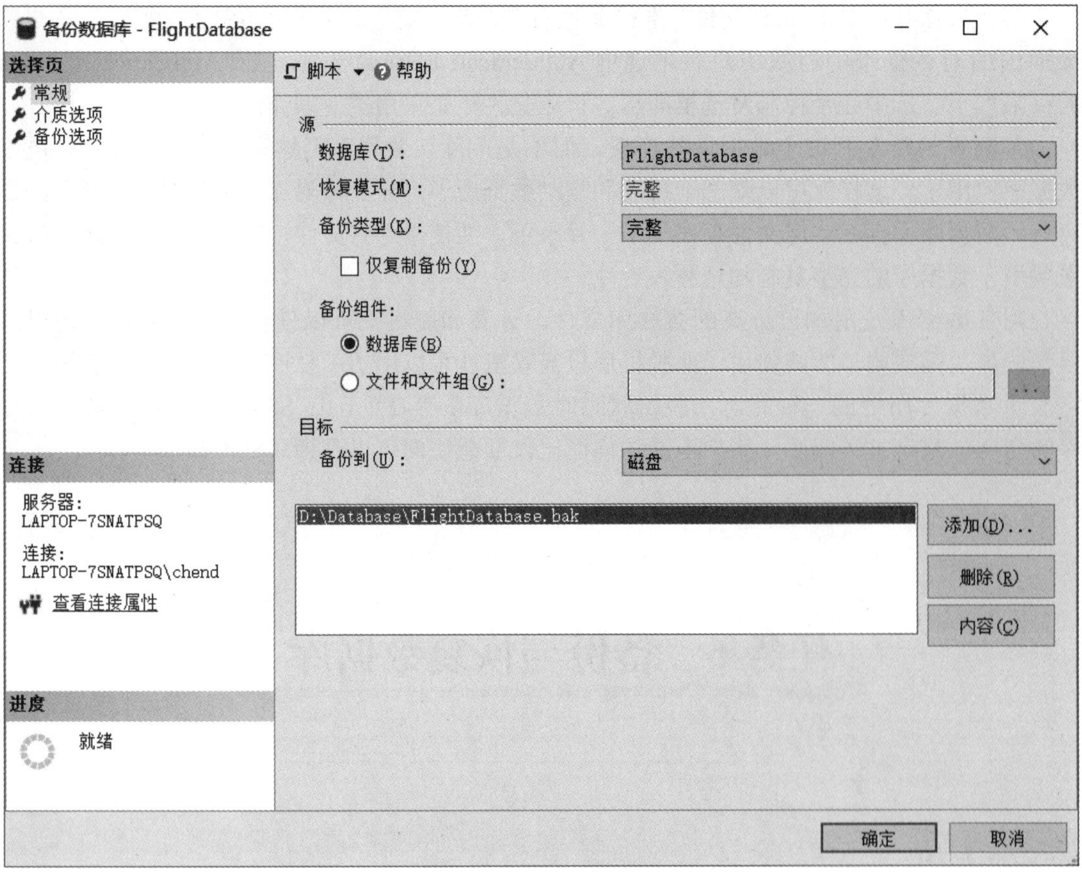

备份数据库 - FlightDatabase

选择页
常规
介质选项
备份选项

脚本 ▾ 帮助

源
数据库(T)： FlightDatabase
恢复模式(M)： 完整
备份类型(K)： 完整
仅复制备份(Y)
备份组件：
数据库(B)
文件和文件组(G)：
目标
备份到(U)： 磁盘
D:\Database\FlightDatabase.bak
添加(D)...
删除(R)
内容(C)

连接
服务器：
LAPTOP-7SNATPSQ
连接：
LAPTOP-7SNATPSQ\chend
查看连接属性

进度
就绪

确定
取消

图 4-17　备份数据库

# 项目 5 SQL Server

## 职业能力目标

- 能够熟练使用 SQL 语句进行增、删、改、查等操作。
- 能够使用 INNER JOIN 进行多表查询操作。
- 熟练恰当使用 SQL 函数、IN 和 EXISTS 用法。
- 能够对数据进行分类汇总。
- 能够对数据进行统计查询。

## 任务 1　学习 SQL 基本语句

### 任务情境

在 SSMS 中，使用 SELECT、DELETE、INSERT、UPDATE 进行查、删、增、改操作，使用 ALTER 和 DROP 进行修改和删除操作；使用 BACKUP 和 RESTORE 进行备份和还原操作。

### 任务分析

准备好数据库，运用 SQL 进行基本的增、删、改、查，以及备份和还原等操作。

### 任务实施

SQL（结构化查询语言，Structured Query Language）是一种完整的数据库操作语言。常见的关系数据库 Access、SQL Server 等都支持 SQL。SQL 包含 4 种最基本的数据操作语句——SELECT、DELETE、UPDATE、INSERT，分别实现 4 种基本操作——查询、删除、修改、插入。在 SSMS 中，SQL 语句不区分大小写，例如 SELECT 与 select 功能是一样的。

### 1．SELECT 语句

SELECT 语句是 SQL 语句中最常用的语句，用于从数据库中查询数据。结果被存储在一个结果表中，称为结果集。

```
SELECT column_name,column_name
FROM table_name
```

或者

```
SELECT * FROM table_name
```

格式：

```
SELECT 字段列表 FROM 表或视图 WHERE 条件 ORDER BY 字段
```

例如，查询“学生表”中所有的记录，SQL 语句如下：

```
SELECT * FROM 学生表
```

其中，* 为通配符，表示所有字段。

为了验证 SQL 语句的运行效果，需使用 SQL Server 的新建查询按钮 New Query 。输入 SQL 语句后，单击执行按钮，也就是类似感叹号的红色按钮 ! Execute ，界面下方即显示查询结果，举例说明如下。

1）查询“学生表”中所有记录的姓名、性别这两个字段的值，SQL 语句为：

```
SELECT 姓名 , 性别 FROM 学生表 ;
```

需要注意的是，逗号要用英文状态下的逗号。

2）查询“学生表”中年龄大于 18 岁的记录，SQL 语句为：

```
SELECT * FROM 学生表 WHERE 年龄 > 18
```

3）查找教师表中姓鲁的记录，SQL 语句为：

```
SELECT * FROM 教师表 WHERE 姓名 Like '鲁 %'
```

% 代替 0 或多个字符，- 替代一个字符。

4）将“学生表”中的记录按照年龄字段进行降序排列，取前 3 条记录，SQL 语句为：

```
SELECT TOP 3 * FROM 学生表 ORDER BY 年龄 Desc
```

如果不写 Desc，则默认为是 asc 升序。SELECT TOP 子句用于规定要返回的记录的数目。SELECT TOP 子句对于拥有数千条记录的大型表来说是非常有用的。

5）用 DISTINCT 去除 Store_Information 表中店铺名相同的重复记录，只显示不同记录，SQL 语句为：

```
SELECT DISTINCT Store_Name FROM Store_Information;
```

另外，可以想想如何对多个字段去除重复。DISTINCT 必须放在第一个参数，表示对后面的所有参数的拼接取不重复的记录，相当于把 SELECT 表达式的项拼接起来选唯一值。如果想显示多列，则可以考虑 GROUP BY 分组。

6）查询出 Competitor 表中重复的 Email，SQL 语句为：

```
SELECT Email FROM Competitor GROUP BY Email HAVING count(Email)>1
```

7）复制表的结构，但是不复制数据，SQL 语句为：

```
SELECT * INTO table2 FROM table1 WHERE 1=0
```

或者写成

```
WHERE 1!=1
```

### 2．DELETE 语句

DELETE 语句的作用是删除表中的记录。

格式：

```
DELETE FROM table_name
WHERE some_column=some_value
```

请注意DELETE语句中的WHERE子句！ WHERE子句规定哪条记录或者哪些记录需要删除。如果省略了WHERE子句，如果所有的记录都将被删除。在删除记录时要格外小心，删除不可恢复。可以在不删除表的情况下，删除表中所有的行。这意味着表的结构、属性、索引将保持不变，SQL语句为：

```
DELETE FROM table_name
```

【例5-1】删除“学生表”中学号SNO为2015150201的记录，SQL语句为：

```
DELETE FROM 学生表 WHERE SNO = '2015150201'
```

【例5-2】先创建一个数据表People，再插入两条数据，最后删除其中一条数据。

```
create table People
(
    name varchar(10),
    sex   char(2)
)
INSERT INTO People(name,sex)  values(' 张亮 ',' 男 ')
INSERT INTO People (name,sex)  values(' 李萌 ',' 女 ')
DELETE FROM People WHERE name = ' 张亮 '
```

表示删除姓名叫张亮的一条记录，也就是这一行。如果要删除所有记录，则可以使用"DELETE FROM People"。

### 3．INSERT语句

INSERT语句用于向数据表中插入一条记录。

格式：

```
INSERT INTO 表名（字段1，字段2，…）VALUES（字段1的值，字段2的值，…）
```

1）若某字段的类型为文本或备注型、日期/时间型，则该字段值两边要加单引号；若为布尔型，则该字段值为true或false；若为自动增加型（identity），则不要给该字段赋值，因为数据库会自动加1，一般用于ID号。如果某个字段没有设定默认值，又是必填字段，不允许为Null值，而在INSERT语句中没有给该字段赋值，则会出错。

2）INSERT语句的要求一一对应，具体使用时需要结合数据表中字段的格式，尤其是“默认值”“必填字段”“允许空”几个属性，如果没有在数据库中进行特别的设置，那么一般来说，有值的字段可以出现在INSERT语句中，没有值的字段可以不出现在INSERT语句中。

【例5-3】在“学生表”中添加一条完整记录，SQL语句为：

```
INSERT into 学生表 ( 姓名 , 性别 , 年龄 , 系部 ) VALUES（' 李明 ',' 男 ',16,' 信息工程系 '）
```

### 4．UPDATE语句

UPDATE语句用于更新数据表中一个或多个字段的值。

格式：

```
UPDATE 表名 SET 字段 1= 字段 1 的值，字段 2= 字段 2 的值，……WHERE 条件
```

【例5-4】把“学生表”中姓名为张三的成绩全部清零，SQL语句为：

```
UPDATE 学生表 SET 成绩 =0 WHERE 姓名 =' 张三 '
```

WHERE子句规定哪条记录或者哪些记录需要更新。注意：如果省略了WHERE子句，则所有记录都将被更新。

### 5．ALTER语句

ALTER TABLE语句用于在已有的表中添加、删除或修改列。

1）在表中添加列，语法格式：

```
ALTER TABLE table_name
ADD column_name datatype
```

2）删除表中的列，语法格式：

```
ALTER TABLE table_name
DROP COLUMN column_name
```

3）要改变表中列的数据类型，语法格式：

```
ALTER TABLE table_name
ALTER COLUMN column_name datatype
```

【例 5-5】给 Persons（见表 5-1）表添加 DateOfBirth 列。

表 5-1　Persons 表

| P_Id | LastName | FirstName | Address | City |
|---|---|---|---|---|
| 1 | Han | Meimei | JieFang Road 01 | Beijing |
| 2 | Sun | Kaiwei | Sanlitun 03 | Shanghai |
| 3 | Cai | Minghui | TongLuowan 10 | HongKong |

现在，想在 Persons 表中添加一个名为出生日期 DateOfBirth 的列。使用下面的 SQL 语句：

```
ALTER TABLE Persons
ADD DateOfBirth date
```

注意：新列 DateOfBirth 的类型是 date，可以存放日期。

添加后的表 Persons 见表 5-2。

表 5-2　Persons 新表

| P_Id | LastName | FirstName | Address | City | DateOfBirth |
|---|---|---|---|---|---|
| 1 | Han | Meimei | JieFang Road 01 | Beijing | |
| 2 | Sun | Kaiwei | Sanlitun 03 | Shanghai | |
| 3 | Cai | Minghui | TongLuowan 10 | HongKong | |

【例 5-6】删除列。删除新列 DateOfBirth，SQL 语句为：

```
ALTER TABLE Persons
DROP COLUMN DateOfBirth
```

【例 5-7】想要改变 Persons 表中 DateOfBirth 列的数据类型，SQL 语句为：

```
ALTER TABLE Persons
ALTER COLUMN DateOfBirth datetime
```

注意：现在 DateOfBirth 列的类型是 datetime，可以存放年月日时分秒，而 date 数据类型只可以存放年月日。

### 6．DROP 语句

SQL 通过使用 DROP 语句可以轻松地删除索引、表和数据库。

1）DROP INDEX 语句用于删除表中的索引。

用于 MS SQL Server 的 DROP INDEX 语法格式：

```
DROP INDEX table_name.index_name
```

【例 5-8】在表 Student 的电话 Telephone 一列上建立一个唯一 Unique 的索引 Index，然后删除这个索引 TelephoneIndex。

建立索引使用下面的 SQL 语句

```
create unique index TelephoneIndex on Student(Telephone)
```

删除索引使用下面的 SQL 语句

```
DROP index Student. TelephoneIndex
```

2）DROP TABLE 语句用于删除表。

格式：

```
DROP TABLE table_name;
```

【例 5-9】先创建一个 SC 表，然后删除这个 SC 表。

```
create table SC
(
    name varchar(10),
    sex   char(2)
)
DROP table SC
```

3）DROP DATABASE 语句用于删除数据库。

格式：

```
DROP DATABASE database_name
```

【例 5-10】先创建一个 NBA 数据库，然后删除这个 NBA 数据库。

```
create database NBA
DROP database NBA
```

4）TRUNCATE TABLE 语句如果仅需要删除表内的数据，但并不删除表本身，则使用 TRUNCATE TABLE 语句。

格式：

```
TRUNCATE TABLE table_name
```

【例 5-11】先创建一个数据表 People，再插入两条数据，最后删除数据。

```
create table People
(
    name varchar(10),
    sex   char(2)
)
INSERT INTO People(name,sex)  values(' 张亮 ',' 男 ')
INSERT INTO People (name,sex)  values(' 李萌 ',' 女 ')
SELECT * FROM People
TRUNCATE table People
SELECT * FROM People
```

SQL 中 DROP、TRUNCATE 和 DELETE 三个删除语句的区别：

```
DROP test;// 删除表 test，并释放空间，将表 test 删除得一干二净
TRUNCATE test;// 删除表 test 里的内容，并释放空间，但不删除表的定义，表的结构还在
DELETE FROM test WHERE age=25 AND country='CN';// 删除表 test 中年龄等于 25 的且国家为 CN 的数据
DELETE FROM test; 仅删除表 test 内的所有内容，保留表的定义，不释放空间
```

### 7．BACKUP 语句

备份数据库语法格式：

```
BACKUP DATABASE { database_name | @database_name_var }
TO <BACKUP_device> [ ,...n ]
[ <MIRROR TO clause> ] [ next-mirror-to ]
[ WITH { DIFFERENTIAL | <general_WITH_options> [ ,...n ] } ]
[;]
```

备份日志的语法格式：

```
BACKUP LOG { database_name | @database_name_var }
TO <BACKUP_device> [ ,...n ]
[ <MIRROR TO clause> ] [ next-mirror-to ]
[ WITH { <general_WITH_options> | <log-specific_optionspec> } [ ,...n ]]
[;]
```

差异备份（with differential）：是指在一次全备份后对那些增加或者修改文件进行的备份。

备份设备（BACKUP_device）：可以事先定义好逻辑设备，也可以直接指定物理设备。可以将一个本机带路径的物理文件名指定为备份设备。

【例 5-12】完全备份：备份当前 SQL Server 数据库服务器上名为 student 的数据库到 D:\db 目录下，取名为 student.bak。

在新建查询窗口中，输入后并执行：

```
BACKUP database student
TO disk='D:\db\student1.bak'
```

【例 5-13】差异备份：对当前 SQL Server 数据库服务器上名为 student 的数据库进行差异备份到 D:\db 目录下，取名为 student2.bak。

```
BACKUP database student
TO disk='D:\db\student2.bak'
WITH differential
```

【例 5-14】备份日志：备份当前 SQL Server 数据库服务器上名为 student 的数据库的日志文件到 D:\db 目录下，取名为 student.bak。

在新建查询窗口中，输入并执行：

```
BACKUP log student
TO disk='D:\db\student3.bak'
```

一般来说，只有在完整备份后才能够进行差异备份和日志备份，否则会报错。但是如果出现错误如下：当恢复模型为 simple 时，不允许使用 BACKUP log 语句。解决方法为：数据库→属性→选项→恢复模式，将恢复模式由“简单”改为“完整”。

8．RESTORE 语句

恢复数据库语法格式：

```
RESTORE DATABASE { database_name | @database_name_var }
 [ FROM <BACKUP_device> [ ,...n ] ]
 [ WITH
    {
     [ RECOVERY | NORECOVERY | STANDBY =
          {standby_file_name | @standby_file_name_var }
         ]
    | ,  <general_WITH_options> [ ,...n ]
    | , <replication_WITH_option>
    | , <change_data_capture_WITH_option>
    | , <FILESTREAM_WITH_option>
    | , <service_broker_WITH options>
    | , <point_in_time_WITH_options—RESTORE_DATABASE>
    } [ ,...n ]
 ]
[;]
```

【例 5-15】从 D:\db\student1.bak 恢复数据库，名为 student。

```
RESTORE database student
FROM disk='D:\db\student1.bak'
WITH replace;
```

其他关于恢复日志的语法格式：

```
RESTORE LOG student FROM DISK='E:\db\student_1_log.bak' WITH NORECOVERY
RESTORE LOG student FROM DISK=' E:\db\student_2_log.bak' WITH NORECOVERY
RESTORE LOG student FROM DISK=' E:\db\student_3_log.bak' WITH RECOVERY
```

其中，RECOVERY 与 NORECOVERY 的区别：第一个还原语句使用 NORECOVERY 选项使数据库恢复状态，恢复更多的日志备份。恢复状态中的数据库不可访问。最后一个查询使用 RECOVERY 选项通过从日志备份中恢复 / 撤消事务来恢复数据库。

# 任务 2 多表连接 INNER JOIN 查询

## 任务情境

在 SSMS 中，根据关联条件，使用 INNER JOIN 进行多表连接，显示匹配的记录操作。数据库 FlightDatabase 中有两张表 City 和 Country，City 表有 24 条数据如图 5-1 所示，Country 表有 45 条数据如图 5-2 所示。

现在要求查询每个城市对应的国家名称，结果按升序排列。

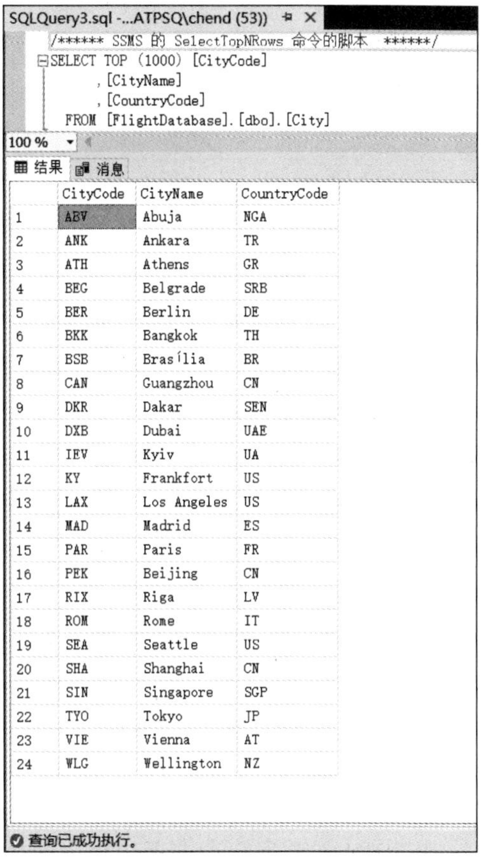

SQLQuery3.sql -...ATPSQ\chend (53))

```
/****** SSMS 的 SelectTopNRows 命令的脚本 ******/
SELECT TOP (1000) [CityCode]
      ,[CityName]
      ,[CountryCode]
  FROM [FlightDatabase].[dbo].[City]
```

100 %

结果 消息

| | CityCode | CityName | CountryCode |
|---|---|---|---|
| 1 | ABV | Abuja | NGA |
| 2 | ANK | Ankara | TR |
| 3 | ATH | Athens | GR |
| 4 | BEG | Belgrade | SRB |
| 5 | BER | Berlin | DE |
| 6 | BKK | Bangkok | TH |
| 7 | BSB | Brasília | BR |
| 8 | CAN | Guangzhou | CN |
| 9 | DKR | Dakar | SEN |
| 10 | DXB | Dubai | UAE |
| 11 | IEV | Kyiv | UA |
| 12 | KY | Frankfort | US |
| 13 | LAX | Los Angeles | US |
| 14 | MAD | Madrid | ES |
| 15 | PAR | Paris | FR |
| 16 | PEK | Beijing | CN |
| 17 | RIX | Riga | LV |
| 18 | ROM | Rome | IT |
| 19 | SEA | Seattle | US |
| 20 | SHA | Shanghai | CN |
| 21 | SIN | Singapore | SGP |
| 22 | TYO | Tokyo | JP |
| 23 | VIE | Vienna | AT |
| 24 | WLG | Wellington | NZ |

查询已成功执行。

图 5-1 City 表中的 24 条数据

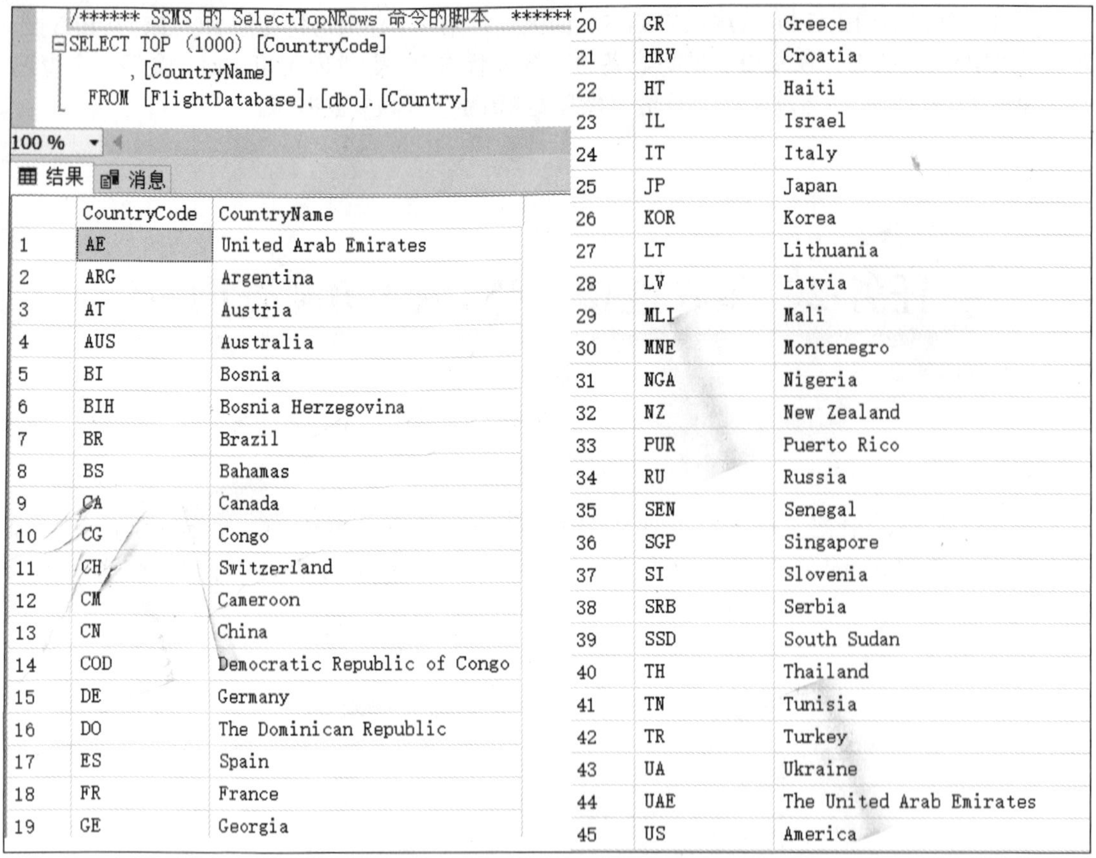

```
/****** SSMS 的 SelectTopNRows 命令的脚本  ******/
SELECT TOP (1000) [CountryCode]
      ,[CountryName]
  FROM [FlightDatabase].[dbo].[Country]
```

100 %

结果 消息

| | CountryCode | CountryName |
|---|---|---|
| 1 | AE | United Arab Emirates |
| 2 | ARG | Argentina |
| 3 | AT | Austria |
| 4 | AUS | Australia |
| 5 | BI | Bosnia |
| 6 | BIH | Bosnia Herzegovina |
| 7 | BR | Brazil |
| 8 | BS | Bahamas |
| 9 | CA | Canada |
| 10 | CG | Congo |
| 11 | CH | Switzerland |
| 12 | CM | Cameroon |
| 13 | CN | China |
| 14 | COD | Democratic Republic of Congo |
| 15 | DE | Germany |
| 16 | DO | The Dominican Republic |
| 17 | ES | Spain |
| 18 | FR | France |
| 19 | GE | Georgia |
| 20 | GR | Greece |
| 21 | HRV | Croatia |
| 22 | HT | Haiti |
| 23 | IL | Israel |
| 24 | IT | Italy |
| 25 | JP | Japan |
| 26 | KOR | Korea |
| 27 | LT | Lithuania |
| 28 | LV | Latvia |
| 29 | MLI | Mali |
| 30 | MNE | Montenegro |
| 31 | NGA | Nigeria |
| 32 | NZ | New Zealand |
| 33 | PUR | Puerto Rico |
| 34 | RU | Russia |
| 35 | SEN | Senegal |
| 36 | SGP | Singapore |
| 37 | SI | Slovenia |
| 38 | SRB | Serbia |
| 39 | SSD | South Sudan |
| 40 | TH | Thailand |
| 41 | TN | Tunisia |
| 42 | TR | Turkey |
| 43 | UA | Ukraine |
| 44 | UAE | The United Arab Emirates |
| 45 | US | America |

图 5-2　Country 表中的 45 条数据

# 任务分析

准备好数据库，运用 T-SQL，了解 INNER JOIN 等操作。City 表中有城市代码 CityCode、城市名称 CityName 和国家代码 CountryCode；Country 表中有国家代码 CountryCode 和国家名称 CountryName。两个表之间通过国家代码相互关联。

# 任务实施

1）在 SSMS 中新建查询窗口。

2）输入以下查询代码：

```
SELECT city.CityName,Country.CountryName
FROM city
INNER JOIN Country
ON city.CountryCode=country.CountryCode
ORDER BY CityName
```

3）执行上述代码。INNER JOIN 关键字在表中存在至少一个匹配时返回行。如果 City 中的行在 Country 中没有匹配，则不会列出这些行。查询结果如图 5-3 所示。

| | CityName | CountryName |
|---|---|---|
| 1 | Abuja | Nigeria |
| 2 | Ankara | Turkey |
| 3 | Athens | Greece |
| 4 | Bangkok | Thailand |
| 5 | Beijing | China |
| 6 | Belgrade | Serbia |
| 7 | Berlin | Germany |
| 8 | Brasília | Brazil |
| 9 | Dakar | Senegal |
| 10 | Dubai | The United Arab Emirates |
| 11 | Frankfort | America |
| 12 | Guangzhou | China |
| 13 | Kyiv | Ukraine |
| 14 | Los Angeles | America |
| 15 | Madrid | Spain |
| 16 | Paris | France |
| 17 | Riga | Latvia |
| 18 | Rome | Italy |
| 19 | Seattle | America |
| 20 | Shanghai | China |
| 21 | Singapore | Singapore |
| 22 | Tokyo | Japan |
| 23 | Vienna | Austria |
| 24 | Wellington | New Zealand |

图 5-3 查询结果

## 必备知识

INNER JOIN（内连接）就是关联的两张或多张表中，根据关联条件显示所有匹配的记录，匹配不上的不显示。在表中存在至少一个匹配时，INNER JOIN 关键字返回行。

INNER JOIN 关键字语法格式：

```
SELECT column_name(s)
FROM table_name1
INNER JOIN table_name2
ON table_name1.column_name = table_name2.column_name
```

## 触类旁通

数据库中有三张表：学生表 S（SNO，SNAME）、课程表 C（CNO，CNAME）和选课表 SC（SNO，CNO，GRADE）。要求查询学生的选课成绩。在新建查询窗口中输入：

```
SELECT S.SNAME,C.CNAME,SC.GRADE
FROM S,C,SC
WHERE S.SNO = SC.SNO and C.CNO = SC.CNO
```

查询结果如图 5-4 所示。

```
select S.SNAME,C.CNAME,SC.GRADE
from S,C,SC
where S.SNO=SC.SNO and C.CNO=SC.CNO
```

100 %

Results | Messages

| | SNAME | CNAME | GRADE |
|---|---|---|---|
| 1 | 李江 | 计算机基础 | 60 |
| 2 | 李江 | 大学英语 | 58 |
| 3 | 周光明 | 计算机基础 | 80 |
| 4 | 周光明 | 大学英语 | 70 |
| 5 | 周光明 | 软件工程 | 92 |
| 6 | 周光明 | 数学分析 | 93 |
| 7 | 周光明 | 人工智能 | 90 |
| 8 | 李玲 | 大学英语 | 82 |
| 9 | 李玲 | 软件工程 | 85 |
| 10 | 李玲 | 数据库 | 56 |
| 11 | 张雷 | 计算机基础 | 50 |
| 12 | 张雷 | 大学英语 | 46 |
| 13 | 张雷 | 软件工程 | 85 |
| 14 | 张雷 | 数据库 | 82 |
| 15 | 李霞 | 计算机基础 | 55 |
| 16 | 李霞 | 大学英语 | 48 |
| 17 | 李霞 | 数学分析 | 85 |
| 18 | 钱欣 | 计算机基础 | 80 |
| 19 | 钱欣 | 大学英语 | 90 |
| 20 | 钱欣 | 数据库 | 40 |

图 5-4 查询结果

【例 5-16】1）基于 Score 表查询“c001”课程比“c002”课程成绩高的所有学生的学号（要求用两种方法）。

```
SELECT SNO FROM
(SELECT SNO,(SELECT GRADE FROM SC WHERE SNO = S.SNO and CNO = 'c001') C001_SC,
(SELECT GRADE FROM SC WHERE SNO = S.SNO and CNO = 'c002') C002_SC FROM
(SELECT DISTINCT SNO FROM SC) T ) T WHERE C001_SC>C002_SC

SELECT SNO FROM SC S1
WHERE S1. CNO = 'c001' AND S1. GRADE >
 (SELECT S2. GRADE
 FROM SC S2
 WHERE S2. SNO ='c002' AND S1. SNO =S2. SNO)
```

2）基于 Score 表查询平均成绩大于 60 分的学生的学号和平均成绩。

```
SELECT SNO,AVG(GRADE) Avg_Score FROM SCore GROUP BY SNO HAVING AVG(GRADE)>60
```

3）基于 Student、Course、Teacher、Score 四张表，查询没学过“Tom”老师课的学生的学号、姓名（要求用两种方法）。

```
SELECT sid,sname FROM Student WHERE (SELECT COUNT(*) FROM Score WHERE sid=Student.sid AND CID=(
SELECT cid FROM Course WHERE tid = (SELECT Tid FROM Teacher WHERE tname='Tom')))=0

SELECT sid,sname FROM Student
WHERE sid NOT IN
(SELECT sc.sid FROM Score sc
INNER JOIN Student st ON sc.sid = st.sid
INNER JOIN Course c ON c.cid = sc.cid
INNER JOIN Teacher tc ON tc.tid = c.tid
WHERE tname='Tom' )
```

【例 5-17】查询学过编号为C001 的课程，并且也学过编号为C002 的课程的学生的学号、姓名（要求用两种方法）。

```
SELECT SID,sname FROM Student
WHERE (SELECT COUNT(*) FROM Score WHERE SID = Student.sid AND cid = 'C001')>0
AND
(SELECT COUNT(*) FROM Score WHERE SID=Student.sid AND cid = 'C002')>0

SELECT s.sid,s.sname
FROM Student s
INNER JOIN Score sc1 on s.sid = sc1.sid
INNER JOIN Score sc2 on s.sid = sc2.sid
WHERE sc1.cid='C001'AND sc2.cid = 'C002'
```

# 任务3 学习SQL 函数

## 任务情境

SQL 拥有很多可用于计数和计算的内建函数，包括 SQL 聚合函数和 SQL Scalar 函数，还有四舍五入、数据类型转换的函数，以及对日期进行处理的函数等。

## 任务分析

SQL 函数非常多，我们不可能对每一个函数都非常了解，所以加强日常训练，对常用的 SQL 函数要掌握。

## 任务实施

### 1．SQL Aggregate 函数

又称 SQL 聚合函数，函数计算从列中取得的值，返回一个单一的值。

AVG()：返回平均值。

COUNT()：返回行数。

FIRST()：返回第一个记录的值。

LAST()：返回最后一个记录的值。

MAX()：返回最大值。

MIN()：返回最小值。

SUM()：返回总和。

说明：SQL Server2008 版本不支持 FIRST() 和 LAST() 函数，2012 以后的版本支持。

【例 5-18】求 SC 表中成绩列 GRADE 的平均分。

```
SELECT AVG(GRADE) AS 平均分
FROM SC
```

如果要求查询平均分，并保留两位小数输出，请使用 CONVERT(Type,Value)：

```
SELECT CONVERT(DECIMAL(10,2),AVG(GRADE))
FROM SC
```

2．SQL Scalar 函数

又称为标量函数，该类型的函数同样只返回一个值，但函数只面向单一的值，返回的值也是基于该单一值的变化或处理。

基于用法，把 Scalar 函数分为 4 类：

1）文本处理函数：对文本、字符进行操作的函数。例如，LTRIM()、RTRIM()、LTRIM(Rtrim())、UPPER()、LDWER()、SUBSTRING()、LEN()、LEFT()、RIGHT() 等。

LTRIM() 是去掉左边的空格，RTRIM() 是去掉右边的空格，LTRIM(Rtrim()) 左右空格都去掉。

```
SELECT  LTRIM('    hello    ')              /* 结果为 hello
SELECT  RTRIM('    hello    ')              /* 结果为 hello
SELECT  LTRIM(Rtrim('    hello    '))       /* 结果为 hello
```

UPPER()：将某个字段转化成大写字符串。

LOWER()：将某个字段转化成小写字符串。

SUBSTRING( 字段 ,start,length)：从字符串 start 位置提取长度为 length 的字符。

LEN()：计算字符串的长度。

```
SELECT  LEN(LTRIM(Rtrim('    hello    ')))  /* 结果为 5，验证了左右空格都去掉字符串的长度 */
```

LEFT( 字段 ,n)：返回字符串左边的 n 个字符 。

RIGHT( 字段 ,n)：返回字符串右边的 n 个字符。

说明：如果是 nchar(6) 型，存取了字段 NAME 值“Amdy”，则 RIGHT(NAME,2) 的值为空，而不是 dy，因为长度是 6，最前面 4 位存放了 Amdy，最后 2 位是空。

STUFF()：返回拼接后的字符串，SELECT STUFF('abc',1,0,'123')，返回 123abc。STUFF() 将字符串插入到另一个字符串中。它从第一个字符串的开始位置删除指定长度的字符，然后将第二个字符串插入到第一个字符串的开始位置。SELECT STUFF('abc',1,1,'123') 结果为 123bc，表示从第 1 个字符 a 开始删除长度为 1 的字符 a 后，插入 123 后，得到 123bc; SELECT STUFF('abc',2,1,'123') 结果为 a123c，表示从第 2 个字符 b 开始删除长度为 1 的字符 b 后，插入 123 后，得到 a123c。

2）数值处理函数：对数值进行操作的函数。

ABS()：取绝对值。

```
SELECT ABS(–3.1415)             /* 结果为 3.1415*/
```

CEILING() 俗称“天花板”，舍入到最大整数；FLOOR() 俗称“地板”，舍入到最小整数。

```
SELECT CEILING(–3.1415)         /* 结果为 –3*/
SELECT CEILING(–3.61)           /* 结果为 –3*/
SELECT FLOOR(–3.1415)           /* 结果为 –4*/
SELECT FLOOR(–3.61)             /* 结果为 –4*/
```

ROUND()：对某个数值字段进行指定小数位数的四舍五入。

3）时间处理函数：对时间进行操作的函数。

GETDATE()：返回当前的系统日期和时间。

CONVER()：格式化某个字段的显示方式。

```
SELECT CONVER(varchar(10),GETDATE(),111)  /*111 表示 YYYY/MM/DD 形式 */
```

DATEDIFF()：返回两个日期之间的时间。

```
SELECT DATEDIFF(day,'2020-12-29','2020-12-30') AS DiffDate/* 结果为 1*/
SELECT DATEDIFF(Y,2000,DATEPART(year,getdate()))/* 结果为 18，如果为 YY，结果不对 */
```

DATEADD()：给日期添加指定的时间间隔。

```
SELECT DATEADD(YYYY,1,GETDATE())/* 结果为 2019-03-27 09:26:31.85，即当前年加上 1 年的时间 */
```

DATEPART()：返回日期 / 时间的单独部分。

```
SELECT  DATEPART(year,getdate())/* 结果为 2018*/
SELECT datepart(yyyy,GETDATE())-Datepart(yyyy,DateofBirth) AS 年龄 FROM Student
/* 根据学生的出生日期，计算出学生的年龄 */
```

DATENAME(weekday,GETDATE()) 获取今天是星期几。例如，获取今天的月份（采用两种方式）方法如下：

```
SELECT DATENAME(MM,GETDATE())
SELECT DATEPART(MM,GETDATE())
```

### 3．四舍五入——Round()

功能：返回数字表达式并四舍五入为指定的长度或精度。

语法：ROUND ( numeric_expression , length [ , function ] )

参数：

1）numeric_expression：精确数字或近似数字数据类型类别的表达式（bit 数据类型除外）。

2）length：numeric_expression 将要四舍五入的精度。length 必须是 tinyint、smallint 或 int。当 length 为正数时，ROUND 始终返回一个值，numeric_expression 四舍五入为 length 所指定的小数位数。当 length 为负数时，numeric_expression 则按 length 所指定的在小数点的左边四舍五入。如果 length 是负数且大于小数点前的数字个数，ROUND 将返回 0。例如，SELECT ROUND(748.58, −4)，结果为 0。

3）function：要执行的操作类型。function 必须是 tinyint、smallint 或 int。如果省略 function 或 function 的值为 0（默认），numeric_expression 将四舍五入。当指定 0 以外的值时，将截断 numeric_expression。

返回类型：返回与 numeric_expression 相同的类型。

【例 5-19】

SELECT ROUND(748.588, 1)，结果为 748.600。

SELECT ROUND(748.588, 2) ，结果为 748.590。

SELECT ROUND(748.588, 2,0)，结果为 748.590。

SELECT ROUND(748.588, 2,1)，结果为 748.580。

SELECT ROUND(748.588, 2,−2)，结果为 748.580。

【例 5-20】

SELECT ROUND(748.58, −1)，结果为 750.00

SELECT ROUND(748.58, −2)，结果为 700.00

【例 5-21】

SELECT ROUND(−3.1415,2) ，结果为 −3.1400。

SELECT ROUND(-3.1415,3)，结果为 -3.1420。

4．数据类型转换——CAST()

功能：将一种数据类型的表达式转换为另一种数据类型的表达式。

语法：CAST (expression AS data_type [ (length ) ] )

【例 5-22】取数字 1234.5255 的 20 位以内的数，其中保留 1 位小数。

SELECT CAST(1234.5255 AS numeric(20,1))，结果为 1234.5。

【例 5-23】

SELECT CAST(ROUND(1234.5255,2) AS numeric(20,1))，结果为 1234.5。

SELECT CAST(ROUND(1234.5255,2) AS numeric(20,3))，结果为 1234.530。

说明，TRUNCATE() 截断函数在 SQL Server 中不能用。

【例 5-24】数据库中的数据表如图 5-5 所示。

SKILLS13\SQLEXPRE...bo.studentchengji × SQLQuery1.sql - SKI...SS.

| Column Name | Data Type | Allow Nulls |
|---|---|---|
| id | int | ☐ |
| name | nchar(10) | ☑ |
| chinese | int | ☑ |
| math | int | ☑ |
| | | ☐ |
| | | ☐ |

图 5-5 数据类型

所有记录如图 5-6 所示，有三名学生的 chinese 和 math 成绩，其中 chinese 的平均成绩是 82。注意这里没有计算出小数。

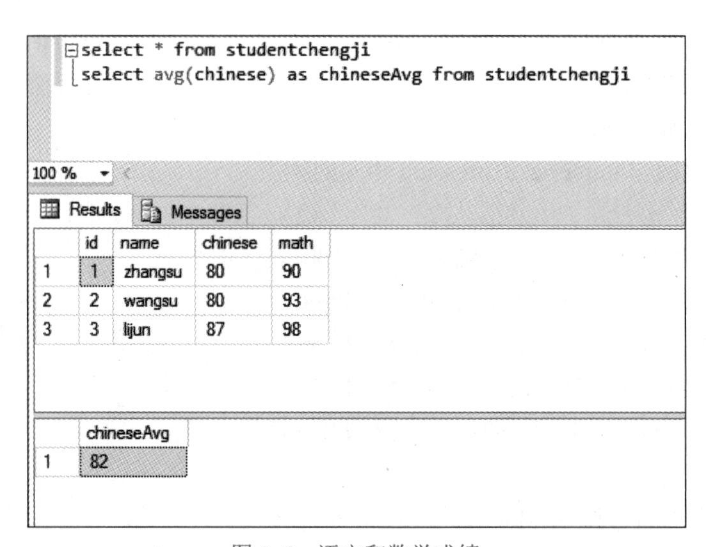


图 5-6 语文和数学成绩

查询出语文平均成绩是 82，但是实际平均成绩是 (80+80+87)/3=82.33，是四舍五入的近似值。如果需要计算出两位小数的平均值，则使用图 5-7 所示的语句。

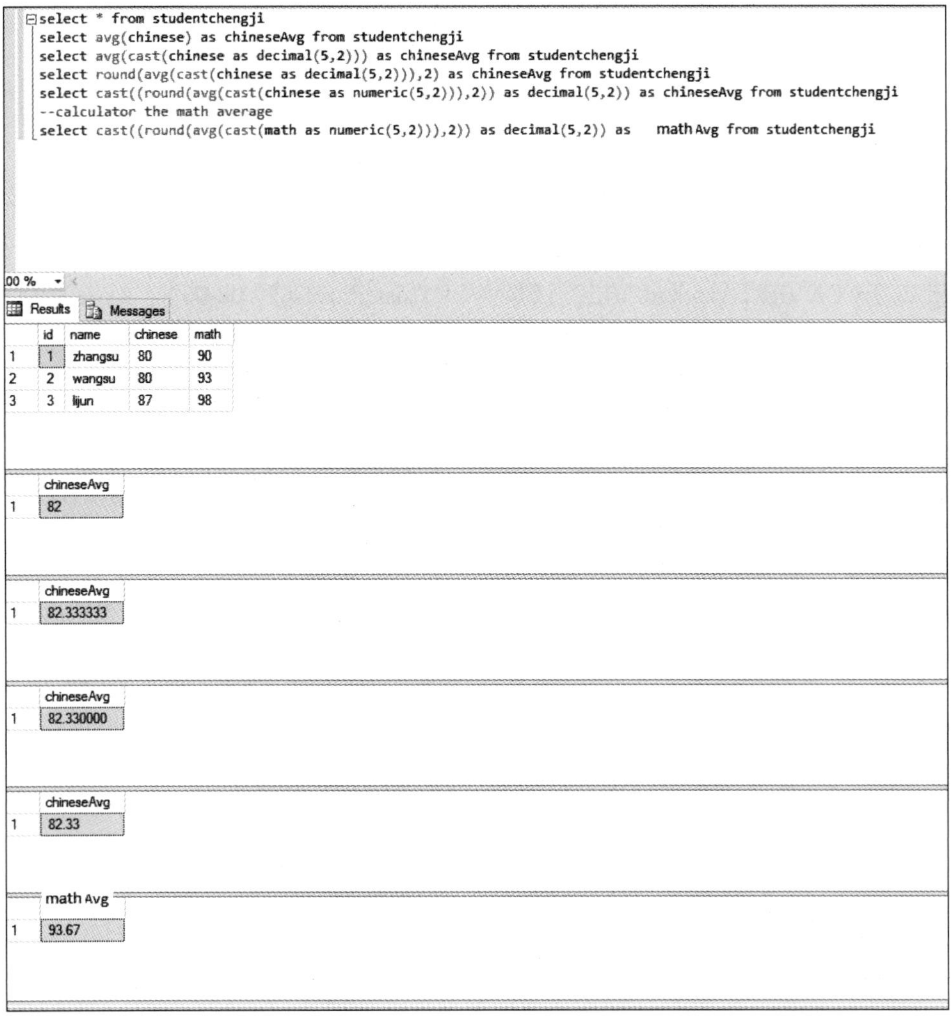

```
select * from studentchengji
select avg(chinese) as chineseAvg from studentchengji
select avg(cast(chinese as decimal(5,2))) as chineseAvg from studentchengji
select round(avg(cast(chinese as decimal(5,2))),2) as chineseAvg from studentchengji
select cast((round(avg(cast(chinese as numeric(5,2))),2)) as decimal(5,2)) as chineseAvg from studentchengji
--calculator the math average
select cast((round(avg(cast(math as numeric(5,2))),2)) as decimal(5,2)) as   math Avg from studentchengji
```

00 %

Results | Messages

| | id | name | chinese | math |
|---|---|---|---|---|
| 1 | 1 | zhangsu | 80 | 90 |
| 2 | 2 | wangsu | 80 | 93 |
| 3 | 3 | lijun | 87 | 98 |

| | chineseAvg |
|---|---|
| 1 | 82 |

| | chineseAvg |
|---|---|
| 1 | 82.333333 |

| | chineseAvg |
|---|---|
| 1 | 82.330000 |

| | chineseAvg |
|---|---|
| 1 | 82.33 |

| | math Avg |
|---|---|
| 1 | 93.67 |

图 5-7 计算出两位小数的平均值

原来的数据格式是 int 型，计算的结果是小数为 numeric 型，所以先转型后求平均值，再求近似值，最后再转成两位小数。

【例 5-25】

SELECT CAST('123' AS int),CAST('2020-08-08' AS datetime)，结果为 123 2020-08-08 00:00:00.000。

SELECT DATEPART(year,CAST('2020-08-08' AS datetime))，结果为 2020。

5．把日期转换为新数据类型——CONVERT()

功能：CONVERT() 是把日期转换为新数据类型的通用函数。CONVERT() 可以用不同的格式显示日期 / 时间数据，格式化某个字段的显示方式。

语法：CONVERT(data_type(length),data_to_be_converted,style)

参数：

1）data_type(length) 规定目标数据类型（带有可选的长度）。

2）data_to_be_converted 含有需要转换的值。

3）style 规定日期 / 时间的输出格式。

【例 5-26】下面的脚本使用 CONVERT() 来显示不同的格式。将使用 GETDATE() 来获得当前的日期和时间：假设当前日期是 2018 年 3 月 26 日。

SELECT CONVERT(decimal,12.12*10)/10，结果为 12.100000

SELECT CONVERT(VARCHAR(19),GETDATE())，结果为 03 26 2018 9:49AM

SELECT CONVERT(VARCHAR(10),GETDATE(),110)，结果为 03-26-2018

SELECT CONVERT(VARCHAR(11),GETDATE(),106)，结果为 26 03 2018

SELECT CONVERT(VARCHAR(24),GETDATE(),113)，结果为 26 03 2018 09:50:53:043

SELECT CONVERT(varchar(20),123),CONVERT(datetime,'2020-08-08')，结果为 123 2020-08-08 00:00:00.000

可以把 CONVERT() 与 CAST() 对比一下，发现两者功能类似，只是写法不同。

6．CHARINDEX() 函数

功能：写 SQL 语句经常需要判断一个字符串中是否包含另一个字符串，但是 SQL Server 中并没有像 C# 一样提供了 Contains 函数，不过 SQL Server 中提供了一个叫 CHARINDX 的函数，顾名思义就是找到字符（char）的位置（index），既然能够知道所在的位置，当然就可以判断是否包含在其中了。

通过 CHARINDEX 如果能够找到对应的字符串，则返回该字符串位置，否则返回 0。

语法：CHARINDEX ( expressionToFind , expressionToSearch [ , start_location ] )

参数：

expressionToFind：目标字符串，就是想要找到的字符串，最大长度为 8000。

expressionToSearch：在此字符串中查找。

start_location：开始查找的位置，为空时默认从第一位开始查找。

【例 5-27】简单用法。

```
SELECT CHARINDEX('test','this Test is Test')
```

查询结果：6，默认大小写不敏感。

【例 5-28】增加开始位置。

```
SELECT CHARINDEX('test','this Test is Test',7)
```

查询结果：14。

【例 5-29】大小写敏感。

```
SELECT CHARINDEX('test','this Test is Test' collate latin1_General_CS_AS)
```

查询结果：0。

返回结果为 0，因为大小写敏感，找不到 test，所以返回的就是 0。默认情况下，SQL Server 是大小不敏感的，所以前面的示例中返回结果不为 0，但是有些时候需要特意去区分大小写，因此 SQL Server 专门提供了特殊的关键字用于查询时区分大小写。其中，CS 为 Case-Sensitive 的缩写，即大小写敏感。

【例 5-30】大小写不敏感。

```
SELECT CHARINDEX('Test','this Test is Test' collate latin1_General_CI_AS)
```

查询结果：6。

也可以这样说明是大小写不敏感。其中 CI 是 Case-Insensitive 的缩写，即大小写不敏感。当然没必要多此一举。

7．PATINDEX()

和 CHARINDEX() 类似，PATINDEX() 也可以用来判断一个字符串中是否包含另一个字符串，两者的差异在于，前者是全匹配，后者支持模糊匹配。

【例 5-31】SELECT PATINDEX('%ter%','interesting data')
查询结果：3。
【例 5-32】SELECT PATINDEX('%t_ng%','interesting data')
查询结果：8。

# 任务4 分组统计

## 任务情境

在数据库 studentscore 中有三张表，学生表 S，课程表 C，选课表 SC。SC 表中 SNO、CNO 是外键，S 表中 SNO 为主健，C 表中 CNO 为主健。按照学生选课的课程进行分组统计求和，查询结果按课程名称编号升序排列。

## 任务分析

在 SSMS 中执行语句：

```
SELECT TOP 100 [CNO],[CNAME]
FROM [studentscore].[dbo].[C]
```

课程表 C 记录见表 5-3。

表 5-3 课程表 C

| CNO | CNAME |
|---|---|
| BA001 | 计算机基础 |
| BA002 | 大学英语 |
| CC112 | 软件工程 |
| CS202 | 数据库 |
| EE103 | 控制工程 |
| ME234 | 数学分析 |
| MS211 | 人工智能 |

学生表 S 记录见表 5-4。

```
SELECT TOP 100 [SNO],[SNAME],[DEPART],[SEX],[DDATE]
FROM [studentscore].[dbo].[S]
```

表 5-4 学生表 S

| SNO | SNAME | DEPART | SEX | DDATE |
|---|---|---|---|---|
| A003 | 李江 | 计算机 | 男 | 1983-07-15 00:00:00 |
| A041 | 周光明 | 自动控制 | 男 | 1982-08-10 00:00:00 |
| C001 | 刘涛 | 计算机 | 男 | 1984-05-12 00:00:00 |
| C002 | 李玲 | 计算机 | 女 | 1983-07-20 00:00:00 |
| C004 | 张策美 | 计算机 | 女 | 1985-09-01 00:00:00 |
| C005 | 张雷 | 计算机 | 男 | 1983-06-30 00:00:00 |
| C008 | 王宁 | 计算机 | 女 | 1982-08-20 00:00:00 |
| M038 | 李霞 | 应用数学 | 女 | 1984-10-20 00:00:00 |
| R098 | 钱欣 | 管理工程 | 男 | 1982-05-16 00:00:00 |

选课表 SC 记录见表 5-5。

```
SELECT TOP 100 [SNO],[CNO],[GRADE]
FROM [studentscore].[dbo].[SC]
```

表 5-5　选课表 SC

| SNO | CNO | GRADE |
|---|---|---|
| A003 | BA001 | 60 |
| A003 | BA002 | 58 |
| A041 | BA001 | 80 |
| A041 | BA002 | 70 |
| A041 | CC112 | 92 |
| A041 | ME234 | 93 |
| A041 | MS211 | 90 |
| C002 | BA002 | 82 |
| C002 | CC112 | 85 |
| C002 | CS202 | 56 |
| C005 | BA001 | 50 |
| C005 | BA002 | 46 |
| C005 | CC112 | 85 |
| C005 | CS202 | 82 |
| M038 | BA001 | 55 |
| M038 | BA002 | 48 |
| M038 | ME234 | 85 |
| R098 | BA001 | 80 |
| R098 | BA002 | 90 |
| R098 | CS202 | 40 |
| R098 | MS211 | 71 |

## 任务实施

1）按照学生选课的课程进行分组统计求和，查询结果按课程名称编号升序排列。在新建查询窗口中输入以下代码：

```
SELECT C.CNO,SUM(SC.GRADE) AS Total
FROM S
INNER JOIN SC ON S.SNO = SC.SNO
INNER JOIN C ON C.CNO = SC.CNO
GROUP BY C.CNO
ORDER BY C.CNO asc
```

2）运行后，检查查询结果如下：

```
CNO      Total
BA001    325
BA002    394
CC112    262
CS202    178
ME234    178
MS211    161
```

## 触类旁通

按照学生选课的课程进行分组统计求和，查询结果按课程总分数降序排列。SQL 语句如下：

```
use studentscore
SELECT T.* FROM(
SELECT C.CNO,SUM(SC.GRADE) AS Total
FROM S
INNER JOIN SC on S.SNO = SC.SNO
INNER JOIN C on C.CNO = SC.CNO
GROUP BY C.CNO) AS T
ORDER BY Total desc
```

注意：这次把查询的结果作为临时表，两次用到 SELECT，其中第二行 SELECT T.* FROM 也可以直接写成 SELECT * FROM。这种做法把放在 FROM 中的 SELECT 查询的结果作为临时表，表名为 T，写成 AS T，或者写成 AS A 或 AS B，不能写成其他名称，如 AS　TableName 等。

查询结果：

```
CNO         Total
BA002       394
BA001       325
CC112       262
CS202       178
ME234       178
MS211       161
```

如果要按照学生选课的课程进行分组统计求和，取课程总分数前 3 名课程，并按降序排列，则 SQL 语句如下：

```
use studentscore
SELECT top 3 * FROM(
SELECT C.CNO,SUM(SC.GRADE) AS Total
FROM S
INNER JOIN SC on S.SNO = SC.SNO
INNER JOIN C on C.CNO = SC.CNO
GROUP BY C.CNO) AS T
ORDER BY Total desc
```

查询结果：

```
CNO         Total
BA002       394
BA001       325
CC112       262
```

# 任务 5　In 与 Exists 查询

## 任务情境

1）查询 Jobnumber 号码是 NB001、NB002 或者是 NB003 的记录。

2）查询不是信息工程系也不是创意服务系的记录。

3）查询离今天日期最近买的水果和蔬菜。数据表 FruitAndVegetable 中的数据如图 5-8 所示。

| | ID | Name | Class | Count | Date |
|---|---|---|---|---|---|
| 1 | 1 | 苹果 | 水果 | 10 | 2018-03-10 |
| 2 | 1 | 橘子 | 水果 | 20 | 2018-03-11 |
| 3 | 1 | 香蕉 | 水果 | 30 | 2018-03-12 |
| 4 | 2 | 白菜 | 蔬菜 | 10 | 2018-04-01 |
| 5 | 2 | 青菜 | 蔬菜 | 20 | 2018-04-02 |

图 5-8　数据表 FruitAndVegetable

## 任务分析

1）IN 操作符允许在 WHERE 子句中规定多个值。同 Between 关键字一样，IN 的引入也是为了更方便地限制检索数据的范围。灵活使用 IN 关键字，可以用简洁的语句实现结构复杂的查询。IN 语法：

```
SELECT column_name(s)
FROM table_name
WHERE column_name IN (value1,value2,...);
```

在查询两个表中有相同的某个字段时也可以使用 IN。例如，查询在 A 表与 B 表中都具有的 Number，可以使用语句：SELECT Number FROM A WHERE Number IN (SELECT Number FROM B)。

2）不是信息工程系也不是创意服务系的，转化成 SQL 为 NOT IN('信息工程系','创意服务系')。

3）EXISTS：强调的是是否返回结果集，不要求知道返回什么。EXISTS(包括 NOT EXISTS) 子句的返回值是一个 bool 值。Exists 内部有一个子查询语句 (SELECT... FROM...)，将其称为 EXISTS 的内查询语句。其内查询语句返回一个结果集。EXISTS 子句根据其内查询语句的结果集空或者非空，返回一个布尔值。

## 任务实施

1）查询 Jobnumber 号码是 NB001、NB002 或者是 NB003 的信息。

```
SELECT *
FROM   Admin
WHERE   Jobnumber IN('NB001', 'NB002','NB003')
```

等价于下面的语句：

```
SELECT *
FROM   Admin
WHERE   Jobnumber = 'NB001'  OR  Jobnumber = 'NB002'   OR  Jobnumber = 'NB003'
```

注意：相对于 OR，使用 IN 语句更简洁。

2）查询不是信息工程系也不是创意服务系的信息。

```
SELECT  *  FROM  Dept  WHERE  DeptName  NOT  IN('信息工程系','创意服务系')
```

注意：不要用 !=，用 NOT IN。

3）查询离今天日期最近买的水果和蔬菜。

```
SELECT  *
FROM   FruitAndVegetable  t
WHERE (NOT EXISTS (SELECT * FROM FruitAndVegetable WHERE ID=t.ID AND Date >t.Date))
```

说明：EXISTS 与 IN 最大的区别在于 IN 引导的子句只能返回一个字段，假如使用 SELECT name FROM student WHERE sex = 'm' AND mark IN (SELECT 1,2,3 FROM grade

WHERE ...)，IN 子句返回了三个字段，这是不正确的。EXISTS 子句是允许的，但 IN 只允许有一个字段返回，在 1、2、3 中随便去了两个字段即可。而 NOT EXISTS 和 NOT IN 分别是 EXISTS 和 IN 的对立面。EXISTS 是 SQL 返回结果集则为真；NOT EXISTS 是 SQL 不返回结果集则为真。

有的问题中有“存在”两个字，却可以不使用 EXISTS。例如，判断 Country 表中是否存在 Name 是 American 的数据，若存在输出 Yes，否则输出 No。

```
IF (SELECT COUNT(*) FROM Country WHERE Name='American')>0
PRINT('Yes')
ELSE
PRINT('No')
```

# 任务6 统计查询

## 任务情境

在实际的项目开发中有很多项目都会有报表模块，本任务就通过一个 SQL 查询统计，学习实际开发中比较常用的小计与合计。

数据库中有店铺表 stores 和销售表 sales，如图 5-9 和图 5-10 所示。求 2018 年每个店铺每季度销售数量小计和总计。

店铺表 stores 中字段有：店铺 ID 号 storeId 是主键，店铺名 storeName，店铺地址 storeAddress，所在城市 city。

| | storeId | storeName | storeAddress | city |
|---|---|---|---|---|
| 1 | 111 | Belle | Hudong215-101 | Nanjing |
| 2 | 112 | Lula | NewDistict112-112 | Shanghai |
| 3 | 113 | Adidas | SuZhouCenter10-1 | Suzhou |
| 4 | 114 | NewBalance | TigerHill10-4 | Suzhou |
| 5 | 115 | Anta | GuangQian1-5 | Suzhou |

图 5-9 店铺表 stores

| | storeId | orderNo | orderDate | quantity |
|---|---|---|---|---|
| 1 | 112 | 1201 | 2020-02-02 00:00:00 | 50 |
| 2 | 112 | 1202 | 2018-01-02 00:00:00 | 10 |
| 3 | 112 | 1203 | 2018-03-05 00:00:00 | 25 |
| 4 | 112 | 1204 | 2018-04-01 00:00:00 | 35 |
| 5 | 112 | 1205 | 2018-05-05 00:00:00 | 35 |
| 6 | 112 | 1206 | 2018-09-04 00:00:00 | 36 |
| 7 | 112 | 1207 | 2018-11-04 00:00:00 | 84 |
| 8 | 113 | 1301 | 2020-03-02 00:00:00 | 30 |
| 9 | 113 | 1302 | 2018-05-09 00:00:00 | 55 |
| 10 | 114 | 1401 | 2020-04-02 00:00:00 | 40 |
| 11 | 114 | 1402 | 2018-05-07 00:00:00 | 45 |
| 12 | 114 | 1403 | 2018-11-11 00:00:00 | 50 |
| 13 | 114 | 1404 | 2018-12-02 00:00:00 | 20 |
| 14 | 115 | 1501 | 2020-05-02 00:00:00 | 50 |
| 15 | 115 | 1502 | 2018-05-07 00:00:00 | 25 |
| 16 | 111 | 6811 | 2020-01-02 00:00:00 | 20 |
| 17 | 111 | 6816 | 2018-01-05 00:00:00 | 25 |
| 18 | 111 | 6817 | 2018-02-05 00:00:00 | 24 |
| 19 | 111 | 6818 | 2018-03-04 00:00:00 | 24 |
| 20 | 111 | 6819 | 2018-05-05 00:00:00 | 56 |
| 21 | 111 | 6820 | 2018-08-05 00:00:00 | 45 |
| 22 | 111 | 6821 | 2018-09-04 00:00:00 | 54 |
| 23 | 111 | 6822 | 2018-11-05 00:00:00 | 75 |
| 24 | 111 | 6823 | 2018-12-02 00:00:00 | 25 |

图 5-10 销售表 sales

销售表 sales 中字段有：店铺 ID 号 storeId 是外键，订单号 orderNo 是主键，订单日期 orderDate，数量 quantity。

## 任务分析

根据这两张表，可以看出两张表之间联系是 storeId。销售表中有 2018 年的数据和 2020 年的数据。1 月～3 月为第一个季度，假设用 Spring 表示。4 月～6 月为第二季度，用 Summer 表示。7 月～9 月为第三季度，假设用 Autumn 表示。10 月～12 月为第四季度，假设用 Winter 表示。

根据订单日期求年份是用 DATEPART(YYYY, orderDate)，根据日期求季度是用 DATEPART(QQ, orderDate)。

## 任务实施

1）使用 CASE WHEN 的解决过程如下：

-- 查询每个店铺每季度销售数量及小计

```
SELECT A.storeName AS storeName,sum(A.Spring) AS Spring,sum(A.Summer) AS Summer,sum(A.Autumn) AS Autumn,sum(A.Winter) AS Winter,sum(A.Total) AS Total
FROM(
SELECT st.storeName,
(CASE WHEN DATEPART(QQ,sa.orderDate)=1 THEN SUM(sa.quantity) ELSE 0 END) AS Spring,
(CASE WHEN DATEPART(QQ,sa.orderDate)=2 THEN SUM(sa.quantity) ELSE 0 END) AS Summer,
(CASE WHEN DATEPART(QQ,sa.orderDate)=3 THEN SUM(sa.quantity) ELSE 0 END) AS Autumn,
(CASE WHEN DATEPART(QQ,sa.orderDate)=4 THEN SUM(sa.quantity) ELSE 0 END) AS Winter,
SUM(sa.quantity) AS Total
FROM stores st left JOIN sales sa
on st.storeId=sa.storeId
WHERE DATEPART(YYYY,sa.orderDate)=2018
GROUP BY st.storeName,sa.orderDate) AS A
GROUP BY storeName
```

2）执行查询，结果如图 5-11 所示。

| | storeName | Spring | Summer | Autumn | Winter | Total |
|---|---|---|---|---|---|---|
| 1 | Adidas | 0 | 55 | 0 | 0 | 55 |
| 2 | Anta | 0 | 25 | 0 | 0 | 25 |
| 3 | Belle | 73 | 56 | 99 | 100 | 328 |
| 4 | Lula | 35 | 70 | 36 | 84 | 225 |
| 5 | NewBalance | 0 | 45 | 0 | 70 | 115 |

图 5-11　每季度小计

3）上述的查询中用到了嵌套查询，查询的结果作为 FROM 子句，并且后面要加上 AS A，A 就是相当于子查询得到的临时表。子查询得到的结果如图 5-12 所示。

子查询的结果没有进行分组统计，所以要再次按 storeName 分组统计。从图 5-12 中可以看出已经有了各个店铺的季度总计，但是这只是行的总计，列的总计还没有，也就是没有统计第一季度所有店铺的销售业绩。

| | storeName | Spring | Summer | Autumn | Winter | Total |
|---|---|---|---|---|---|---|
| 1 | Lula | 10 | 0 | 0 | 0 | 10 |
| 2 | Belle | 25 | 0 | 0 | 0 | 25 |
| 3 | Belle | 24 | 0 | 0 | 0 | 24 |
| 4 | Belle | 24 | 0 | 0 | 0 | 24 |
| 5 | Lula | 25 | 0 | 0 | 0 | 25 |
| 6 | Lula | 0 | 35 | 0 | 0 | 35 |
| 7 | Belle | 0 | 56 | 0 | 0 | 56 |
| 8 | Lula | 0 | 35 | 0 | 0 | 35 |
| 9 | Anta | 0 | 25 | 0 | 0 | 25 |
| 10 | NewBalance | 0 | 45 | 0 | 0 | 45 |
| 11 | Adidas | 0 | 55 | 0 | 0 | 55 |
| 12 | Belle | 0 | 0 | 45 | 0 | 45 |
| 13 | Belle | 0 | 0 | 54 | 0 | 54 |
| 14 | Lula | 0 | 0 | 36 | 0 | 36 |
| 15 | Lula | 0 | 0 | 0 | 84 | 84 |
| 16 | Belle | 0 | 0 | 0 | 75 | 75 |
| 17 | NewBalance | 0 | 0 | 0 | 50 | 50 |
| 18 | Belle | 0 | 0 | 0 | 25 | 25 |
| 19 | NewBalance | 0 | 0 | 0 | 20 | 20 |

图 5-12　子查询

4）在前面的基础上加上 Union，并且注意加上的统计行格式要与前面查询得到的结果各单元顺序一致，第一列是店铺名，第二列是 Spring 等。所以要加上下面的语句：

```
SELECT 'Total',SUM(Spring),SUM(Summer),SUM(Autumn),SUM(Winter),sum(Total) AS Total
```

第一个 'Total' 表示行的名字，SUM(Spring) 是求第一季度所有店铺的销售业绩，sum (Total) AS Total 求总计。

查询每个店铺每季度销售数量及小计和总计的 SQL 语句如下：

```
SELECT A.storeName AS storeName,sum(A.Spring) AS Spring,sum(A.Summer) AS Summer,sum(A.Autumn) AS Autumn,sum(A.Winter) AS Winter,sum(A.Total) AS Total
FROM(SELECT st.storeName,
(CASE WHEN DATEPART(qq,sa.orderDate)=1 THEN SUM(sa.quantity) ELSE 0 END) AS Spring,
(CASE WHEN DATEPART(qq,sa.orderDate)=2 THEN SUM(sa.quantity) ELSE 0 END) AS Summer,
(CASE WHEN DATEPART(qq,sa.orderDate)=3 THEN SUM(sa.quantity) ELSE 0 END) AS Autumn,
(CASE WHEN DATEPART(qq,sa.orderDate)=4 THEN SUM(sa.quantity) ELSE 0 END) AS Winter,
SUM(sa.quantity) AS Total
FROM stores st left JOIN sales sa
on st.storeId=sa.storeId
WHERE DATEPART(YYYY,sa.orderDate)=2018
GROUP BY st.storeName,sa.orderDate) AS A
GROUP BY storeName

union
SELECT 'Total',SUM(Spring),SUM(Summer),SUM(Autumn),SUM(Winter),sum(Total) AS Total
FROM
(SELECT A.storeName AS storeName,sum(A.Spring) AS Spring,sum(A.Summer) AS Summer,sum(A.Autumn) AS Autumn,sum(A.Winter) AS Winter,sum(A.Total) AS Total
FROM
(SELECT st.storeName,
(CASE WHEN DATEPART(qq,sa.orderDate)=1 THEN SUM(sa.quantity) ELSE 0 END) AS Spring,
```

```
(CASE WHEN DATEPART(qq,sa.orderDate)=2 THEN SUM(sa.quantity) ELSE 0 END) AS Summer,
(CASE WHEN DATEPART(qq,sa.orderDate)=3 THEN SUM(sa.quantity) ELSE 0 END) AS Autumn,
(CASE WHEN DATEPART(qq,sa.orderDate)=4 THEN SUM(sa.quantity) ELSE 0 END) AS Winter,
SUM(sa.quantity) AS Total
FROM stores st left JOIN sales sa
ON st.storeId=sa.storeId
WHERE DATEPART(YYYY,sa.orderDate)=2018
GROUP BY st.storeName,sa.orderDate) AS A
GROUP BY storeName) AS B
```

5）执行查询，结果如图 5-13 所示。

| | storeName | Spring | Summer | Autumn | Winter | Total |
|---|---|---|---|---|---|---|
| 1 | Adidas | 0 | 55 | 0 | 0 | 55 |
| 2 | Anta | 0 | 25 | 0 | 0 | 25 |
| 3 | Belle | 73 | 56 | 99 | 100 | 328 |
| 4 | Lula | 35 | 70 | 36 | 84 | 225 |
| 5 | NewBalance | 0 | 45 | 0 | 70 | 115 |
| 6 | Total | 108 | 251 | 135 | 254 | 748 |

图 5-13　查询小计和总计

6）总结一下整个解决思路，首先要求出每个店铺指定年份每季度的销售统计，通过 CASE WHEN THEN ELSE END 语句查询出每个商店指定年份每季度的销售量统计。因为是按商店名和时间分组的，所以在查询出大体的数据结构之后，还需要对结果按商店分组统计，这样就统计出了符合要求的数据。最后还要有总计行，统计全年和每个季度的销售总额。对统计出的结果再次统计，实例上就是增加一行统计行，就得出了最终结果。看起来很复杂的一个查询，只要把思路理清之后一步一步实现就很容易了。

如果数据量过大就会有很严重的性能问题。SQL 查询语句不可以过于庞大，因此需要优化查询解决方案。

## 触类旁通

使用 WITH ROLLUP 可以在分组的统计数据的基础上再进行相同的统计。对上述例题使用 CASE WHEN + WITH ROLLUP 要快速得多。

先用 CASE WHEN 语句构建出大体的查询框架，唯一不同的是在 GROUP BY 之后多了 WITH ROLLUP 语句。

```
-- 查询每个店铺每季度销售数量
SELECT st.storeName,
sum(CASE WHEN DATEPART(qq,sa.orderDate)=1 THEN sa.quantity ELSE 0 END) AS Spring,
sum(CASE WHEN DATEPART(qq,sa.orderDate)=2 THEN sa.quantity ELSE 0 END) AS Summer,
sum(CASE WHEN DATEPART(qq,sa.orderDate)=3 THEN Sa.quantity ELSE 0 END) AS Autumn,
sum(CASE WHEN DATEPART(qq,sa.orderDate)=4 THEN sa.quantity ELSE 0 END) AS Winter,
SUM(sa.quantity) AS Total
FROM stores st left JOIN sales sa
ON st.storeId=sa.storeId
WHERE DATEPART(YYYY,sa.orderDate)=2018
GROUP BY st.storeName
WITH ROLLUP
```

执行结果如图 5-14 所示。

| | storeName | Spring | Summer | Autumn | Winter | Total |
|---|---|---|---|---|---|---|
| 1 | Adidas | 0 | 55 | 0 | 0 | 55 |
| 2 | Anta | 0 | 25 | 0 | 0 | 25 |
| 3 | Belle | 73 | 56 | 99 | 100 | 328 |
| 4 | Lula | 35 | 70 | 36 | 84 | 225 |
| 5 | NewBalance | 0 | 45 | 0 | 70 | 115 |
| 6 | NULL | 108 | 251 | 135 | 254 | 748 |

图 5-14 使用 WITH ROLLUP 语句的查询结果

从图 5-14 中可以看出，用 WITH ROLLUP 语句快速地实现了统计功能，但是左下角有一个地方是 NULL，应该是 Total 才比较好。

把查询语句改成如下：

```
SELECT ISNULL(storeName,'Total') AS storeName,
sum(CASE WHEN DATEPART(qq,sa.orderDate)=1 THEN sa.quantity ELSE 0 END) AS Spring,
sum(CASE WHEN DATEPART(qq,sa.orderDate)=2 THEN sa.quantity ELSE 0 END) AS Summer,
sum(CASE WHEN DATEPART(qq,sa.orderDate)=3 THEN sa.quantity ELSE 0 END) AS Autumn,
sum(CASE WHEN DATEPART(qq,sa.orderDate)=4 THEN sa.quantity ELSE 0 END) AS Winter,
SUM(sa.quantity) AS Total
FROM stores st left JOIN sales sa
ON st.storeId=sa.storeId
WHERE DATEPART(YYYY,sa.orderDate)=2018
GROUP BY st.storeName
WITH ROLLUP
```

执行结果如图 5-15 所示。

| | storeName | Spring | Summer | Autumn | Winter | Total |
|---|---|---|---|---|---|---|
| 1 | Adidas | 0 | 55 | 0 | 0 | 55 |
| 2 | Anta | 0 | 25 | 0 | 0 | 25 |
| 3 | Belle | 73 | 56 | 99 | 100 | 328 |
| 4 | Lula | 35 | 70 | 36 | 84 | 225 |
| 5 | NewBalance | 0 | 45 | 0 | 70 | 115 |
| 6 | Total | 108 | 251 | 135 | 254 | 748 |

图 5-15 with rollup Total

左下角的地方已经改成了 Total。ISNULL(storeName,'Total') AS storeName 就是判断查询结果中有 NULL 的地方用 Total 代替。注意不要写成 ISNULL(st.storeName,'Total') AS st.storeName，否则会报错，不能执行。

# 项目 6 ADO.NET

## 职业能力目标

❍ 能够使用 SqlConnection、SqlCommand、SqlDataAdapter、SqlDataReader 等进行操作。

❍ 能够构建 DataTable 表。

❍ 能够创建 DataSet 数据集。

❍ 能够使用 ADO.NET 技术，连接 SQL Server 数据库，对数据库进行增、删、改、查等操作。

## 任务 1 SqlConnection 连接数据库

### 任务情境

运用 ADO.NET 技术建立 Connection 对象，连接 SQL Server 数据库。若连接成功，则给出相应提示；若不能连接，则提示错误。

### 任务分析

项目开始前，准备学生信息数据库 SQL Server 文件 studentscore.mdf。

Connection 对象的使用方法：

1）创建 Connection 对象。Connection 对象用于连接数据库，不同的数据库有不同的 Connection 对象。SQL Server.NET 和 OLE DB.NET 数据提供程序中 Connection 对象的创建语法分别如下；

```
SqlConnection 对象名 = new SqlConnection ( 连接字符串 )
OleDBconnection 对象名 = new OleDbconnection( 连接字符串 )
```

“连接字符串”是用分号隔开的多项信息，包括提供程序和不同的数据库、用户名和密码等，注意大小写。使用 Visual Studio.NET Project 菜单中的“添加新数据源” Add New Data Source... 菜单项可生成这种连接字符串。

2）设置数据库的连接字符串。连接 Access 2010 数据库的连接字符串常用如下写法：

```
Provider=Microsoft.ACE.OLEDB.12.0;Data Source= 数据库实际路径
```

例如，Access 数据库“D:\database.accdb”的连接字符串为：

```
Provider=Microsoft.ACE.OLEDB.12.0;Data Source=D:\database.accdb
```

连接 SQL Server 数据库的连接字符串常用如下两种写法：

```
Server = 服务器名；Database = 数据库名；uid= 用户名；pwd= 密码
```

或

```
Server = 服务器名；Database = 数据库名；Integrated Security=True
```

例如，要连接本地机器上的 SQL Server 数据库 Demo，用户名为 sa，密码为 1234mnpq!，则连接字符串为：

```
Server =.; Database = Demo;uid=sa;pwd=1234mnpq!
```

例如，要连接机器上的 SQL Server 数据库 studentscore，采用 Windows 身份认证模式，则连接字符串为：

```
Data Source =.;Database=studentscore; Integrated Security=True
```

如果在 SQLEXPRESS 版本上打开数据库，则使用语句如下：

```
Data Source=.\SQLEXPRESS;Initial Catalog=LibraryDB;Integrated Security=True
```

Server 可以由 Data Source 替换，Database 可以由 Initial Catalog 替换。

3）打开数据源的连接。

Open() 方法：打开与数据库表的连接，如 conn.Open()。

4）执行数据库的访问操作代码，执行 ExecuteNonQuery() 方法等操作。

5）关闭与数据库表的连接，如 conn.Close()。

使用 Connection 对象的步骤为：设置连接字符串；创建 Connection 类型的对象；打开数据源的连接；执行数据库的访问操作代码；关闭数据源的连接。

## 任务实施

1）新建一个 Windows 窗体应用程序，设项目名称为 connection，指定其存放位置，如图 6-1 所示。

2）在窗体上放置一个 Label 控件，用于显示连接是否成功。

3）在窗体上的 Load 事件中添加代码如下：

```
private void Form1_Load(object sender, EventArgs e)
{
    String strCon = "Data Source =.;Database = studentscore;
                    Integrated Security=True";
    SqlConnection con = new SqlConnection(strCon);
    try
    {
        con.Open();
        label1.Text = " 连接成功 !";
    }
    catch (Exception ex)
    {
        label1.Text = ex.ToString();
    }
```

```
        finally
        {
            con.Close();
        }
    }
```

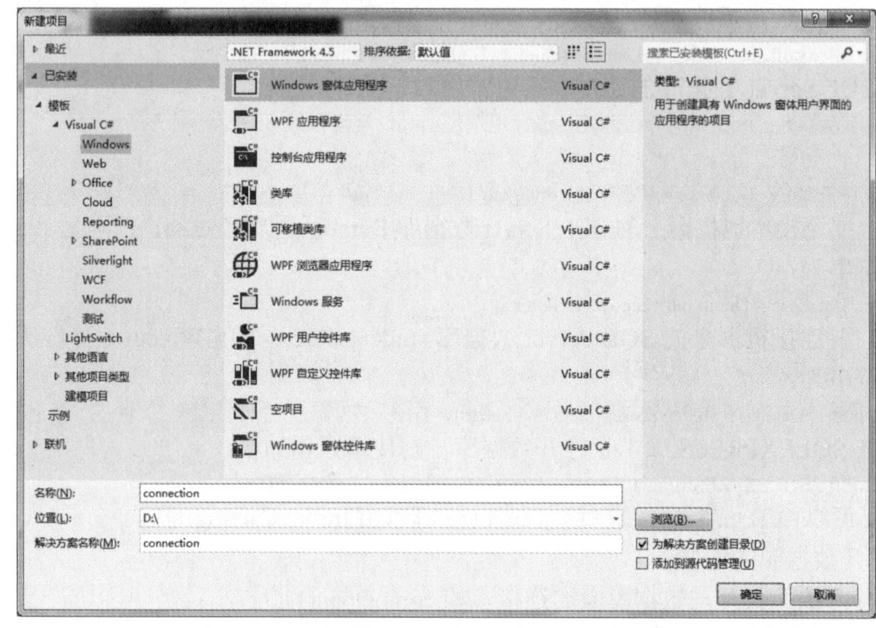


图 6-1　项目命名

4）运行效果如图 6-2 所示。如果程序设计没有错误，则提示“连接成功”；若有错误，要查看错误提示，找到相应的解决方法，很多情况下是数据库连接字符串错误。

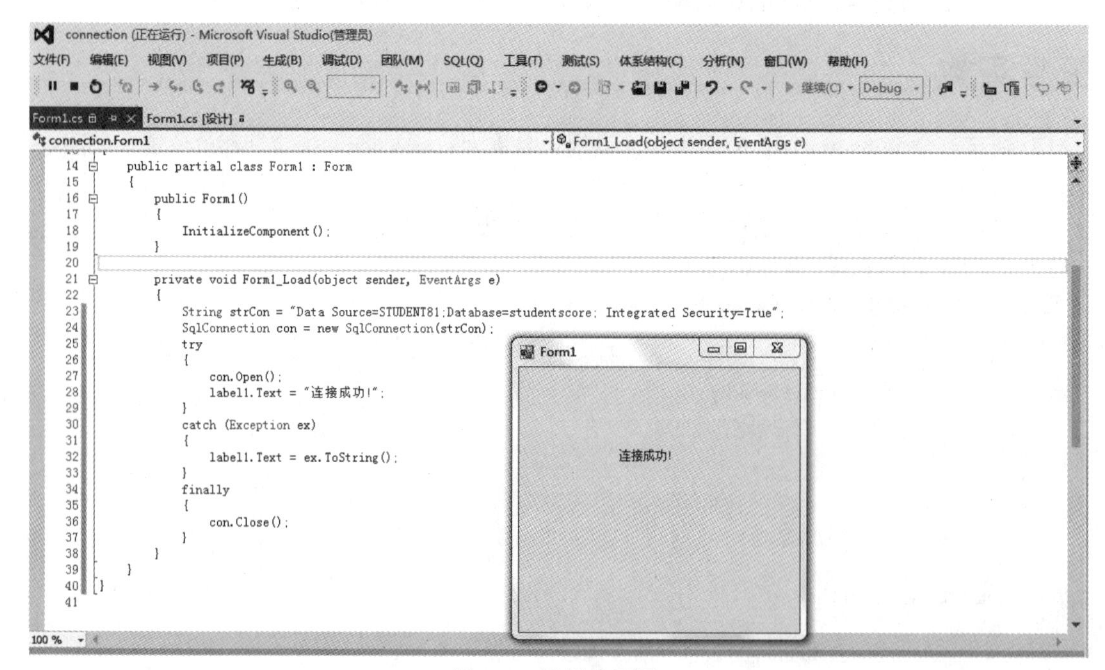


图 6-2　运行效果图

# 必备知识

## 1. ADO与ADO.NET

ADO与ADO.NET名称上非常相似，但两个数据访问方式所包含的方法和类差别非常大。

ADO（ActiveX Data Objects）是Microsoft提出的应用程序接口（API）用以实现访问关系或非关系数据库中的数据。包括Connection、Command、Recordset等几个对象，分别用来连接和打开数据库，把记录添加到数据库与查询数据库等操作。ADO会随Microsoft的IIS被自动安装。

ADO.NET是一组用于和数据源进行交互的面向对象类库。通常情况下，数据源是数据库，但它同样也可以是文本文件、Excel表格或者XML文件。ADO.NET是一个以Microsoft.NET框架为基础的全新的数据操作模型，是专门为了.NET平台上的数据访问而设计的，可使程序设计人员以更方便、直观的方式存取数据。

ADO.NET是构建.NET数据库应用程序的基础，是一个COM组件库，包含了大量可以进行数据处理的类，如Connection类、Command类、DataReader类、DataSET类、DataAdapter类和DataTable类，用于常见的增、删、改、查等操作。建议使用ADO.NET而非ADO来存取.NET应用程序中的资料。ADO.NET给SQL Server和XML等数据源以及通过OLE DB和XML公开的数据源提供一致的数据访问。数据使用者的应用程序可以使用ADO.NET来连接这些数据源，并可实现查询、处理和更新所包含的数据。ADO.NET可以直接处理检索到的结果，或将结果放入到ADO.NET的DataSET对象中，以便来自多个数据源的数据组合在一起。ADO.NET没有Recordset对象，这一点与ADO不同。

## 2. ADO.NET的基本组件

ADO.NET的基本组件为：DataSet和.NET框架数据提供程序。.NET框架数据提供程序包含4个核心对象：Connection对象、Command对象、DataReader对象和DataAdapter对象。ADO.NET的结构如图6-3所示。

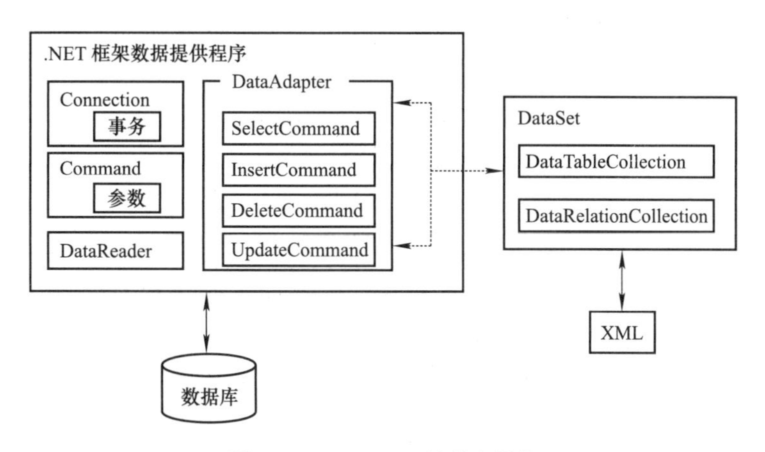


图6-3 ADO.NET的基本组件

在 ADO.NET 中，DataSet 对象用来保存所查询到的数据记录；Connection 对象负责连接数据库；Command 对象执行 SQL 命令或调用存储过程；DataReader 对象用于从数据源中快速读取只读的数据流；DataAdapter(数据适配器)对象在 DataSet 和 Connection 对象之间扮演传递数据的角色，起桥梁作用。

3．通过 ADO.NET 访问数据库

通过 ADO.NET 访问数据库，需要引用 System.Data 命名空间。另外，还要根据数据提供程序的不同引用不同的命名空间。

通常，访问 SQL Server 7.0 以上版本的数据库用 SQL Server.NET 数据提供程序，需要引用命名空间 System.Data.Sq1Client；访问 Access 数据库，用 OLE DB.NET 数据提供程序，需要引用命名空间 System.Data.OleDb。

数据提供程序与数据源类型紧密相关，不同的数据源有不同的数据提供程序。ADO.NET 访问数据库的方式如图 6-4 所示。

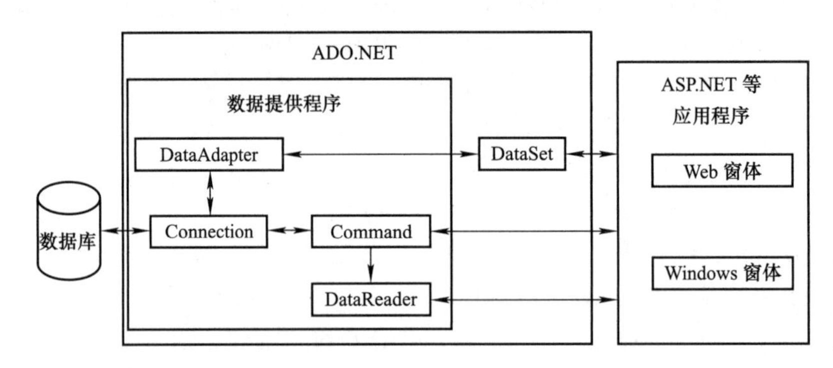


图 6-4　ADO.NET 访问数据库的方式

.NET 附带了多种类型的数据提供程序，如常用的 SOL Server.NET 数据提供程序和 OLE DB.NET 数据提供程序。表 6-1 给出了这两种常用数据提供程序对应的命名空间及其核心对象的名称。

表 6-1　常用的两种 .NET 数据提供程序

| .NET 数据提供者 | SQL Server | OLE DB |
|---|---|---|
| 命名空间 | System.Data.Sq1Client | System.Data.OleDb |
| 连接对象名称 | Sq1Connection | OleDbConnection |
| 命令对象名称 | Sq1Command | OleDbCommand |
| 数据读取器名称 | Sq1DataReader | OleDbDataReader |
| 数据适配器名称 | Sq1DataAdapter | OleDbDataAdapter |

DataSet 与 DataTable 的关系如图 6-5 所示。至于 DataTable 和 DataSet 的详细应用，后面会陆续介绍。

在图 6-5 中，DataSet 是数据集，DataTableCollection 是数据表的集合，DataTable 是数据表，DataColumnCollection 是列的集合，DataRowCollection 是行的集合，DataColumn 是数据列，DataRow 是数据行。

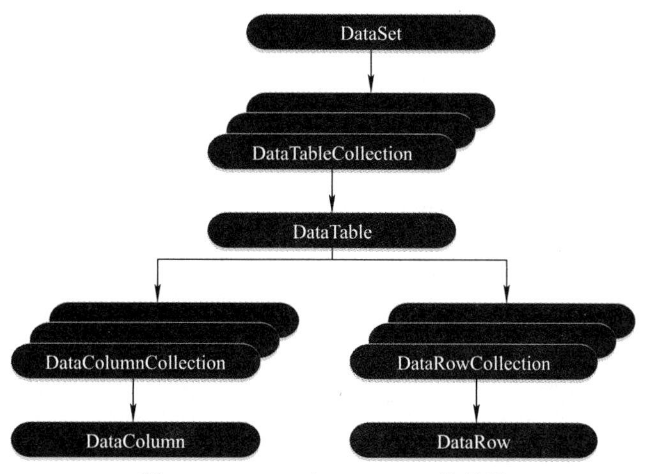


图 6-5　DataSet 与 DataTable 的关系

## 触类旁通

下面介绍一下 using 引用方法。

输入“SqlConnection con=new SqlConnection(strCon);”会有红色波浪线提示错误，只需要把光标定位在 SqlConnection 位置处停留片刻，就会提示缺少 using 指令。双击选中 SqlConnection，光标定位在 SqlConnection 的第一个字母“S”的位置处，可以看到如图 6-6 所示的指示，根据指示直接选中 using 那一行。此外，也可以直接在代码窗体中，添加引用“using System.Data.SqlClient;”。

```
String strCon="Data Source=STUDENT81;Database=EPMS; Integrated Security=True";
SqlConnection con=new SqlConnection(strCon);
```

```
using System.Data.SqlClient;
System.Data.SqlClient.SqlConnection
为“SqlConnection”生成类(C)
生成新类型(T)...
```

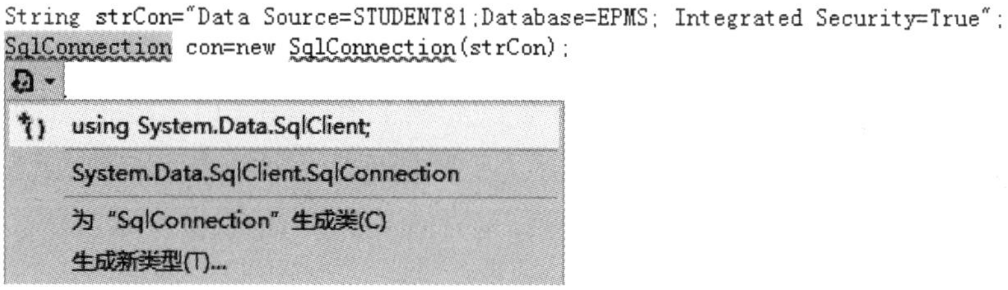

图 6-6　添加引用

添加引用的快捷键是 [Alt+Shift+F10]。

注意：代码中是区分大小写的，否则会出现错误。如果是 Access 数据库，只需要修改 Connection 对象，并添加应用“Using System.Data.OleDb;”，其余代码不变。

# 任务 2　SqlCommand 操作数据库

## 任务情境

运用 ADO.NET 技术建立 Connection 对象，连接 SQL Server 数据库，再建立 Command 对象，

向数据库插入数据。若插入成功，则在数据库中可以查询到相应的记录。

## 任务分析

Connection 对象与数据库建立连接后，Command 对象使用 SQL 语句对数据库进行操作，并从数据源返回结果。

### 1．创建 Command 对象

SqlCommand 对象名 = new SqlCommand (SQL 语句 , 连接名 ) ;

例如，string sql = “SELECT * FROM Tablename”； //SQL 语句

SqlCommand cmd = new SqlCommand (sql, conn) ; // 创建 Command 实例，cmd：SqlCommand 对象

### 2．Command 对象的常用属性

CommandText：执行的内容，如 SQL 语句或存储过程。

Connection：使用的活动连接。

CommandType：命令类型，默认为 Text，即 SQL 语句。也可以是 StoreProcedure 或 TableDirect，StoreProcedure 表示命令类型为存储过程，而 TableDirect 表示命令类型为数据表。

### 3．Command 对象的常用方法

ExecuteReader() 方法在 Command 对象中用得比较多，通过 DataReader 对象，使用该方法能够获得执行 SQL 查询语句后的结果集。

ExecuteNonQuery() 方法用来执行 INSERT、DELETE、UPDATE 和其他没有返回结果集的 SQL 语句，并返回执行命令后影响的行数。如果 UPDATE 和 DELETE 语句中对应的目标记录不存在，返回 0；如果出错，返回 –1。在数据库应用中，当用 INSERT、DELETE、UPDATE SQL 语句进行插入、删除、修改操作时，要用此方法。

## 任务实施

1）项目开始前，准备学生信息数据库 SQL Server 文件 studentscore.mdf。新建一个 Windows 窗体应用程序，项目名称为 command，指定存放位置。在 Form1 窗体上放置一个按钮，name 属性为“btnInsert”，Text 属性为“插入一条记录”。

2）双击按钮，插入以下代码：

```
private void btnInsert_Click(object sender, EventArgs e)
{
    // 创建 connection 对象
    String str = "Data Source=.; Database = studentscore;  Integrated Security = True";
    SqlConnection  conn = new  SqlConnection(str);
    // 创建 command 对象
    String sql = "INSERT into S(SNO,SNAME,DEPART,SEX,DDATE)
```

```
            values('A007',' 张国立 ',' 自动控制 ',' 男 ','1965-10-8')";
    SqlCommand  cmd = new  SqlCommand(sql, conn);
    if (conn.State = =ConnectionState.Closed)
    {
        conn.Open();        // 如果数据库连接对象 conn 没打开，则打开
    }
    cmd.ExecuteNonQuery();              // 执行 SQL 命令，插入数据
    conn.Close();                       // 关闭数据库连接
}
```

3）运行项目，单击按钮，程序并没有反应，但是在数据库中却已经增加了一条记录。打开数据库 SQL Server，可以看到结果如图 6-7 所示，说明插入已经成功。

| | SNO | SNAME | DEPART | SEX | DDATE |
|---|---|---|---|---|---|
| 1 | A003 | 李江 | 自动控制 | 男 | 1983-07-15 00:00:00 |
| 2 | A007 | 张国立 | 自动控制 | 男 | 1965-10-08 00:00:00 |
| 3 | A041 | 周光明 | 自动控制 | 男 | 1982-08-10 00:00:00 |
| 4 | C001 | 刘涛 | 计算机 | 男 | 1984-05-12 00:00:00 |
| 5 | C002 | 李玲 | 计算机 | 女 | 1983-07-20 00:00:00 |
| 6 | C005 | 张雷 | 计算机 | 男 | 1983-06-30 00:00:00 |
| 7 | C008 | 王宁 | 计算机 | 女 | 1982-08-20 00:00:00 |
| 8 | M038 | 李霞 | 应用数学 | 女 | 1984-10-20 00:00:00 |
| 9 | R098 | 钱欣 | 管理工程 | 男 | 1982-05-16 00:00:00 |

图 6-7　学生表 S 增加了一条记录

在程序中，“INSERT into S(SNO,SNAME,DEPART,SEX,DDATE) values ('A007', ' 张国立 ', ' 自动控制 ', ' 男 ','1965-10-8');”这个语句要根据实际数据库中的数据表来写 SQL 语句。其中用表名替换 S，用表中各个字段替换括号中的字段。对照各个字段，写上相应的 values 值，并注意类型一致，如果是数值型，则不需要加单引号。

# 触类旁通

在 SQLHelper 类中编写执行 SQL 语句的方法。其中参数用 params 表示，参数的类型是 SqlParameter[] 数组，数组名为 parameters。方法如下：

```
public static bool ExcuteSQL(string sql, params SqlParameter[] parameters)
{
    using (SqlCommand cmd = new SqlCommand(sql, new SqlConnection(sqlcon)))
    {
        cmd.Connection.Open();
        cmd.Parameters.AddRange(parameters);
        try
        {
            return cmd.ExecuteNonQuery() > 0;
        }
        catch
        {
```

```
                return false;
            }
        }
    }
```

当然，也可以先设置连接再打开，最后再建新的 cmd。

```
using (SqlConnection con = new SqlConnection (sqlcon)
    {
        con.Open();
        using (SqlCommand cmd = new SqlCommand(sql, con)){…}
    }
```

# 任务 3　SqlDataAdapter 填充数据集

## 任务情境

运用 ADO.NET 技术建立 Connection 对象，连接 SQL Server 数据库，再建立 SqlDataAdapter 对象 sda 和 DataSet 对象 ds。添加 DataGridView 控件 dataGridView1 和一个按钮，用于显示课程表 C 的记录。

## 任务分析

项目开始前，准备学生信息数据库 SQL Server 文件 studentscore.mdf。设计加载窗体的界面要美观、简洁方便。项目中可以使用 SplitContainer 控件和 DataGridView 控件。

## 任务实施

1）新建一个 Windows 窗体应用程序，项目名称为 dataAdapter。在 Form1 窗体上放置一个按钮，Text 属性为“加载课程表”。为了布局的美观，可以添加 SplitContainer 控件和 DataGridView 控件，用于显示课程表 C 的记录。

2）双击按钮，在 btnCourse_Click 中添加如下代码：

```
private void btnCourse_Click(object sender, EventArgs e)
{
    string str = "Data Source=.;Initial Catalog=studentscore; Integrated Security=true";
    SqlConnection conn = new SqlConnection(str);
    string sql1 = "select * from C";
    SqlCommand cmd = new SqlCommand(sql1, conn);
    SqlDataAdapter sda = new SqlDataAdapter(sql1, conn);
    DataSet ds = new DataSet();
    sda.Fill(ds);
```

```
        dataGridView1.DataSource=ds.Tables[0];
    }
```

3）单击“加载课程表”按钮，运行结果如图 6-8 所示。

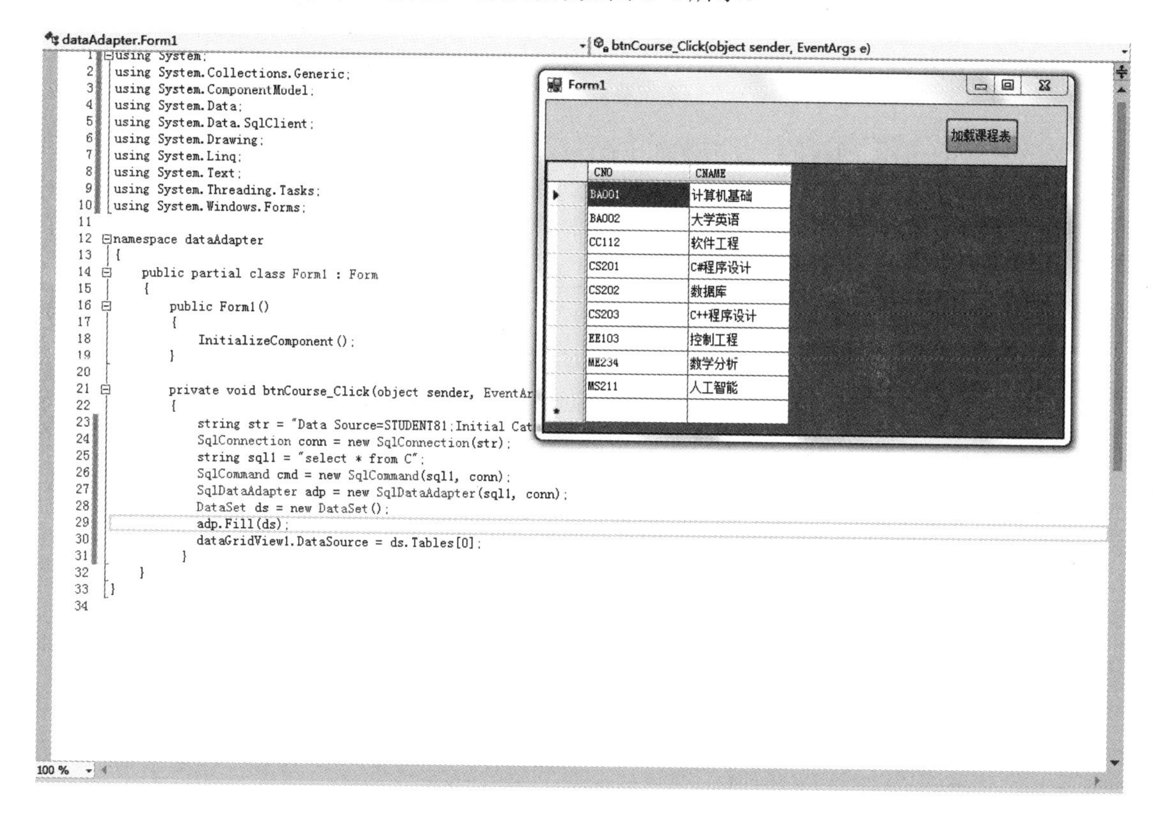


图 6-8　运行结果

# 必备知识

数据适配器 DataAdapter 的相关知识请参见本书项目 4 任务 1 的必备知识。

数据适配器创建格式：

```
SqlDataAdapter 对象名 =new SqlDataAdapter (sql 语句，连接名 );
```

主要方法如下：

Fill 方法：将数据从数据源装载到数据集中。

Update 方法：将 DataSet 里面的数值存储到数据库服务器上。

另一种适配器 OleDbDataAdapter 表示一组数据命令和一个数据库连接，用于填充 DataSet 和更新数据源。充当 DataSet 和数据源之间的桥梁，用于检索和保存数据。OleDbDataAdapter 通过使用 Fill 将数据从数据源加载到 DataSet 中，并使用 Update 将 DataSet 中所发生的更改发回数据源而发挥桥梁作用，与图 6-8 类似。

OleDbDataAdapter 还包括 SELECTCommand、INSERTCommand、DELETECommand、UPDATECommand 和 TableMappings 属性，以便数据的加载和更新。例如，本项目中的

SELECTCommand 属性表示获取或设置 SQL 语句或存储过程，用于选择数据源中的记录。当创建 OleDbDataAdapter 的实例时，属性都设置为其初始值。OleDbDataAdapter 类是对数据库系统运行各种操作的一个类，包括数据的插入、删除、更新等操作。

## 触类旁通

程序中 SqlDataAdapter 的 Fill 方法如下：

```
sda.Fill(ds);
dataGridView1.DataSource=ds.Tables[0];
```

也可以写为：

```
sda.Fill(ds,"kechengbiao");
dataGridView1.DataSource = ds.Tables["kechengbiao"];
```

其中，"kechengbiao" 是用于表映射的源表的名称。

ADO.NET 的 DataAdapter 其实是由很多个 Command 组成的，如 SelectCommand、DeleteCommand、InsertCommand 和 UpdateCommand。

每一个 Command 都是一个独立的 Command 对象，也就是都有自己的 Connection 和 CommandText。例如，SQLHelper 中的 GetTable 方法：

```
public static string sqlcon = @"Data Source=.\SQLEXPRESS;Database=LibraryDB; uid=sa;pwd=1234mnpq!";
public static DataTable GetTable(string sql, params SqlParameter[] parameters)
{
    using (SqlDataAdapter sda = new SqlDataAdapter(sql, sqlcon))
    {
        sda.SelectCommand.Parameters.AddRange(parameters);
        DataTable dt = new DataTable();
        sda.Fill(dt);
        return dt;
    }
}
```

这里就用到了 SqlDataAdapter 的 SelectCommand 属性。

# 任务 4　SqlDataReader 读取数据库

## 任务情境

运用 ADO.NET 技术，建立 Connection 对象，连接 SQL Server 数据库。若成功连接，输出“连接正常”；若连接错误，则显示错误信息。再建立 SqlDataReader 对象，在窗体上显示数据库中学生表的内容。

# 任务分析

开始前，准备学生信息数据库 SQL Server 文件 studentscore.mdf。在 Form1 窗体上放置若干个 Label，用于显示学生表 S 的记录。在实施过程中，要使用 SqlDataReader 的 Read() 方法。

# 任务实施

1）新建一个 Windows 窗体应用程序，项目名称为 datareader。在 Form1 窗体上放置若干个 Label，用于显示学生表 S 的记录。

2）在 Form1_Load 中添加如下代码：

```
private void Form1_Load(object sender, EventArgs e)
{
    string str = "Data Source=.;Initial Catalog=studentscore; Integrated Security=true";
    // 注意 Data Source 分开写，中间用分号，true 不区分大小写
    SqlConnection conn = new SqlConnection(str);
    string sql1 = "select * from S";
    SqlCommand cmd = new SqlCommand(sql1, conn);
    try
    {
        if (conn.State == ConnectionState.Closed)
        {
            conn.Open();
            label1.Text = " 连接正常 ";
            SqlDataReader reader = cmd.ExecuteReader();
            // 执行操作
            if (reader.Read() == true)
            {
                label2.Text = reader[0].ToString();
                label3.Text = reader[1].ToString();
                label4.Text = reader["DEPART"].ToString();
                label5.Text = reader["SEX"].ToString();
                label6.Text = reader["DDATE"].ToString();
            }
        }
    }
    catch (Exception ex)
    {
        label1.Text = " 连接错误 " + ex.ToString();
    }
    finally
    {
        conn.Close();
    }
}
```

3）程序运行结果如图 6-9 所示。

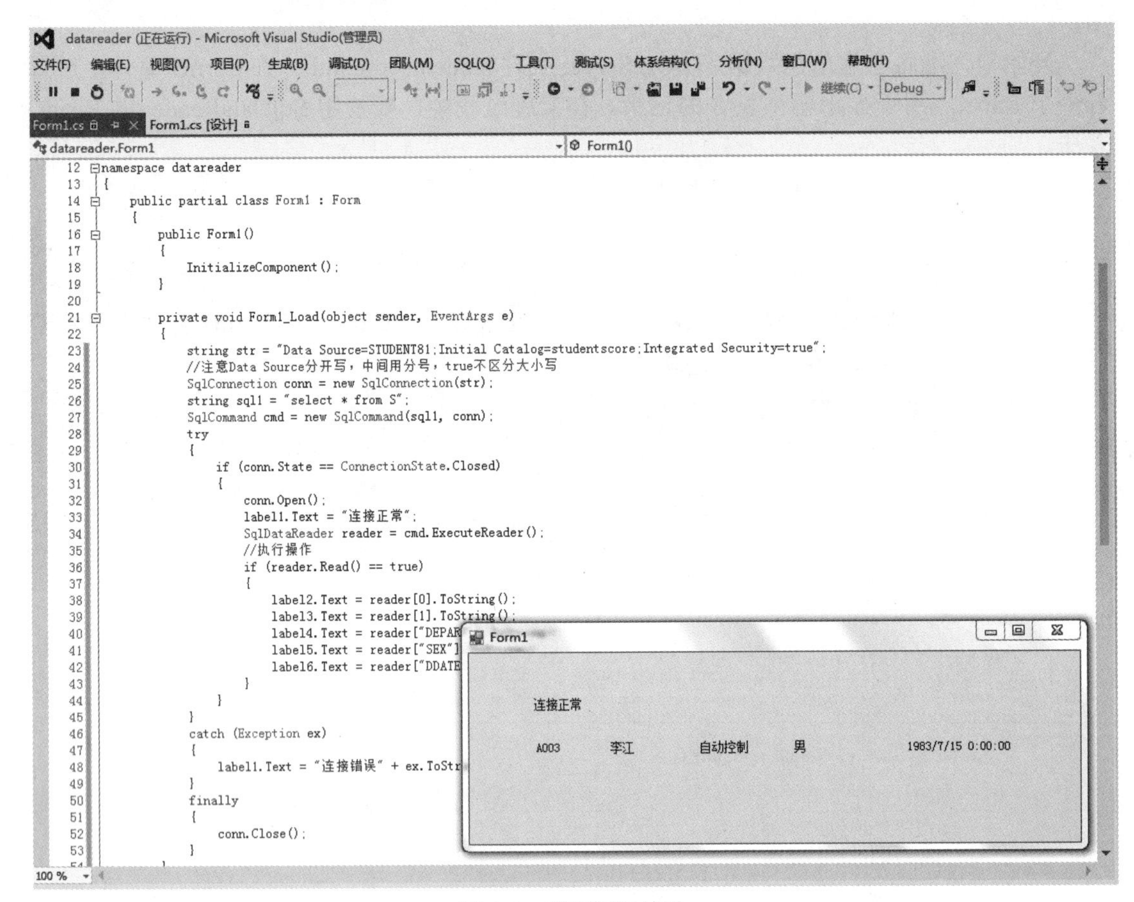


图 6-9　程序运行结果

# 必备知识

## 1. DataReader 对象

数据读取器 DataReader 对象只允许以只读、顺向的方式查看数据源所存储的数据，它提供了一个非常有效率的、快速的数据查看模式，同时 DataReader 对象还是一种非常节省资源的数据对象。DataReader 主要应用在有连接的数据应用场合。DataReader 对象读取数据源的方式简单，只能读数据，不能写数据，而且将数据源从头至尾依次读出，无法只读取某条数据。

## 2. DataReader 对象的创建

使用 DataReader 检索数据需要先创建 Command 对象的实例，然后再调用该实例的 ExecuteReader() 方法创建一个 DataReader，以便从数据源检索行。DataReader 对象的创建与前些项目中对象的创建不同，创建方法如下：

```
SqlDataReader reader= command.ExecuteReader();
```

其中 command 代表有效的 SqlCommand 对象。

需要注意的是，“SqlDataReader reader = command.ExecuteReader();”语句要求打开连接才可以执行。

### 3．DataReader 对象的常用属性

FieldCount：该属性用来表示由 DataReader 读取的一行数据中的字段数。

HasRows：该属性用来表示 DataReader 读取的数据是否包含一行或多行。

### 4．DataReader 对象的常用方法

Close() 方法不含参数，无返回值，用来关闭 DataReader 对象。由于在执行 SQL 命令时 DataReader 对象一直要保持与数据库的连接，所以在 DataReader 对象开启的状态下，其所对应的 Command 连接对象不能用来执行其他操作。在使用完 DataReader 对象时，一定要使用 Close() 方法关闭该 DataReader 对象，否则不仅会影响到数据库连接的效率，更会阻止其他对象使用 Command 连接对象访问数据库。

Read() 方法特别重要。如果在程序中仅有 DataReader 对象，而没有使用 Read() 方法，则会报以下类似错误：未处理的 System.NullReferenceException 类型的异常出现。Read() 方法使 DataReader 前移到下一条记录，返回值是 true 或 false。当 Command 对象的 ExecuteReader() 方法返回 DataReader 对象后，需用 Read() 方法获得第一条记录；当读出一条记录想获得下一条记录时，也要用 Read() 方法。如果当前记录已经是最后一条，调用 Read() 方法将返回 false。也就是说，只要该方法返回 true，则可以访问当前记录所包含的字段。

其他方法：GetName() 取得指定字段的字段名称；GetOrdinal() 取得指定字段名称在记录中的顺序；GetValue() 取得指定字段的数据；GetValues() 取得全部字段的数据。

# 任务 5　构建 DataTable 表

## 任务情境

本任务不使用 SQL 数据库，手动写代码添加 DataTable 数据源，并在窗体中显示添加的数据。新建一个 Windows 窗体应用程序，在 Form1 窗体上放置 dataGridView 控件用于显示信息。在 dataGridView1 中显示如图 6-10 所示的信息。

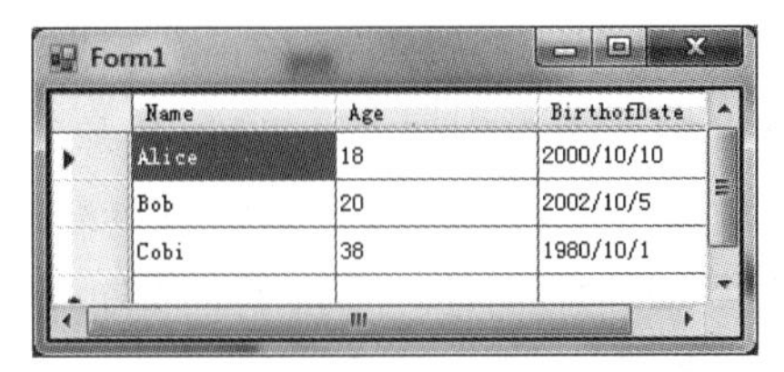


图 6-10　显示 DataTable

## 任务分析

DataTable 是一个临时保存数据的网格虚拟表，是表示内存中数据的一个表。DataTable

是 ADO.NET 库中的核心对象。它可以被应用在 VB 和 ASP 上。无须代码就可以简单地绑定数据库。DataTable 具有微软风格的用户界面。其他使用 DataTable 的对象包括 DataSet 和 DataView。

# 任务实施

1）在 Form_load 实例化 DataTable 对象 dt，并用代码添加数据列。

2）再实例化 DataRow 对象 dr，并用代码添加数据。

3）Form_load 代码如下：

```
private void Form1_Load(object sender, EventArgs e)
{
    DataTable dt = new DataTable();
    dt.Columns.Add("Name", typeof(string));
    dt.Columns.Add("Age", typeof(int));
    dt.Columns.Add("BirthofDate", typeof(DateTime));

    dt.Rows.Add("Alice", 18,"2000-10-10");
    // 这里要用双引号
    DataRow dr = dt.NewRow();
    // 这是不是 new dataRow()
    dr["Name"] = "Bob";
    dr["Age"] = 20;
    dr[2] = "2002-10-05";
    dt.Rows.Add(dr);
    // 如果少了这句，则不显示第二条 Bob 记录
    dt.Rows.Add();// 再增加一个空行
    dt.Rows[2][0]="Cobi";
    dt.Rows[2][1]=38;
    dt.Rows[2][2]="1980-10-01";
    dataGridView1.DataSource = dt;
}
```

# 必备知识

## 1．DataTable 的创建

DataTable 表示一个内存内关系数据的表，可以独立创建和使用，也可以由其他 .NET Framework 对象使用，最常见的情况是作为 DataSet 的成员使用。

可以使用相应的 DataTable 构造函数创建 DataTable 对象。然后通过使用 Add 方法将其添加到 DataTable 对象的 Tables 集合中，从而将其添加到 DataSet 中。

也可以通过以下方法创建 DataTable 对象：使用 DataAdapter 对象的 Fill 方法或 FillSchema 方法在 DataSet 中创建，或者使用 DataSet 的 ReadXml、ReadXmlSchema 或 InferXmlSchema 方法从预定义的或推断的 XML 架构中创建。注意：将一个 DataTable 作为成员添加到一个 DataSet 的 Tables 集合中后，不能再将其添加到任何其他 DataSet 的表集合中。

初次创建 DataTable 时，是没有架构（即结构）的。要定义表的架构，必须创建 DataColumn 对象并将其添加到表的 Columns 集合中。也可以为表定义主键列，并且可以创建 Constraint 对象，

并将其添加到表的 Constraints 集合中。在为 DataTable 定义了架构之后，可通过将 DataRow 对象添加到表的 Rows 集合中来将数据行添加到表中。

创建 DataTable 时，不需要为 TableName 属性提供值，可以在其他时间指定该属性，或者将其保留为空。但是，在将一个没有 TableName 值的表添加到 DataSet 中时，该表会得到一个从“Table”（表示 Table0）开始递增的默认名称 TableN。

### 2．DataTable 的常用属性

CaseSensitive 属性：指示表中的字符串比较是否区分大小写。

ChildRelations 属性：获取此 DataTable 的子关系的集合。

Columns 属性：获取属于该表的列的集合。

Constraints 属性：获取由该表维护的约束的集合。

DefaultView 属性：获取可能包括筛选视图或游标位置的表的自定义视图。

HasErrors 属性：获取一个值，该值指示该表所属 DataSet 的任何表的任何行中是否有错误。

MinimumCapacity 属性：获取或设置该表中行的最初起始大小。默认值为 50。

Rows 属性：获取属于该表的行的集合。

TableName 属性：获取或设置 DataTable 的名称。

### 3．DataTable 的常用方法

AcceptChanges()：提交自上次调用 AcceptChanges() 以来对该表进行的所有更改。

BeginInit()：开始初始化在窗体上使用或由另一个组件使用的 DataTable。初始化发生在运行时。

Clear()：清除所有数据的 DataTable。

Clone()：复制 DataTable 的结构，包括所有 DataTable 架构和约束。

EndInit()：结束在窗体上使用或由另一个组件使用的 DataTable 的初始化。初始化发生在运行时。

ImportRow(DataRow row)：将 DataRow 复制到 DataTable 中，保留任何属性设置以及初始值和当前值。

Merge(DataTable table)：将指定的 DataTable 与当前的 DataTable 合并。

NewRow()：创建与该表具有相同架构的新 DataRow。

## 触类旁通

（1）创建一个空表

```
DataTable dt = new DataTable();
```

创建一个名为 Table_New 的空表：

```
DataTable dt = new DataTable("Table_New");
```

（2）创建空列

```
DataColumn dc = new DataColumn();
dt.Columns.Add(dc);
```

（3）创建带列名和类型名的列

```
dt.Columns.Add("column0", typeof(String));
```

（4）通过列架构添加列

```
DataColumn dc = new DataColumn("column1", typeof(DateTime));
dt.Columns.Add(dc);
```

（5）创建空行

```
DataRow dr = dt.NewRow();
dt.Rows.Add(dr);
```

（6）创建空行

```
dt.Rows.Add();
```

（7）通过行框架创建并赋值

```
dt.Rows.Add(" 张三 ", DateTime.Now);
```

注意：Add 里面参数的数据顺序要和 dt 中的列的顺序对应。

（8）通过复制 dt2 表的某一行来创建

```
dt.Rows.Add(dt2.Rows[i].ItemArray);
```

（9）新建行的赋值

```
DataRow dr = dt.NewRow();
dr[0] = " 张三 ";// 通过索引赋值
dr["column1"] = DateTime.Now; // 通过名称赋值
```

（10）对表中已有行进行赋值

```
dt.Rows[0][0] = " 张三 "; // 通过索引赋值
dt.Rows[0]["column1"] = DateTime.Now;// 通过名称赋值
```

（11）取值

```
string name = dt.Rows[0][0].ToString();
string time = dt.Rows[0]["column1"].ToString();
dataGridView1.DataSource = dt;
```

# 任务 6 创建 DataSet 数据集

## 任务情境

运用 ADO.NET 技术，建立 Connection 对象，连接 SQL Server 数据库，若不能连接，则提示出错。再分别建立 DataAdapter 和 DataSet 对象，检索 DataSet 数据表行与列的值，将学生选课表 SC 的第一条记录的值显示在窗体的 TextBox 控件上。

## 任务分析

项目开始前，准备学生信息数据库 SQL Server 文件 studentscore.mdf。先建立 Connection 对象，再分别建立 DataAdapter 和 DataSet 对象，最后在窗体上对应的位置显示数据源中的对应信息。

使用带 SQL Server .NET 数据提供程序的 DataSet 的步骤如下：

1）创建 SqlConnection 对象，连接到 SQL Server 数据库。

2）创建 SqlDataAdapter 对象。这些对象指定 SQL 语句在数据库中进行 SELECT、INSERT、DELETE 和 UPDATE 等数据操作。

3）创建包含一个或多个表的 DataSet 对象。

4）使用 SqlDataAdapter 对象，通过调用 Fill 方法来填充 DataSet 表。SqlDataAdapter 隐式执行包含 Selete 语句的 SqlCommand 对象。

5）修改 DataSet 中的数据。可以通过编程方式来执行修改，或者将 DataSet 绑定到用户界面控件，如 DataGridView，然后在控件中更改数据。

6）在准备将数据更改返回数据库时，可以使用 SqlDataAdapter 并调用 UPDATE 方法。SqlDataAdapter 对象隐式使用其 SqlCommand 对象对数据库执行 INSERT、DELETE 和 UPDATE 语句。

## 任务实施

1）新建一个 Windows 窗体应用程序，项目名称 DataSet，在 Form1 窗体上放置若干个 Label 和若干个 TextBox 控件，用于显示学生选课表 SC 的第一条记录的值。

2）双击按钮，在 Form1_Load 中添加如下代码：

```
private void Form1_Load(object sender, EventArgs e)
{
    string str = "Data Source=.;Initial Catalog=studentscore;Integrated Security=True";
    SqlConnection conn = new SqlConnection(str);
    string sql1 = "select * from SC";
    // 新建 DataAdapter 对象
    SqlDataAdapter adp = new SqlDataAdapter(sql1, conn);
    // 新建 DataSet 对象
    DataSet ds = new DataSet();
    adp.Fill(ds, "xuankebiao");
    try
    {
        if (conn.State == ConnectionState.Closed)
        {
            conn.Open();
        }
        // 执行 DataSet 的 Tables 属性 ( 对象集 )
        // 第一行中 "SNO" 学号字段的值
        textBox1.Text = ds.Tables["xuankebiao"].Rows[0]["SNO"].ToString();
        // 第一行第二列的 "CNO" 课程号的值
        textBox2.Text = ds.Tables["xuankebiao"].Rows[0].ItemArray[1].ToString();
        // 第一行第三列的 "GRADE" 选修课程成绩的值
        textBox3.Text = ds.Tables["xuankebiao"].Rows[0].ItemArray[2].ToString();
    }
    catch (Exception ex)
    {
        MessageBox.Show(" 连接错误 " + ex.ToString());
```

```
        }
        finally
        {
            conn.Close();
        }
    }
```

3）程序运行结果如图 6-11 所示。

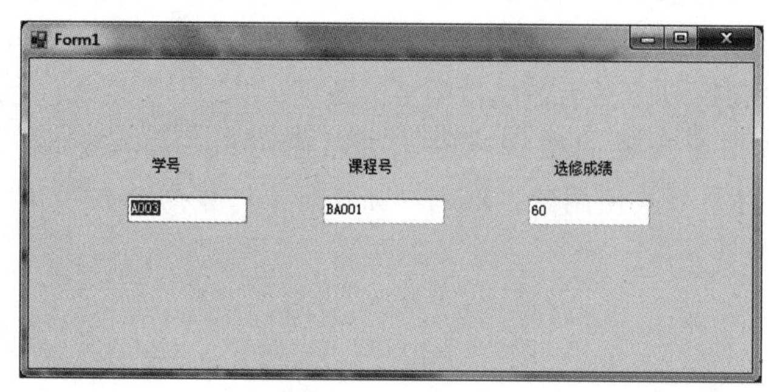


图 6-11　运行结果

## 必备知识

DataSet 是 ADO.NET 的核心，是一个数据集。实际上，它是从数据库中检索记录的缓存。可以将 DataSet 看作一个小型内存数据库，它包含表、列、行、约束和关系。当使用 DataAdapter 的 Fill() 方法，将所有连接数据库中的数据放入 DataSet 对象之后，与数据库的连接即断开。此时，应用程序将直接从 DataSet 对象中读取数据，不再依赖数据库。

DataSet 对象是记录在内存中的缓存，可从任何方向随意访问和修改。当在 DataSet 上完成所有操作后，可使用 DataAdapter 的 UPDATE() 方法将对数据的更新传回数据源。

可以将 DataSet 对象视为一个表的容器，用于保存一个或多个表的数据。DataSet 中包含了一组数据表，并定义了这些数据表之间的相互关系。虽然没有绑定到任何特定的数据库，但 DataSet 类被设计包含关系型的表格数据，就像在使用一个关系型数据库一样。在 DataSet 对象中，每一个包含在 DataSet 中的都被表示为一个 DataTable 对象。可以将 DataTable 视为数据库中实际数据表的一个直接映射。如果开发人员使用了 DataGridView 对象，那么当应用程序开始运行或者调用了 Form_Load() 方法时，可以使用 TableAdapter 从不同的数据库将数据加载到 DataSet 中，如 Microsoft Access、Microsoft SQL Server、Oracle 以及任何支持 OLE DB 或者 ODBC 数据访问技术的数据库。可以将 DataSet 视为一个小型的数据库引擎，对于其中包含的数据表，DataSet 可以包含这些数据表的所有信息，如字段名、数据类型、据表之间的关系等重要信息。DataSet 还包含了大量的数据表管理功能，如浏览、插入、更新和删除数据表中的数据。

DataSet 对象在使用前必须创建，无论对于哪种数据源其创建方式都一样，创建格式如下：

```
DataSet 对象名 =new DataSet();
```

例如：

```
DataSet ds= new DataSet();
```

DataSet 对象的 Tables 属性值是一个 DataTable 对象集，每个 DataTable 对象代表数据库中的一个表，其中包含数据行的集合 Rows、数据列的集合 Columns，因此可直接使用这些对象访问数据集中的数据。可以体会一下本项目中 textBox1.Text = ds.Tables ["xuankebiao"].Rows[0]["SNO"].ToString() 的用法。table[0] 代表查询出来的第一个表，rows[0] 代表查询出来的第一行，rows[0][0] 代表查询出来的第一行的第一列。DataSet.Tables["tableName"] 是指定获取特定的表名。如果 DataSet 只有一张表，则为 DataSet.Tables[0]。

如果有未将对象的引用设置到对象的实例这种错误提示，多数情况下是空值造成的。因为 ds 是空表，所以提示有错误。

（1）查看调用 SqlDataAdapter.Fill 创建的结构

```
da.Fill(ds,"Orders");
DataTable tbl = ds.Table[0];
foreach(DataColumn col in tbl.Columns)
    Console.WriteLine(col.ColumnName);
```

（2）查看 SqlDataAdapter 返回的数据

DataRow 对象

```
DataTable tbl = ds.Table[0];
DataRow row = tbl.Row[0];
Console.WriteLine(row["OrderID"]);
```

检查存储在 DataRow 中的数据

```
DataTable tbl = row.Table;
foreach(DataColumn col in tbl.Columns)
Console.WriteLine(row[col]);
```

检查 DatTable 中的 DataRow 对象

```
foreach(DataRow row in tbl.Rows)
DisplayRow(row);
```

# 项目 7　控制台应用程序

## 职业能力目标

- 能够编写控件台应用程序，恰当地输入与输出。
- 能够恰当地使用选择和循环控制程序。
- 能够恰当地调用函数。

## 任务 1　输入与输出

### 任务情境

新建一个 Windows ConsoleApplication 应用程序，名称为 inputAndOutput，在控制台上输出“欢迎使用 Viusal Studio! 很高兴你的参与 !”“今天是 ××××/××/×× ×:××:××”“今天是 ×××× 年 ×× 月 ×× 日，有 4 节课”。

### 任务分析

学过 C 语言的读者可以知道，运用 printf (" 输出内容 ", 变量名 ) 来表示输出。在 Visual Studio（以后简称 VS）的 Console 控制台应用程序中，则用 Console.Write() 方法和 Console.WriteLine() 方法表示输出。

### 任务实施

1）运行 VS 程序，单击新建项目按钮，出现如图 7-1 所示的对话框。选择新建 Visual C# 中的控制台应用程序；设置名称为 inputAndOutput；设置保存位置为 D:\test，此时必须预先创建文件夹 D:\test，也可以单击“浏览”按钮，在打开的对话框中选择文件夹；单击“确定”按钮，完成创建项目。

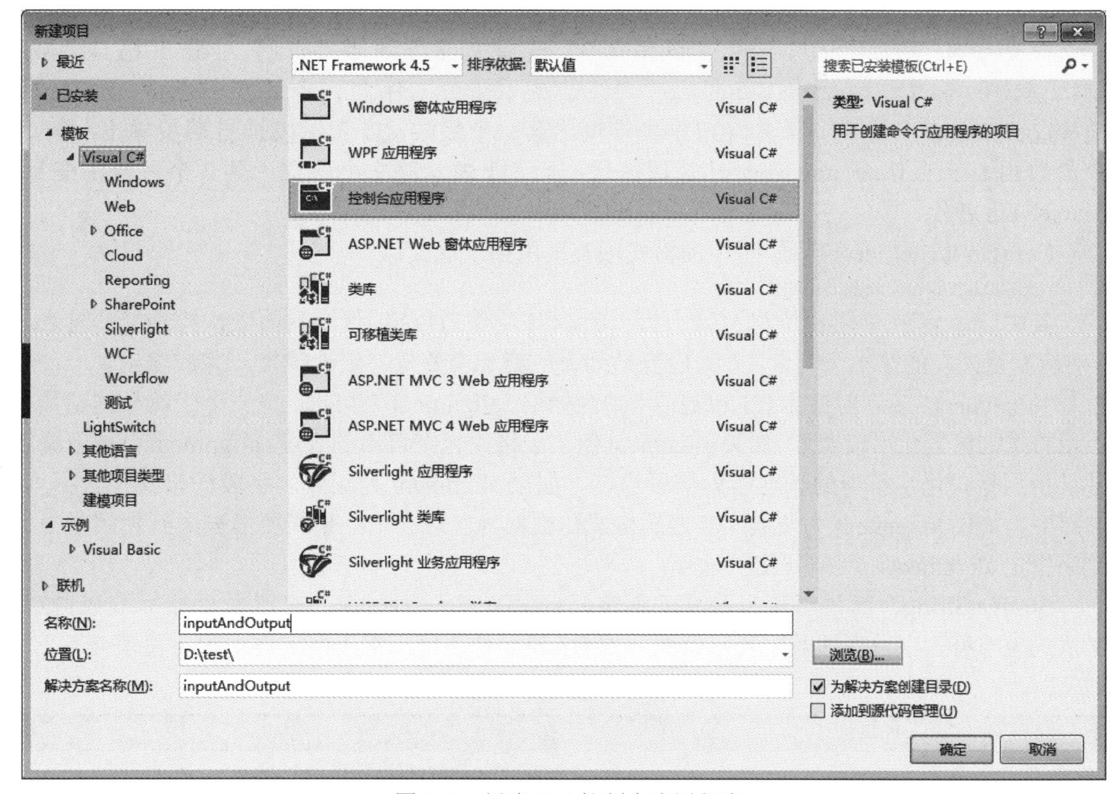

图 7-1 新建 C #控制台应用程序

2）在 static void Main(string[] args) 下面的 {} 内，输入以下内容：

```
Console.Write(" 欢迎使用 Viusal  Studio!");
Console.WriteLine(" 很高兴你的参与 !");
Console.WriteLine(" 今天是 {0}",System.DateTime.Now);// 注意 "{0}" 三个字符是在英文状态下输入的。
int courseNum = 4; // 今天有四节课
Console.WriteLine(" 今天是 {0:D}，有 {1} 节课 ",System.DateTime.Now,courseNum);
Console.ReadKey();
```

3）按【F5】键运行程序，显示结果如图 7-2 所示。

图 7-2 显示结果

# 必备知识

### 1．输出

在 Console 控制台类中，有两个输出字符串的方法，Console.Write() 方法和 Console.WriteLine() 方法。两者的区别是：Console.WriteLine() 方法的结尾会有一个换行控制符一起

输出出来，而 Console.Write() 没有；Console.Write() 方法是将指定值的文本表示形式写入标准输出流，不进行换行，可继续接着前面的字符写入。

在 Console.WriteLine(" 格式字符串 { }", 变量列表 ) 函数中，{} 为输出格式。例如，本任务中“Console.WriteLine(" 今天是 {0:D}，有 {1} 节课 ",System.DateTime.Now,courseNum);”语句，其中 {0:D} 表示输出第一个参数，D 表示按长日期型输出，第 1 个参数由 System.DateTime.Now 计算后替代；而 {1} 表示第 2 个参数，第 2 个参数由变量 courseNum 替代。

Console.WriteLine() 函数 {} 中的格式项都采用如下形式：

{index[,alignment][:formatString]}

其中“index”指索引占位符，{0}、{1}、{2}、{3} 叫作占位符，代表后面依次排列的变量表，0 对应变量列表的第 1 个变量，1 对应变量列表的第 2 个变量，依次类推，完成输出。

“alignment”表示对齐方式，以逗号“,”为标记。alignment 为可选，是一个带符号的整数，指示首选的格式化字段宽度。如果 alignment 值小于格式化字符串的长度，alignment 会被忽略，并且使用格式化字符串的长度作为字段宽度。如果 alignment 为正数，字段的格式化数据为右对齐；如果 alignment 为负数，字段的格式化数据为左对齐。如果需要填充，则使用空白。如果指定 alignment，就需要使用逗号。

“formatString”就是对输出格式的限定，以冒号“:”为标记。在冒号后加标准或自定义格式说明符，字符后的数字表示位数，如 C3 表示是 3 位。常用数字格式限定见表 7-1。

表 7-1　常用数字格式

| 字　符 | 说　明 | 示　例 | 输　出 |
| --- | --- | --- | --- |
| C | 货币（Currency） | string.Format("{0:C3}", 2) | ￥2.000 |
| D | 十进制（Decimal） | string.Format("{0:D3}", 2) | 002 |
| E | 科学计数法（Scientific） | string.Format("{0:E3}", 1230000) | 1.23E+006 |
| G | 常规（General） | string.Format("{0:G}", 2) | 2 |
| N | 千位分隔符，有两位小数（Number with commas for thousands） | string.Format("{0:N}", 250000) | 250 000.00 |
| X | 十六进制（Hexadecimal） | string.Format("{0:X000}", 28) | 1C |
| 000.000 | 指定格式 | string.Format("{0:000.000}", 12.2) | 012.340 |

表 7-1 所示的字符可以写成小写形式，不影响结果。

在 VS 中运行的结果如图 7-3 所示。

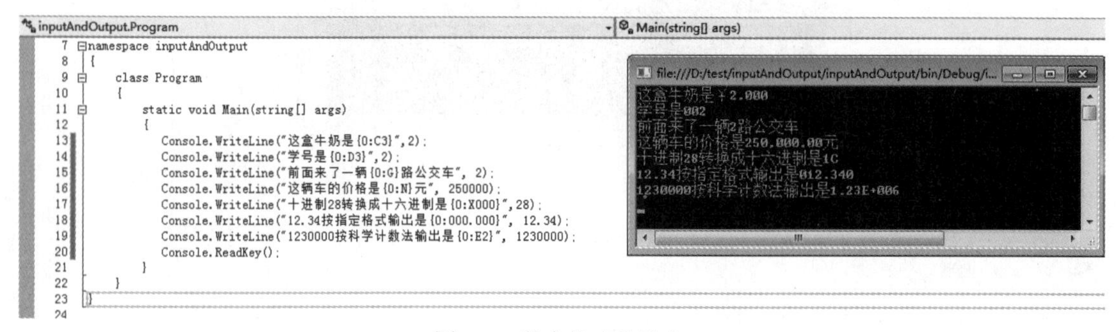


图 7-3　数字格式化输出

常用的日期与时间格式限定见表 7-2。

表 7-2　日期与时间格式

| 字　符 | 说　明 | 示　例 |
|---|---|---|
| d | Short date | 2018/12/12 |
| D | Long date | 2018 年 12 月 12 日 |
| t | Short time | 11:17 |
| T | Long time | 11:17:06 |
| f | Full date & time | 2018 年 12 月 12 日 11:17 |
| F | Full date & time (long) | 2018 年 12 月 12 日 11:17:06 |
| g | Default date & time | 2018/12/12 11:17 |
| G | Default date & time (long) | 2018/12/12 11:17:06 |
| M/m | Month day pattern | 12 月 12 日 |
| R/r | RFC1123 date string | Tue, 12 Dec 2018 11:17:06 GMT |
| s | Sortable date string | 2018-12-12T11:17:06 |
| u | Universal sortable, local time | 2018-12-12 11:17:06Z |
| U | Universal sortable, GMT | 2018 年 12 月 12 日 3:17:06 |
| Y/y | Year month pattern | 2018 年 12 月 |

在 VS 中对表 7-2 中 formatString“字符”进行测试，结果如图 7-4 所示。

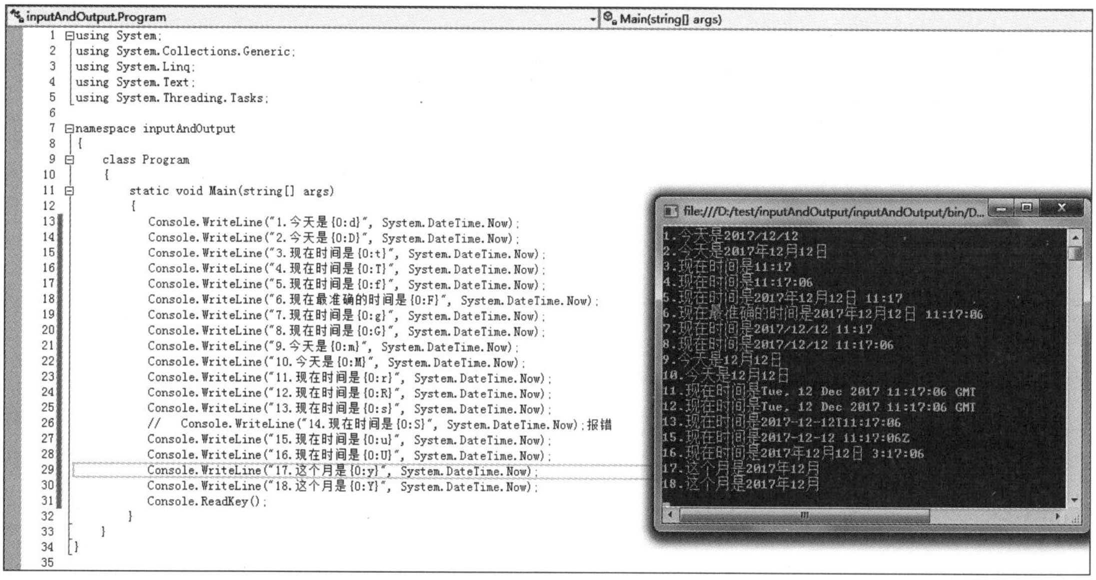

```
inputAndOutput.Program                                Main(string[] args)
1  using System;
2  using System.Collections.Generic;
3  using System.Linq;
4  using System.Text;
5  using System.Threading.Tasks;
6
7  namespace inputAndOutput
8  {
9      class Program
10     {
11         static void Main(string[] args)
12         {
13             Console.WriteLine("1.今天是{0:d}", System.DateTime.Now);
14             Console.WriteLine("2.今天是{0:D}", System.DateTime.Now);
15             Console.WriteLine("3.现在时间是{0:t}", System.DateTime.Now);
16             Console.WriteLine("4.现在时间是{0:T}", System.DateTime.Now);
17             Console.WriteLine("5.现在时间是{0:f}", System.DateTime.Now);
18             Console.WriteLine("6.现在最准确的时间是{0:F}", System.DateTime.Now);
19             Console.WriteLine("7.现在时间是{0:g}", System.DateTime.Now);
20             Console.WriteLine("8.现在时间是{0:G}", System.DateTime.Now);
21             Console.WriteLine("9.今天是{0:m}", System.DateTime.Now);
22             Console.WriteLine("10.今天是{0:M}", System.DateTime.Now);
23             Console.WriteLine("11.现在时间是{0:r}", System.DateTime.Now);
24             Console.WriteLine("12.现在时间是{0:R}", System.DateTime.Now);
25             Console.WriteLine("13.现在时间是{0:s}", System.DateTime.Now);
26             //   Console.WriteLine("14.现在时间是{0:S}", System.DateTime.Now);报错
27             Console.WriteLine("15.现在时间是{0:u}", System.DateTime.Now);
28             Console.WriteLine("16.现在时间是{0:U}", System.DateTime.Now);
29             Console.WriteLine("17.这个月是{0:y}", System.DateTime.Now);
30             Console.WriteLine("18.这个月是{0:Y}", System.DateTime.Now);
31             Console.ReadKey();
32         }
33     }
34 }
35
```

```
file:///D:/test/inputAndOutput/inputAndOutput/bin/D...
1.今天是2017/12/12
2.今天是2017年12月12日
3.现在时间是11:17
4.现在时间是11:17:06
5.现在时间是2017年12月12日 11:17
6.现在最准确的时间是2017年12月12日 11:17:06
7.现在时间是2017/12/12 11:17
8.现在时间是2017/12/12 11:17:06
9.今天是12月12日
10.今天是12月12日
11.现在时间是Tue, 12 Dec 2017 11:17:06 GMT
12.现在时间是Tue, 12 Dec 2017 11:17:06 GMT
13.现在时间是2017-12-12T11:17:06
15.现在时间是2017-12-12 11:17:06Z
16.现在时间是2017年12月12日 3:17:06
17.这个月是2017年12月
18.这个月是2017年12月
```

图 7-4　日期与时间格式化输出

如果要单独取日期和时间中的某个值，格式限定见表 7-3。

表 7-3　日期与时间中某个特定值格式

| 字　符 | 说　明 | 示　例 | 示例结果 |
|---|---|---|---|
| dd | Day | {0:dd} | 12 |
| ddd | Day name | {0:ddd} | 周三 |
| dddd | Full day name | {0:dddd} | 星期三 |
| f, ff, ... | Second fractions | {0:ff} | 08 |
| gg, ... | Era | {0:gg} | 公元 |
| hh | 2 digit hour | {0:hh} | 01 |
| HH | 2 digit hour, 24hr format | {0:HH} | 13 |
| mm | Minute 00-59 | {0:mm} | 14 |
| MM | Month 01-12 | {0:MM} | 12 |
| MMM | Month abbreviation | {0:MMM} | 十二月 |
| MMMM | Full month name | {0:MMMM} | 十二月 |
| ss | Seconds 00-59 | {0:ss} | 44 |
| tt | AM or PM | {0:tt} | 下午 |
| yy | Year, 2 digits | {0:yy} | 18 |
| yyyy | Year | {0:yyyy} | 2018 |
| zz | Timezone offSET, 2 digits | {0:zz} | ＋08 |
| zzz | Full timezone offSET | {0:zzz} | ＋8:00 |
| : | Separator | {0:hh:mm:ss} | 01:14:44 |
| / | Separator | {0:dd/MM/yyyy} | 12/12/2018 |

注：表中的数据以 2018 年 12 月 12 日星期三，13 时 14 分 44 秒为参考值的。

### 2. 标识符

C# 中标识符用于命名类、变量、常量等。命名的语法规则和 C 语言一致，均为以字母或下画线开头的由字母、数字、下画线组成的字符串，并且区分大小写。如 a、_a、a1、A 等都是正确的标识符。

有的标识符是系统预留的，用户不能用其命名，这样的标识符称为关键字。C# 的一般关键字见表 7-4。

表 7-4　关键字

| | | | | | | |
|---|---|---|---|---|---|---|
| abstract | const | Extern | Int | Out | Short | Static |
| as | continue | False | Interface | Override | Sizeof | String |
| base | default | Finally | Internal | Params | Stackalloc | Struct |
| bool | delegate | Fixed | Is | Private | Switch | Unchecked |
| break | do | Float | Lock | Protected | This | Unsafe |
| byte | decimal | For | Long | Public | Throw | Ushort |
| Case | double | Foreach | Namespace | Readonly | Ture | Using |
| catch | else | Goto | New | Ref | Try | Virtual |
| Char | enum | If | Null | Return | Typeof | Void |
| Checked | event | Implicit | Object | Sbyte | Uint | Volitale |
| Class | explicit | In | Operator | Sealed | ulong | While |

在 C# 中，有一些关键字称为上下文关键字，它们在特定的语法结构中充当关键字，而在其余部分可以作为一般标识符，但不建议使用其起名。C# 中的上下文关键字见表 7-5。

表 7-5 上下文关键字

| Ascending | Equals | Group | Let | Partial | Value |
|---|---|---|---|---|---|
| By | FROM | Into | On | SELECT | WHERE |
| Descending | Get | Join | Orderby | SET | yield |

### 3．命名规范

标识符主要有 Pascal 及 Camel 两种大小写命名规范。

Pascal 大小写命名规范：在标识符中使用的所有单词的第一个字符都大写，并且不使用空格和符号，如 AddUser、GetMessageList。

Camel 大小写命名规范：在标识符中使用的第一个单词的首字母小写，其余单词的首字母大写，如 addUser、getMessageList。

C# 命名约定：类名、方法名推荐使用 Pascal 命名规范，如 Class、Student；字段名、中间变量、参数推荐使用 Camel 命名规范，如 my Age，常量推荐使用全大写及下画线命名规范，如 PI、CONN_STRING。

## 触类旁通

### 1．输入

在 C 语言中，运用类似于 scanf("%d",&a) 的语句来表示输入。在 VS 的 Console 控制台应用程序中，用 Console.Read() 与 Console.ReadLine() 接收输入。若用 Console.ReadLine() 接收输入，需定义一个字符串变量来接收并存储输入的值。如果在代码中写成“int k=Console.ReadLine()；”，则会出现“无法将类型 string 隐式转换为 int”的错误提示，改为“string k = Console.ReadLine()；”即可。

同样地，如果在代码中写成“string str1= Console.Read()；”，则会出现“无法将类型 int 隐式转换为 string”的错误提示，改为“int str1= Console.Read()；”即可当然，这里的变量名 str1 也要改下，否则会引起误解。

因此，Console.ReadLine() 与 Console.Read() 都是从键盘读入信息，唯一不同的是：Console.ReadLine() 从控制台读取输入的一行，得到的是 string 类型；Console.Read() 一次只读入一个字符的 ASCII 码，得到是 int 类型。

如果用 Console.Read() 输入数字 1，用 Console.WriteLine(str1) 显示的结果就是 49，是数字 1 对应的 ASCII 码。如果输入字符串要返回一个字符串型数据，可以把它直接赋值给字符串变量，如“string strname=Console.ReadLine();”。

有时需要从控制台输入数字，就用到数据转换，方法如下：

```
int num = int. Parse (Console.ReadLine());
```

或

```
int num = Convert.ToInt32(Console.ReadLine());
```

上面两句代码效果相同，可以根据自己的习惯选择任意一种。

### 2．控制台技术要点

1）掌握应用程序开发的基本步骤。对 Visual Studio 有初步认识，掌握 C# 应用程序开发的基本步骤。通过对实例操作，了解不同类型变量、常量在输入和输出上的区别，运用变量、常量、数组等进行简单的程序设计。

2）在编写程序时，会出现各种各样的错误，应加以记录，避免下次再犯同样的错误，从而提高编写程序的正确率。通过动手开发程序，把书本知识转化为可实践操作的技能，做到熟练准确、学以致用，提升技能。

3）类型转换。int year=int.Parse(s)，转换为整数类型。C# 中（int）转换方式主要用于数字类型转换。从 int 类型到 long、float、double、decimal 类型，可以使用隐式转换，但是从 long 类型到 int 类型就需要使用显式转换，必须使用数据类型转换方式，否则会产生编译错误。该转换方式不能用来处理 char 类型到 int 类型的转换，否则传回的值是 ASCII 代码。C# 中 int.Parse() 方式是将数字内容的字符串转为 int 类型，如果字符串内容为空或 null，或者不是数字时，则抛出异常；而且字符串内容只能在 int 类型可表示的范围之内。类似地，char grade =Convert.ToChar(Console.Read()) 表示将输入的数字转化为字符。

4）class 关键字可以定义一个类。类是使用关键字 class 声明的，与 C++ 不同，C# 中仅允许单个继承。也就是说，类只能从一个基类继承实现。但是，一个类可以实现一个以上的接口。单个类，如“class ClassA { };”有继承的类，如“class DerivedClass: BaseClass { };”，实现两个接口的类，如“class ImplClass: IFace1, IFace2 { };”。

5）Main 方法是 C# 控制台应用程序或窗口应用程序的入口点，且 C# 程序只能有一个入口点。在结构或类内部声明，Main 必须是静态的，且不应该是公用的。Main 的返回类型有两种：void 和 int。程序是从 Main 开始运行的。string[] args 是控制台参数，运行程序时从控制台传入。static 关键字代表 Main 方法为整个程序运行期间都有效的方法，而且在调用这个方法之前不用对这个类进行实例化。例如：

```
static void Main(string[] args)    //Main 方法的第一个字母 M 必须是大写
{
        Console.WriteLine("Hello,World!");
        Console.ReadLine();
}
```

如果 Main 的第一个字母小写，提示错误信息：程序“*.exe”不包含适合于入口点的静态“Main”方法。

6）三种基本控制结构：顺序结构是最简单的程序结构，计算机按程序中语句的顺序依次执行；选择结构又称分支结构，程序执行时，计算机按一定的条件选择下一步要执行的操作；循环结构又称重复结构，程序执行时，计算机按某一条件反复执行一定的操作。

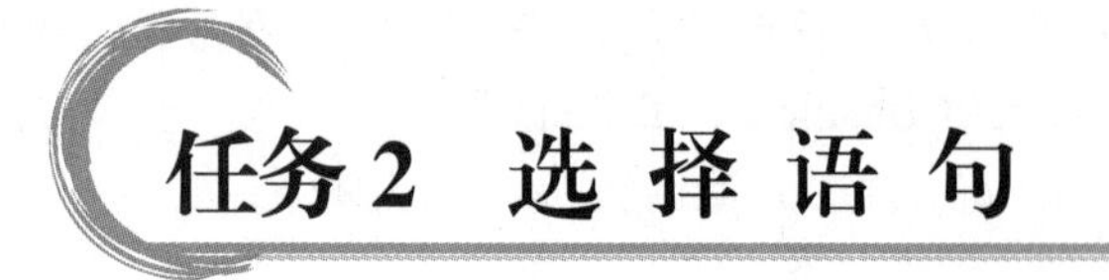

# 任务 2　选 择 语 句

## 任务情境

从键盘上输入一个整数，判断输入的整数是奇数还是偶数。

## 任务分析

首先读入一个数，注意要转化为整数，再用 %2 判断是否是偶数。

# 任务实施

1）对读取的字符进行转化 Convert.ToInt32()。

2）根据 %2 结果判断是否是偶数，用 if...else... 语句。

3）全部代码如下：

```
using System;
using System.Collections.Generic;
using System.Linq;
using System.Text;
using System.Threading.Tasks;

namespace ifelse
{
    class Program
    {
        static void Main(string[] args)
        {
            int num;
            Console.WriteLine(" 请输入一个整数！ ");
            num = Convert.ToInt32(Console.ReadLine());
            Console.WriteLine(" 您输入的整数是 {0}", num);
            if (num%2 == 0)
            {
                    Console.WriteLine("{0} 是偶数！ ",num);
            }
            else
            {
                    Console.WriteLine("{0} 是奇数！ ",num);
            }
            Console.ReadLine();
        }
    }
}
```

按 <F5> 键运行程序。输入整数 28，并按 <Enter> 键，结果如图 7-5 所示。程序中最后的语句“Console.ReadLine();”表示从控制台读取字符串，如果缺少这句，显示的结果会一闪而过。另一个使窗口暂停的方法是使用 Console.ReadKey()。Read 表示从控制台读取，Key 表示按下键盘，那么组合在一起的意思就是获取用户按下功能键显示在窗口中，用在前面的代码起到窗口暂停的功能。在调试状态下，只有按下任意键后窗口才会关闭。

图 7-5 运行结果

一般来说，if 与 else 配合使用，使用 if 时不一定使用 else，但是使用 else 时一定要使用 if。

# 必备知识

### 1. if 结构

if 结构是最简单的选择结构，根据一定的条件选择执行一条或者是一组语句。首先要判断条件，当条件满足时，执行对应的语句，否则跳过该语句，转向去执行其他语句。通常使用 if...else... 结构。

if…else… 的语法格式为：

```
if( 表达式 )
    {语句 1;}
else
    {语句 2;}
```

if…else… 的结构流程图如图 7-6 所示。

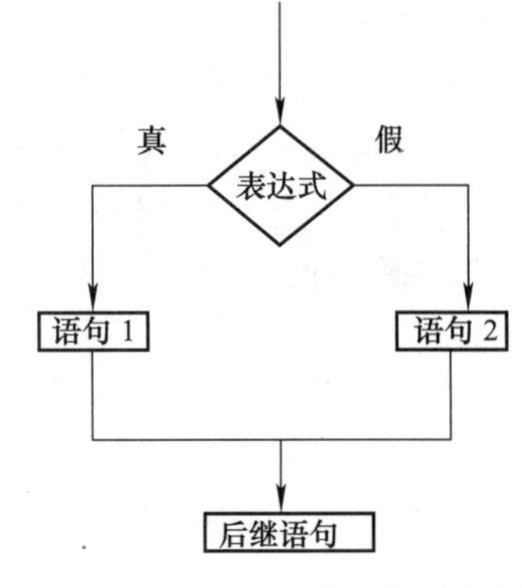


图 7-6　if…else… 的结构流程图

## 触类旁通

【例 7-1】运用 Visual Studio 建立一个 C# 控制台应用程序，实现输入年份并能够判断该年是否为闰年。

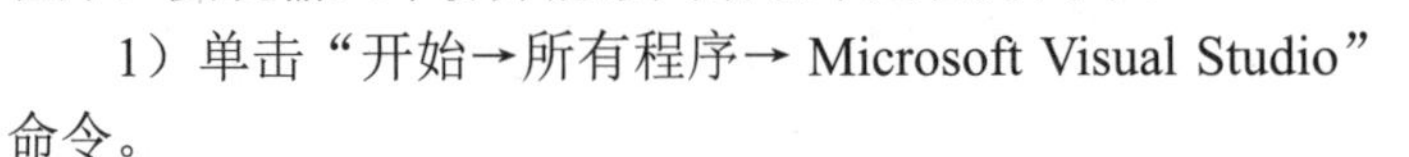

1）单击“开始→所有程序→ Microsoft Visual Studio”命令。

2）单击→“文件→新建→项目”命令，打开新建项目对话框里，在模版框中选择“控制台应用程序”，设置应用程序的名称，并选择其所存放的位置。单击“确定”按钮，打开代码编译器，自动形成了程序基本结构，在 Main 函数中进行程序的编写。

3）编写程序，在 Main 函数中添加代码。下面是程序的全部代码：

```
using System;
using System.Collections.Generic;
using System.Linq;
using System.Text;
using System.Threading.Tasks;
namespace ConsoleApplication1
{
    class Program
    {
        static void Main(string[] args)
        {
            Console.Write(" 请输入年份 ");
            string s = Console.ReadLine();
            int year = int.Parse(s);
            if (year % 4 == 0 && year % 100 != 0 || year % 400 == 0)
                Console.WriteLine(" 你输入的 {0} 年是闰年！ ", year);
            else
                Console.WriteLine(" 你输入的 {0} 不是闰年！ ", year);
            Console.ReadLine();
        }
    }
}
```

4）运行程序后，输入 2018，得到的运行结果如图 7-7 所示。

输入 2020，得到的运行结果如图 7-8 所示。

图 7-7　输入 2018 的运行结果

图 7-8　输入 2020 的运行结果

分析：闰年（Leap Year）是为了弥补因人为历法规定造成的年度天数与地球实际公转

周期的时间差而设立的，补上时间差的年份为闰年，闰年有 366 天。规律：四年一闰；百年不闰，四百年再闰。例如，1900 年不是闰年，2000 年是闰年，2004 年就是闰年，2010 年不是闰年。判断是否为闰年的表达式：year%4==0&&year%100!=0||year%400==0。逻辑与“&&”的运算级优先级比逻辑或“||”高。当用户输入 4 位数字的年份后，控制台应用程序判断并显示该年份是否为闰年。

【例 7-2】编写一个 C# 控制台应用程序，使之能够计算给定一元二次方程 $ax^2+bx+c=0(a\neq0)$ 的根。

1）编写程序。在 Main 函数中添加下列代码：

```
double  a,b,c,x1,x2;
Console.WriteLine(" 请输入 a,b,c 的值：");
a = double.Parse(Console.ReadLine());
b = double.Parse(Console.ReadLine());
c = double.Parse(Console.ReadLine());
if (b * b - 4 * a * c >= 0)
{
    x1 = (-b - Math.Sqrt(b * b - 4 * a * c)) / (2 * a);
    x2 = (-b + Math.Sqrt(b * b - 4 * a * c)) / (2 * a);
    if (b * b - 4 * a * c == 0)
    {
        Console.WriteLine(" 方程有两个相等实数根为 x1=x2={0}", x1);
    }
    else
        Console.WriteLine(" 方程有两个不相等的实数根为 x1 = {0},x2 = {1}", x1, x2);
}
else
{
    Console.WriteLine(" 此方程没有实数解！ ");
}
Console.ReadLine();
```

2）运行程序后，输入一个一元二次方程的系数。有两个相等的实数根的运行结果如图 7-9 所示，方程没有实数解的运行结果如图 7-10 所示，方程有两个不相等的实数解的运行结果如图 7-11 所示。

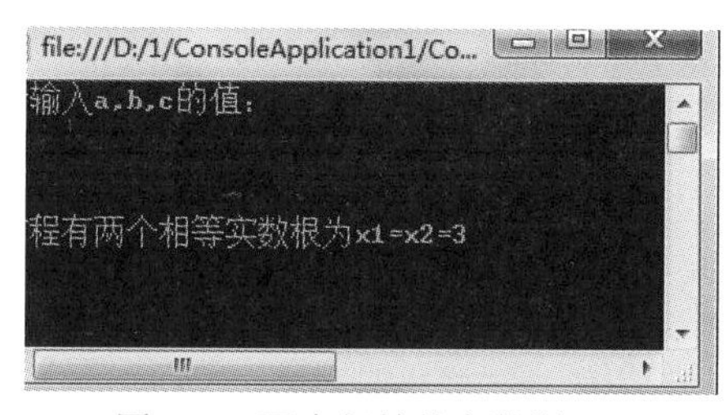

图 7-9　两个相等的实数根

图 7-10　方程没有实数解

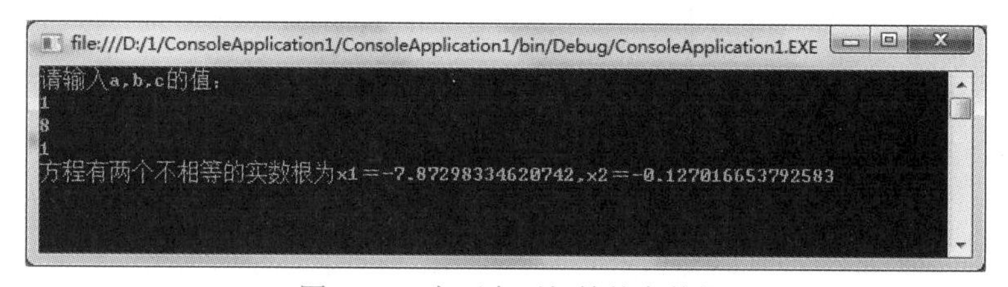

图 7-11　有两个不相等的实数根

分析：

1）利用方程的系数，计算方程的根。用求根公式法解一元二次方程的一般步骤：①把方程化成一般形式 $ax^2+bx+c=0$，确定 $a$、$b$、$c$ 的值；②求出判别式 $\Delta=b^2-4ac$ 的值，判断根的情况；③在 $\Delta=b^2-4ac\geqslant 0$ 的前提下，把 $a$、$b$、$c$ 的值代入公式 $x=\dfrac{-b\pm\sqrt{b^2-4ac}}{2a}$ 进行计算，求出方程的根。

判断方程是否有无实数根：$\Delta=b^2-4ac>0$ 有两个不相等的实数根，$\Delta=b^2-4ac=0$ 有两个相等的实数根，$\Delta=b^2-4ac<0$ 没有实数根。

2）分析题目，编程求方程根的表达式：

```
x1 = (-b - Math.Sqrt(b * b - 4 * a * c)) / (2 * a);
x2 = (-b + Math.Sqrt(b * b - 4 * a * c)) / (2 * a);
```

2．多分支选择语句

对于实际应用中大量的多路分支问题，虽然可以用嵌套的 if 语句实现，但如果分支太多，嵌套的层次就会很深，这在一定程度上就影响了程序的可读性。为此，可以用直接实现多路选择的 switch 语句。switch 语句根据判断表达式的结果来执行多个分支中的一个。其一般形式如下：

```
switch( 表达式 )
{
    case C1:
            语句 1；break;
    case C2:
            语句 2；break;
    case C3:
            语句 3；break;
    …
    case Cn:
            语句 n；break;
    [default]:  语句 n+1；break;
}
```

其中，break 为跳出 switch 语句时使用。switch 语句的结构流程图如图 7-12 所示。

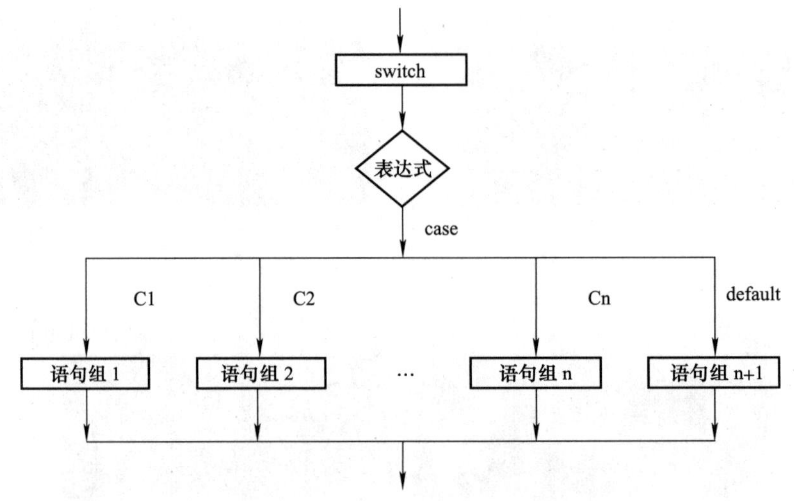


图 7-12　switch 语句的结构流程图

【例 7-3】请用 switch 语句编写一个 C# 控制台应用程序。如果学生的成绩是 A，则分数在 85 ～ 100；如果成绩是 B，则分数在 70 ～ 84；如果成绩是 C，则分数在 60 ～ 69；如果成绩是 D，则分数低于 60 分。

程序的完整代码如下：

```
using System;
using System.Collections.Generic;
using System.Linq;
using System.Text;
using System.Threading.Tasks;

namespace Switch
{
    class Program
    {
        static void Main(string[] args)
        {

            char grade;
            grade =Convert.ToChar(Console.Read());
            switch(grade)
            {
                case'A':Console.WriteLine("85-100 \n");break;
                case'B':Console.WriteLine("70-84 \n");break;
                case'C':Console.WriteLine("60-69 \n");break;
                case'D':Console.WriteLine("<60 \n");break;
                default: Console.WriteLine("Error \n");break;
            }
            Console.ReadKey();
        }
    }
}
```

运行程序：如果输入大写字母 A，则显示 85 ～ 100；如果输入的不是 A、B、C、D 中的任何一个字母，则程序执行 default 语句，显示 Error。

注意：如果 default 后面少了一个 break 语句，则会提示错误信息：控制不能从一个 case 标签（“default:”）贯穿到另一个 case 标签。

# 任务 3 循　　环

## 任务情境

从键盘上输入两个整数，求这两个数的最大公约数和最小公倍数。

## 任务分析

求最大公约数的一种方法叫辗转相除法，又名欧几里德算法（Euclidean algorithm），具体做法是：用较小数除较大数，再用出现的余数（第一余数）去除除数，再用出现的余数（第二余数）去除第一余数，如此反复，直到最后余数是 0 为止。如果是求两个数的最大公约数，那么最后的除数就是这两个数的最大公约数。

## 任务实施

1）对读取的数据进行转换 int.Parse()。

2）运用辗转相除法求求最大公约数。

3）本程序的完整代码如下：

```
using System;
using System.Collections.Generic;
using System.Linq;
using System.Text;
using System.Threading.Tasks;

namespace Greatest_common_divisor_And_least_common_multiple
{
    class Program
    {
        static void Main(string[] args)
        {
            int m, n, a, b, temp;
            Console.WriteLine(" 请输入两个整数 a，b！ ");
            a = int.Parse(Console.ReadLine());
            b = int.Parse(Console.ReadLine());
            m = a;
            n = b;
            while(b!=0)
            {
                temp = a % b;
                a = b;
                b = temp;
            }
            Console.WriteLine(" 最大公约数是 {0:G}",a);
            Console.WriteLine(" 最小公倍数是 {0:G}",m*n/a);
            Console.ReadKey();
        }
    }
}
```

本实例为简单的循环程序，循环条件是 b≠0。每循环一次，用 temp 取得 a 与 b 的余数。如果 a=12，b=18，则第一次执行循环后，a=18，b=12，temp=12；第二次执行循环后，a=12，b=6，temp=6；第三次执行循环后，a=6，b=0，temp=0；因为 b=0，则循环结束，退出循环。程序运行结果如图 7-13 所示。

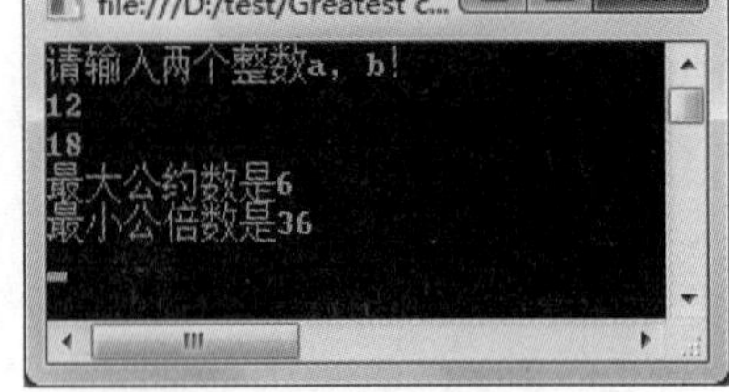


图 7-13　最大公约数和最小公倍数

## 必备知识

while 循环是一种简单的循环形式，当 while 后面的表达式为真时，执行循环。while 循环的语法格式为：

```
while( 表达式 )
{
    语句组；
}
```

while 循环的结构流程图如图 7-14 所示。

## 触类旁通

在使用循环时，for 循环用法灵活，也比较普遍，循环的次数可以确定，也可以不确定。for 循环的语法格式是：

```
for( 表达式 1; 表达式 2; 表达式 3)
{
    语句组；
}
```

表达式 1 是赋初值，表达式 2 是条件判断，表达式 3 是修改循环变量。其执行过程是：先对表达式 1 求解，再计算表达式 2 的值。若条件满足，执行循环体，然后再计算表达式 3 的值。最后根据表达 2 决定是否再执行下一次循环。

for 循环的结构流程图如图 7-15 所示。

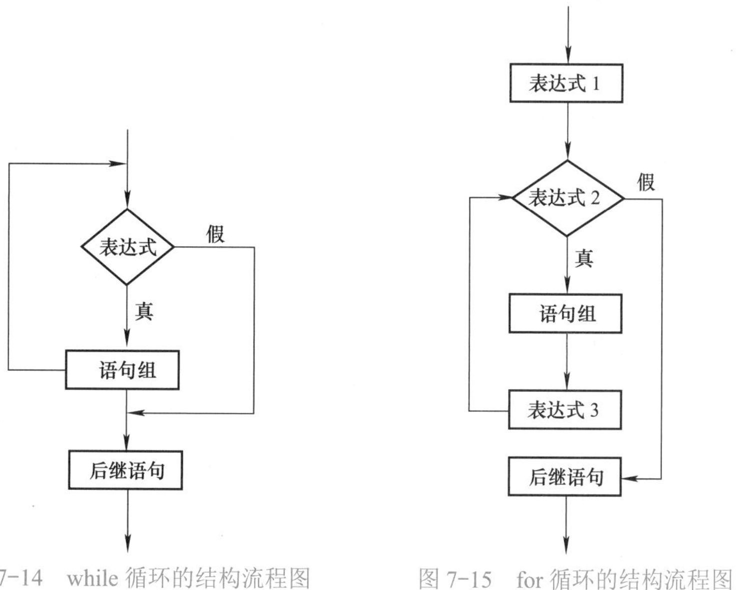


图 7-14 while 循环的结构流程图　　图 7-15 for 循环的结构流程图

【例 7-4】用 for 循环计算 1+2+3+…+100 的和。

本程序的完整代码如下：

```
using System;
using System.Collections.Generic;
using System.Linq;
using System.Text;
using System.Threading.Tasks;

namespace forSum
{
```

```
        class Program
        {
            static void Main(string[] args)
            {
                int sum = 0;
                for (int i = 1; i <= 100; i++)
                {
                    sum += i;
                }
                Console.WriteLine("1+2+3+…+100={0:G}",sum);
                Console.ReadKey();
            }
        }
    }
```

分析：表达式 i=1 为初值，表达式 i<=100 为条件，表达式 i++ 是改变循环变量。语句 sum+=i 的含义是 sum=sum+i。

# 任务4 函数调用

## 任务情境

从键盘上输入两个数，编写一个求和函数 sum()。要求从主函数中调用求和函数 sum()，并输出两个实数的和。

## 任务分析

被调用函数 sum() 前应该有 static 修饰符，否则提示错误为非静态的字段，方法或属性“***”要求对象引用。原因是要使用类中定义的非静态字段、属性和方法，必须先实例化类，然后通过实例使用非静态的字段、属性和方法。

## 任务实施

1）在主函数外编写自定义函数 sum()。
2）在主函数中调用函数 sum()。
3）本程序的完整代码如下：

```
using System;
using System.Collections.Generic;
using System.Linq;
using System.Text;
using System.Threading.Tasks;

namespace FunSum
{
```

```
    class Program
    {
        static void Main(string[] args)
        {
            float a, b, c;
            Console.WriteLine(" 请输入两个实数！ ");
            a = float.Parse(Console.ReadLine());
            b = float.Parse(Console.ReadLine());
            c = sum(a, b);
            Console.WriteLine("{0:G}+{1:G}={2:G}", a, b, c);
            Console.ReadKey();
        }

        public static float sum(float addNumber1, float addNumber2)
        {
            float addResult;
            addResult = addNumber1 + addNumber2;
            return addResult;
        }
    }
}
```

# 必备知识

一般程序可分为若干个程序模块，每个模块实现一个特定的功能，这些模块称为子程序，子程序可以用函数来实现。

按函数形式可分为有参函数和无参函数。有参函数是主调函数与被调函数间有参数传递，主调函数可将实参传送给被调函数的形参，被调函数的数据可返回主调函数。无参函数是主调函数无数据传送给被调函数，可带或不带返回值。

函数的定义格式：

```
类型标识符  函数名（形参列表）
{
    函数体;
}
```

形式参数（形参）是定义函数时函数名后面括号中的变量名，实际参数（实参）是调用函数时函数名后面括号中的表达式。实参可以是常量、变量或表达式，必须有确定的值。当函数调用时，将实参的值传递给形参，若是数组名，则传送的是数组首地址。形参必须指定类型，只能是简单变量或数组等，不能是常量或表达式。形参与实参一般要求类型一致、个数相同、顺序相同。

函数的返回值的返回语句形式：

```
return( 表达式 );
```

或

```
return 表达式 ;
```

该语句使程序控制从被调用函数返回到调用函数中，同时把返回值带给调用函数。函数的返回值必须用 return 语句带回。return 语句只能把一个返回值传递给调用函数；若函数中有多个 return 语句，执行哪一个由程序执行情况来定。返回值的类型为定义的函数类型。

函数调用的一般形式：

```
函数名 ( 实参表列 );
```

当有多个实参时，实参间用“,”分隔。调用无参函数时，实参表列为空，但“()”不能省略。

函数调用的一般过程如图 7-16 所示。fun() 表示被调用函数，Main() 为主函数。

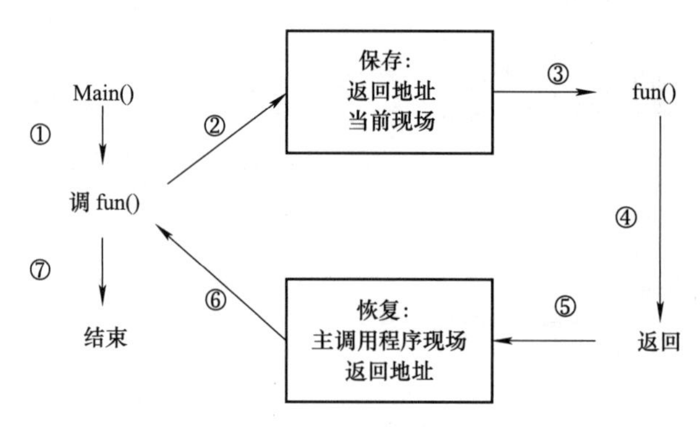


图 7-16　函数调用的一般过程

## 触类旁通

【例 7-5】写两个函数，求 3 个整数的最大公约数和最小公倍数，用主函数调用这两个函数并输出结果，3 个数由键盘输入。

本程序的完整代码如下：

```
using System;
using System.Collections.Generic;
using System.Linq;
using System.Text;
using System.Threading.Tasks;

namespace FunTransfer
{
    class Program
    {
        static void Main(string[] args)
        {
            int a, b, c, mul1, mul2, div1, div2;
            Console.WriteLine(" 请输入三个整数 :");
            a = Convert.ToInt32(Console.ReadLine());
            b = Convert.ToInt32(Console.ReadLine());
            c = Convert.ToInt32(Console.ReadLine());
            div1 = div(a, b);                // 第一次调用 div 函数
            div2 = div(div1, c);             // 第二次调用 div 函数
            mul1 = mul(a, b);                // 第一次调用 mul 函数
            mul2 = mul(mul1, c);             // 第二次调用 mul 函数
            Console.WriteLine(" 三个数的最大公约数是 :{0:G}", div2);
            Console.WriteLine(" 三个数的最小公倍数是 {0:G}", mul2);
            Console.ReadKey();
```

```
        }

        static int div(int m, int n)          // 定义 div 函数 , 注意此处没有“;”
        {
            int k = 0, t;
            t = m < n ? m : n;
            while (t != 0)
            {
                if (m % t == 0 && n % t == 0)
                {
    }
                    k = t;
                    break;
                }
                t--;
            }
            return k;
        }

        static int mul(int m, int n)          // 定义 mul 函数
        {
            int k = 0, t;
            t = m > n ? m : n;
            while (t != 0)
            {
                if (t % m == 0 && t % n == 0)
                {
                    k = t;
                    break;
                }
                t++;
            }
            return k;
        }

    }
}
```

按 <F5> 键运行程序。输入三个整数 12、15 和 18，程序运行结果如图 7-17 所示。

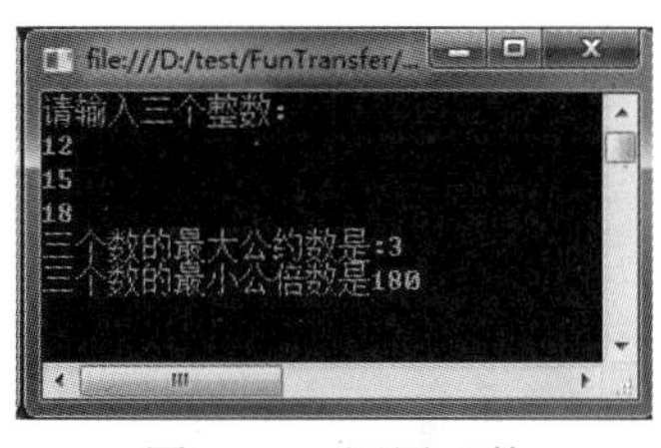


图 7-17　调用函数

分析：“div1=div(a,b);”是第一次调用 div() 函数，实参 a 和 b 把值传给 static int div(int m, int n) 中的形参 m 和 n。“div2 = div(div1, c);”是第二次调用 div() 函数，第一次调用的结果 div1 作为实参把值传给形参 m，c 把值传给形参 n。mul() 函数可以做类似分析。

# 项目 8 类

## 职业能力目标

- 能够自定义类，实例化对象。
- 能够恰当地使用继承、封装和多态。
- 在程序设计中，能够恰当地使用构造方法和重载。
- 能够使用 StringBuilder 类或者 String 类，对字符串进行操作。

## 任务 1 继 承 类

### 任务情境

现有一个 Student 类，设计一个高中生类（Senior_high_student）继承它。

### 任务分析

对象是真实存在的，而类是对对象的抽象和概括。类是对象的抽象，对象是类的实例。字段和属性描述类的静态特征。方法描述类的动态行为。例如，如果车是一个类，一辆奔驰车就是一个对象，车的颜色质量就是它的属性，起动、停止这些动作则可以定义为车的方法。

继承的本质是在类之间建立一种继承关系，派生类（又称子类）能继承已有的基类（又称父类）的成员，而且可以加入新的成员或者修改已有的成员。

### 任务实施

1）定义类 Student，并把字段封装成属性。其中年龄的 value 值要求在 15 ～ 20。

2）定义有参和无参的构造方法。

3）定义一个高中生类继承 Student。

4）继承的应用，全部代码如下：

```
using System;
using System.Collections.Generic;
using System.Linq;
using System.Text;
using System.Threading.Tasks;

namespace inherit
{
    public class Student
    {
        private string name;
        public string Name
        {
            get { return name; }
            set { name = value; }
        }

        private int age;
        public int Age
        {
            get { return age; }
            set
            {
                if (value >= 15 && value <= 20)
                    age = value;
            }
        }
        public Student() { }
       public Student(string name, int age)
        {
            this.name = name;
            this.age = age;
        }
        public string Say()
        {
            return "my name is: " + name + ", my age is " + age.ToString();
        }
    }

// 定义 1 个高中生类继承 Student，要求加入学号字段 stuId，并能说出自己的学号。
    public class Senior_high_student : Student
    {
        private string stuId;
        public string StuId
        {
            get { return stuId; }
            SET { stuId = value; }
        }
        new public string Say()
        {
            return "my name is " + Name + ",  my age is " + Age.ToString() + ", my studentid is " + stuId;
            // 这里使用的是大写的 Name 和 Age
```

```
            }
        }
        class Program
        {
            static void Main(string[] args)
            {
                Student studentOne = new Student("Alex", 16);
                Console.WriteLine(studentOne.Say());
                Senior_high_student shs = new Senior_high_student();
                shs.Name = "Bob";
                shs.Age = 19;
                shs.StuId = "GZS102025";
                Console.WriteLine(shs.Say());
                Console.ReadKey();
            }
        }
    }
```

5）程序运行结果如图 8-1 所示。

```
my name is: Alex, my age is 16
my name is Bob,  my age is 19, my studentid is GZS102025
```

图 8-1 继承的运行结果

## 必备知识

### 1. 类的字段

类的定义或者说声明如下：

```
class TestClass
{
    // Methods, properties, fields, events, delegates
    // and nested classes go here.
}
```

说明：使用 class 关键字声明类，类名为 TestClass。

1）字段是隶属于类的变量，用来描述类的静态性质，或者说是类完成任务所必须自己保有的数据信息，属于类的数据成员字段可以是任意类型。

例如，现在建立一个描述所有人的类，使用 class 关键字声明类，类名叫 Person，Person 类的字段可以定义为如下形式：

```
class Person
{
    string  name;
    int  age;
}
```

注意 class 要小写，表示是一个类，类名的首字母一般也要大写。其中 string 和 int 为数据类型标识，name 和 age 是字段，描述 Person 类的姓名与年龄。

2）访问修饰符规定了类或成员的可访问范围，规定了程序的其他部分能否访问到此类或此成员。访问修饰符有 5 种，见表 8-1。

表 8-1 访问修饰符

| 名　称 | 可访问范围 | 可　修　饰 |
| --- | --- | --- |
| private（私有的） | 本类的内部 | 成员（成员的默认修饰） |
| public（公有的） | 任何类 | 成员、类 |
| protected（受保护的） | 本类及其子类 | 成员 |
| internal（内部的） | 本程序集的所有类 | 成员、类（类的默认修饰） |
| protected internal（受保护内部的） | 所有类 + 本类及其子类 | |

前面 Person 类的字段没有访问修饰符，默认为 private。Person 类也没写访问修饰符，默认为 internal。相当于以下代码：

```
internal class Person
{
    private string name;
    private int age;
}
```

实际情况下，类一般都是在本程序集内应用，用 internal 修饰即可。若类需要被公用，则可以定义为 public 修饰。

可以把 Person 类的定义修改为如下形式：

```
public class Person
{
    private string name;
    private int age;
}
```

## 2. 类的属性

对于上述 Person 类中的两个字段，这两个字段既然定义为私有的，则在类外部是不能被访问的。假设有些类的字段需要定义为私有，但又需要在类外被访问，则在 C# 中设置了属性来满足这一需求。

在 C# .NET 的编译环境下，在 Person 类的字段 name 上右击，选择“重构→封装字段”命令，如图 8-2 所示。

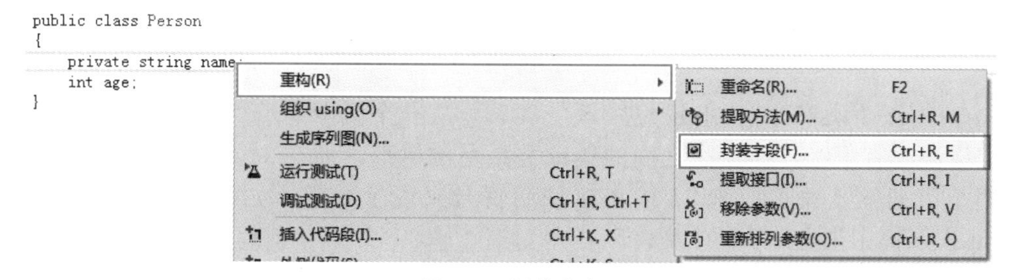


图 8-2 封装字段

在“属性名”文本框中输入 Name，表示将 name 字段封装为 Name 属性，单击“确定”按钮，再单击“应用”按钮后，代码如下：

```
public string Name
{
    get { return name; }        //读取相关字段的值，相当于“读”
```

```
        set { name = value; }      // 为相关字段赋值，相当于“写”
    }
```

这样就为 name 字段封装了属性 Name，属性都是公有的，可以在任何类中访问。

1）属性是指定的一组两个匹配的称为访问器的方法，get 方法和 set 方法。注意：属性是类的函数成员而非数据成员。

get 访问器：get{return 字段 ;}，用来读取相关字段的值。

set 访问器：set{ 字段 = 值 ;}，用来为相关字段赋值。

2）只读属性：如果某字段的属性只保留 get 访问器，则在外部只能读取该字段，这样的属性称为只读属性。此时，只需将 set 访问器删去即可。

3）只写属性：如果某字段的属性只保留 set 访问器，则在外部只能写该字段（为字段赋值），这样的属性称为只写属性。此时，只需将 get 访问器删去即可。

4）可以利用属性控制字段的赋值范围，即在 set 访问器中控制对字段的赋值。如下代码就可以实现控制人类对象的年龄为 1 ～ 120 岁。

```
private   int   age;           // 字段 age 小写
public   int   Age             // 属性 Age 首字母大写
{
    get { return age; }
    set { if (value >= 1 && value <= 120) Age = value; }
}
```

这段代码表示将 age 字段封装为 Age 属性，起到了隐藏 age 字段公开 Age 属性的作用。在此属性中，只有当 value 的值在 1 ～ 120 范围内，才对属性赋值。在很多情况下，这是非常有用的。

类似这样的情况还有很多，如 Person 类有一个字段 sex，表示性别。如果把 sex 设置为 public，如“public string sex;”，性别则可以在类外被修改，造成“不安全”。但是如果设置为 private，却又“无法使用”。这时候就用到了封装。

## 触类旁通

面向对象的三大特征是继承（Inheritance）、封装（Encapsulation）和多态（Polymorphism）。派生类中包含了基类的所有成员，加上自己的成员，并且不能删除它所继承的任何成员。为什么要使用继承？因为使用继承可以将子类的公共属性集合起来便于共同管理，使用起来更加方便。

在 C# 中派生类都派自 Object 类。派生类只能从一个类中继承，也就是所谓的单继承。继承的层次没有限制，并且类之间的继承关系呈倒树形。而在 Java 中，使用 extends 来标识两个类的继承关系。在 C# 中直接使用冒号来表示继承，如 Senior_high_student : Student 表示高中生类继承学生类。

派生类的语法如下：

```
class 派生类名：基类
{
    派生类自身成员；
}
```

这就表示该子类继承了父类。如果子类中需要用到继承过来的父类的成员，即使用 Base. 父类成员。

# 任务2 封装字段

## 任务情境

建立一个控制台应用程序，新建一个 Child 类，把 name、age、sex、height 封装成属性，性别只能是 Male 或 Female。

程序输出结果如下：

```
My name is lulu，I'm 8 years old.
My Sex is Male，My height is 120 cm.
I am playing badminton!
```

## 任务分析

在程序中建立一个 Child 类，编写成员，并快速封装成属性。在主程序各实例化类的对象，调用对象的属性和方法。

## 任务实施

1）声明和实例化 Child 对象。

2）编写成员，并快速封装成属性。

3）本程序的全部代码如下：

```
using System;
using System.Collections.Generic;
using System.Linq;
using System.Text;
using System.Threading.Tasks;

namespace Encapsulation
{
    class Program
    {
        static void Main(string[] args)
        {
            Child lulu = new Child();// 声明和实例化对象
            lulu.Name = "lulu";
            lulu.Age = 8;
            lulu.Sex = "Male";
            lulu.Height = 120;
            Console.WriteLine("My name is " + lulu.Name + "，I'm " + lulu.Age + " years old.");
            Console.WriteLine("My Sex is " + lulu.Sex+ "，My height is " + lulu.Height + " cm.");
            lulu.play();
            Console.ReadKey();
        }
    }
}
```

4）Child 类代码如下：

```
using System;
using System.Collections.Generic;
using System.Linq;
using System.Text;
using System.Threading.Tasks;

namespace Encapsulation
{
    class Child
    {
        string name;
        string sex;
        int age;
        int height;

        public string Name
        {
            get
            {
                return name;
            }

            set
            {
                name = value;
            }
        }

        public string Sex
        {
            get
            {
                return sex;
            }

            set
            {
                if(value=="Male"|| value == "Female")// 对属性访问的约束条件
                    sex = value;
            }
        }

        public int Age
        {
            get
            {
                return age;
            }

            set
            {
                age = value;
            }
        }
```

```
        public int Height
        {
            get
            {
                return height;
            }

            set
            {
                height = value;
            }
        }

        public void play()
        {
            Console.WriteLine("I am playing badminton!");
        }

    }
}
```

## 必备知识

### 1．封装

封装就是隐藏对象的信息，留出访问的接口。通常使用属性对字段进行封装，最终达到隐藏字段、公开属性的目的。

什么时候使用封装？当出现 public 修饰等“可以在类外被修改而且不安全”和 private 修饰等“无法在类外使用”的两重矛盾时，使用封装。

封装的步骤：先私有化成员，然后再设置其为公共属性，即前面加上 public 修饰符，属性的首字母大写，以便与成员相区别，然后设置 get 和 set 访问器。最快捷的封装方法是：选中要进行封装的字段，按快捷键 <Ctrl+R+E>，确定即可。封装过程如图 8-3 所示。

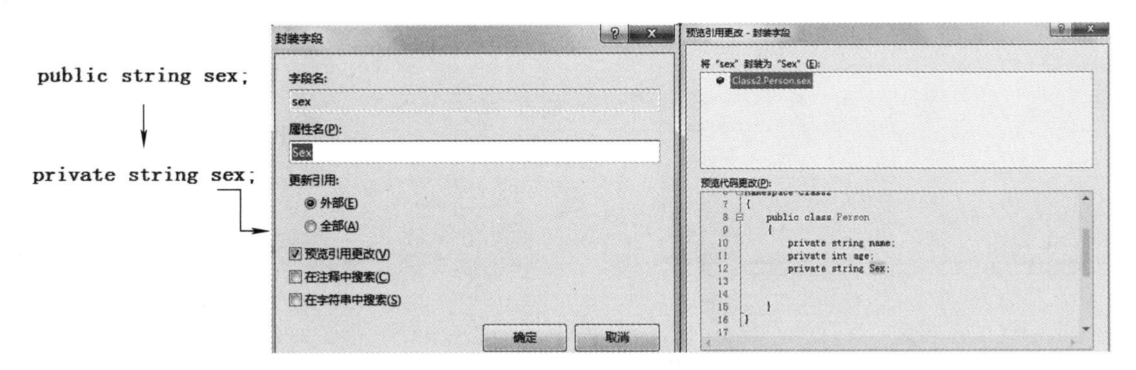


图 8-3　字段封装为属性的过程

封装可以把程序按某种规则分成很多“块”，块与块之间可能会有联系，每个块都有一个可变部分和一个稳定的部分。需要把可变的部分和稳定的部分分离出来，将可变的部分暴露给其他块，以便随时可以修改它，而将稳定的部分隐藏起来。

封装的意义在于保护或者防止代码（数据）被无意中破坏。

2．图形标识符

在 Visual Studio 中，有一些常用的图形标识符，要加以学习和掌握，如 ，如图 8-4 所示。

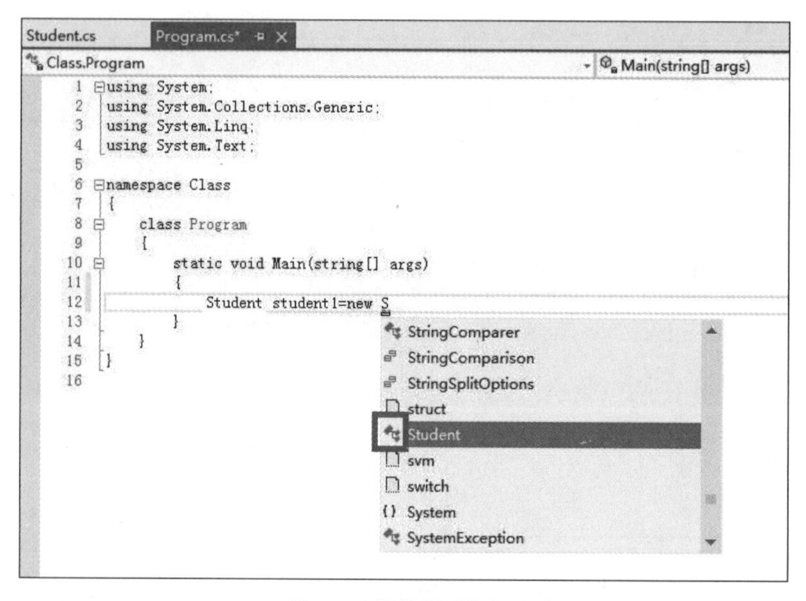


图 8-4　类的图形标识

蓝色长方体 是字段，扳手 是属性，紫色正方体 是方法。右下角什么都没有的 表示公有的（public），加锁的 表示私有的（private），加星号的 表示受保护的（protected），加心形的 表示内部的（internal），如图 8-5 所示。

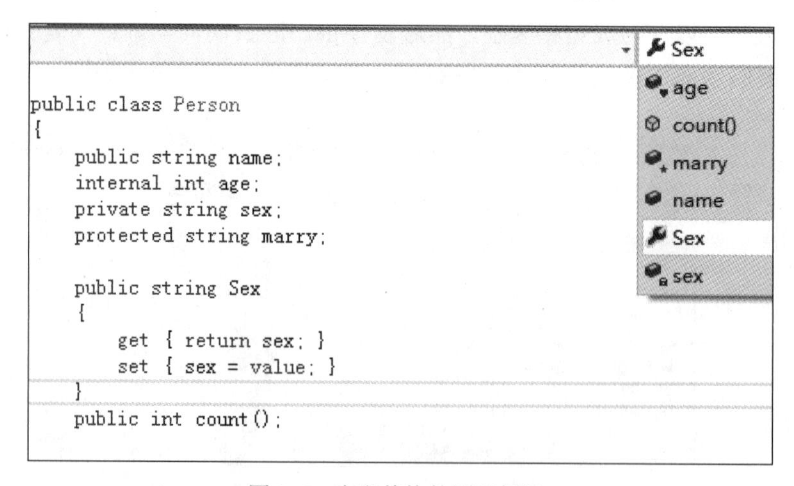


图 8-5　字段修饰的图形标识

Visual Studio“类视图”和“对象浏览器”显示一些图标，这些图标表示代码实体，如命名空间、类、函数和变量。表 8-2 以图文并茂的形式说明了这些图标。

表 8-2 “类视图”和“对象浏览器”的图标

| 图 标 | 说 明 | 图 标 | 说 明 |
|---|---|---|---|
| {} | namespace | | 方法或函数 |
| | 类 | | 运算符 |
| | 接口 | | 属性 |
| | 结构 | | 字段或变量 |
| | Union | | event |
| | Enum | | 常量 |
| | TypeDef | | 枚举项 |
| | 模块 | | 映射项 |
| | 扩展方法 | | 外部声明 |
| | delegate | | 错误 |
| | 异常 | <T> | 模板 |
| | 映射 | | 未知 |
| | 类型转发 | | |

## 触类旁通

实例化是指通过已有的类 (class) 创建出该类的一个对象 (object)。这个过程就叫作类的实例化。实例化的语法格式如下：

```
类名 引用名 = new 类名 ([ 实参列表 ]);
```

具体的实例化过程如下：

1）在栈中定义该类类型的一个引用（引用名也成为对象名）。

2）在堆内存中创建该类型的对象，并执行字段的默认初始化。

3）根据实例化时的参数，并执行与之匹配的构造函数，对字段进行赋值。

4）把引用指向刚创建的对象所在的堆内存。

实例化完成后，此引用所指向的对象就成为此类的一个对象或一个实例。

【例 8-1】类的应用。创建一个 C# 控制台应用程序，案例效果如图 8-6 所示。

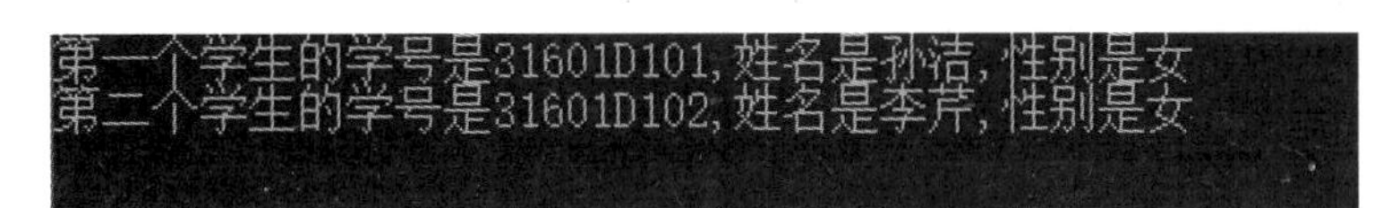


图 8-6 效果图

项目类文件组织结构如图 8-7 所示，除了程序本身的 Program.cs 类文件以外，还需要添加一个 Student.cs 类文件。

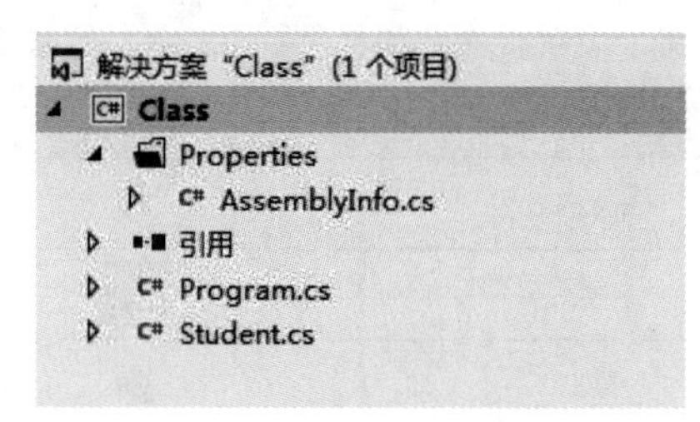

图 8-7　类文件组织结构图

1）Program.cs 类文件的全部代码如下：

```
using System;
using System.Collections.Generic;
using System.Linq;
using System.Text;

namespace ClassDemo
{
    class Program
    {
        static void Main(string[] args)
        {
            // 要求 Student 类与 Program 在同一个项目里，否则会出现错误，提示为 Student 生成类
            Student student1 = new Student();
            Student student2 = new Student();    //student1 与 student2 都是对象，使用“new”实例化对象
            student1.ID = "31601D101";           // 访问对象实质上是访问访问对象成员，使用运算符“.”
            student1.Name = " 孙洁 ";            // 使用的方法：对象名 . 类的字段
            student1.Sex = " 女 ";
            student2.ID = "31601D102";
            student2.Name = " 李芹 ";
            student2.Sex = " 女 ";
            Console.WriteLine(" 第一个学生的学号是 {0}, 姓名是 {1}, 性别是 {2}",student1.ID,student1.Name,student1.Sex);
            Console.WriteLine(" 第二个学生的学号是 {0}, 姓名是 {1}, 性别是 {2}", student2.ID, student2.Name, student2.Sex);
            Console.ReadKey();
        }
    }
}
```

2）Student.cs 类文件的全部代码如下：

```
using System;
using System.Collections.Generic;
using System.Linq;
using System.Text;

namespace ClassDemo
{
    class Student   //Student 是类名
    {
        public string ID;       // 类的字段 ID，又称为类的变量
        public string Name;     //public 表示“公共的”
        public string Sex;
    }
}
```

对字段的赋值方法：对象名 . 字段 = 值。

# 任务3 多态应用

## 任务情境

多态的三种实现形式：虚方法、抽象方法和接口。

1）虚方法：在父类 Person 中编写 SayHello() 虚方法，在子类中重写此方法。

2）抽象方法：在抽象类 Biology 中定义抽象方法 live()，在子类中重写此方法。

3）接口：定义一个 Singer 接口和 Painter 接口，在 Student 类中实现 Singer 接口，在 Teacher 类中实现 Singer 和 Painter 两个接口。

## 任务分析

当派生类从基类继承时，它会获得基类的所有方法、字段、属性和事件。多态按字面意思就是“多种状态”，多态性往往表现为“一个接口，多个功能”。多态是允许将父对象设置成为一个或更多的子对象的相等技术，赋值后父对象就可以根据当前复制给它的子对象的特性以不同的方式运作。简单地说，就是统一操作作用于不同的对象，可以有不同的解释，产生不同的执行结果。

前面已经学过，一个类里面两个名字一样的函数叫作“重载”，基类和继承类里面名字一样的函数叫作“重写”，重写就必须使用虚方法。

## 任务实施

1）在类 Person 中定义 SayHello( ) 虚方法。

2）定义类 Chinese 继承 Person，并重写虚方法。

3）虚方法的应用，程序代码如下 :

```
using System;
using System.Collections.Generic;
using System.Linq;
using System.Text;
using System.Threading.Tasks;

namespace Test
{
    class Person
    {
        public virtual void SayHello()
        {
            Console.WriteLine("I belong to human!");
        }
    }
    class Chinese : Person
    {
```

```
        public override void SayHello()
        {
            Console.WriteLine("I am a Chinese!");
        }
    }
    class Program
    {
        static void Main(string[] args)
        {
            // 创建一个 Preson 对象
            Person personOne = new Person();
            // 创建一个 Chinese 对象
            Chinese personTwo = new Chinese();
            // 创建一个包含 Chinese 对象的 Preson 对象
            Person personThree = new Chinese();
            // 父类对象肯定是调用自己的方法
            // 输出 "I belong to human!"
            personOne.SayHello();
            // 子类此时调用的是子类自己的方法 , 因为子类中方法与父类中方法名相同，父类的方法被隐藏
            // 输出 "I am a Chinese!"
            personTwo.SayHello();
            // 这是一个父类对象 , 但它包含的是子类对象 , 所以在调用方法时是调用被改写的方法
            // 输出 "I am a Chinese!"
            personThree.SayHello();
            Console.ReadKey();
        }
    }
}
```

4）程序运行结果如图 8-8 所示。

```
I belong to human!
I am a Chinese!
I am a Chinese!
```

图 8-8　运行结果

本例题父类中的虚方法被派生类重写了。

注意：virtual 修饰符不能与 private、static、abstract、override 修饰符同时使用。override 修饰符不能与 new、static、virtual 修饰符同时使用。此外，重写方法只能用于重写基类中的虚方法。

## 必备知识

虚方法即为在基类中定义的，使用 virtual 修饰的，在派类中重写的方法。只有基类的方法加上关键字 virtual 后才可以被重写。为什么要用虚方法？主要是实现面向对象最重要的特征“多态性”，即基类可以使用派生类的方法。子类中 override 方法能够覆盖父类中的 virtual 方法，当把一个子类的实例转换为基类时，调用该方法时还是调用子类的 override 方法。

面向对象的语言使用虚方法表达多态。若要更改基类的数据和行为，有两种选择：可以使用新的派生成员替换基成员，或者可以重写虚拟的基成员。

使用新的派生成员替换基类的成员需要使用 new 关键字。如果基类定义了一个方法、字段或属性，则 new 关键字用于在派生类中创建该方法、字段或属性的新定义。new 关键字放置在要替换的类成员的返回类型之前。

## 触类旁通

### 1. 抽象方法

抽象方法是在基类中定义的并且必须在派类中重写的方法，在基类中使用 abstract 关键字定义。抽象方法只在抽象类中定义，方法修饰符不能使用 private、virtual、static。

抽象方法的应用，程序代码如下：

```
using System;
using System.Collections.Generic;
using System.Linq;
using System.Text;
using System.Threading.Tasks;

namespace Test
{
    public abstract class Biology       // 声明一个抽象类
    {
        public abstract void live(); // 抽象方法只能定义在抽象类中
    }

    public class Animal : Biology       // 继承抽象类

    {
        public override void live()  // 重写抽象类的抽象方法
        {
            Console.WriteLine("override the Biology abstract method, animal is live");
        }
    }
    class Program
    {
        static void Main(string[] args)
        {
            // 创建一个 Animal 对象，实例化派生类
            Animal Tigger = new Animal();
            // 使用派生类对象实例化抽象类
            Biology biology = Tigger;
            // 以上两句等价于 "Biology biology = new Animal();", 使用派生类对象实例化抽象类
            biology.live();     // 使用抽象类对象调用抽象类中的抽象方法 live
            Console.ReadKey();
        }
    }
}
```

程序运行结果是“override the Biology abstract method, animal is live”。

总结：抽象方法只能声明在抽象类中，使用关键字 abstract 定义，抽象类中的抽象方法必须被子类重写。抽象方法没有方法体，子类必须重写方法体，因此抽象方法可以看成是一个没有方法体的虚方法。

2．接口

如果一个抽象类的所有方法都是抽象的，则可以将这个类用另外一种方式来定义，即接口。在定义接口时，需要使用 interface 关键字来声明：

```
interface Animal
{
    void Eat(); // 定义抽象方法
    void Run();
}
```

在上面的接口 Animal 中，抽象方法没有方法体，也没有访问修饰符。接口中定义的方法默认使用 public 修饰符。由于接口的方法都是抽象方法，因此不能通过实例化对象的方式来调用，此时需要一个类实现接口中的所有的方法。

【例 8-2】接口的应用。创建一个 C# 控制台应用程序，说明如何声明类接口和使用接口。一个类可以实现多个接口，多个接口之间用逗号隔开。

```
using System;
using System.Collections.Generic;
using System.Linq;
using System.Text;
using System.Threading.Tasks;

namespace ConsoleApplication1
{
    interface Singer
    {
        void sing();
        void sleep();
    }
    interface Painter
    {
        void paint();
        void eat();
    }
    class Student : Singer
    {
        private String name;
        public Student(String name)
        {
            this.name = name;
        }
        public void study()
        {
            Console.WriteLine("studying");
        }
        public String getName()
        {
            return name;
        }
        public void sing()
        { // @Override
            Console.WriteLine("student is singing");
        }
        public void sleep()
        { // @Override
```

```
            Console.WriteLine("student is sleeping");
        }
    }
    class Teacher : Singer, Painter
    {
        private String name;
        public Teacher(String name)
        {
            this.name = name;
        }
        public String getName()
        {
            return name;
        }
        public void teach()
        {
            Console.WriteLine("teaching");
        }
        public void paint()
        { // @Override
            Console.WriteLine("teacher is painting");
        }
        public void eat()
        { // @Override
            Console.WriteLine("teacher is eating");
        }
        public void sing()
        { // @Override
            Console.WriteLine("teacher is singing");
        }
        public void sleep()
        { // @Override
            Console.WriteLine("teacher is sleeping");
        }
    }

    class Program1
    {
        static void Main(string[] args)
        {
            Singer s1 = new Student("s1");
            s1.sing();
            s1.sleep();
            Singer t1 = new Teacher("t1"); // 相当于继承中的父类引用指向子类对象
            t1.sing();
            t1.sleep();
            Painter p1 = (Painter)t1; // 相当于继承中的父类引用指向子类对象
            p1.paint();
            p1.eat();
            Console.ReadKey();
        }
    }
}
```

程序的运行结果如图 8-9 所示。

```
student is singing
student is sleeping
teacher is singing
teacher is sleeping
teacher is painting
teacher is eating
```

图 8-9　运行结果

# 任务4　构造方法

## 任务情境

创建一个 C# 控制台应用程序，效果如图 8-10 所示，说明如何声明类字段、构造函数和方法，如何实例化对象及如何打印实例数据。本任务声明了两个类：第一个类 Child 包含两个私有字段 name 和 age、两个公共构造函数和一个公共方法；第二个类 Program 用于包含 Main。

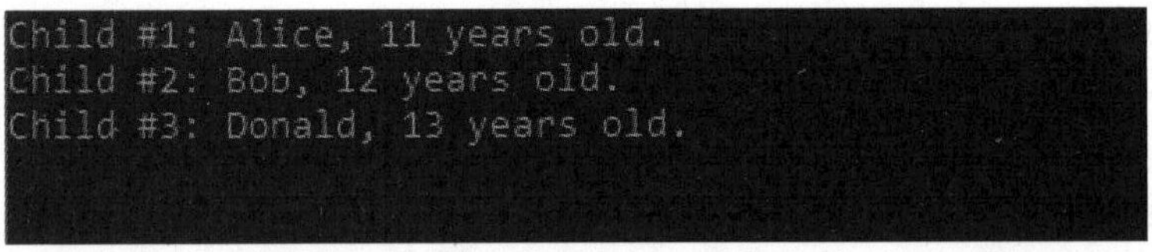

```
Child #1: Alice, 11 years old.
Child #2: Bob, 12 years old.
Child #3: Donald, 13 years old.
```

图 8-10　案例效果图

## 任务分析

要编写的是控制台的应用程序。先定义类 Child，再进行实例化对象 child1、child2 和 child3，并访问对象成员，调用构造方法等。

## 任务实施

1）先定义类 Child，实例化对象 child1、child2 和 child3。
2）在类中定义构造方法，用于对象的初始化。
3）本程序的全部代码如下：

```
using System;
using System.Collections.Generic;
using System.Linq;
using System.Text;

namespace Class3
{
    class Program
    {
        static void Main()
        {
            // 创建对象并初始化
            Child child1 = new Child("Alice", 11);
            Child child2 = new Child("Bob", 12);

            // 用默认的构造方法创建对象
            Child child3 = new Child();

            // 显示结果
            Console.Write("Child #1: ");
            child1.PrintChild();
            Console.Write("Child #2: ");
            child2.PrintChild();
            Console.Write("Child #3: ");
            child3.PrintChild();
            Console.ReadKey();
        }
    }
    class Child
    {
        private int age;
        private string name;

        // 默认的构造方法
        public Child()
        {
            name = "Donald";
            age = 13;
        }

        // 带参的构造方法
        public Child(string name, int age)
        {
            this.name = name;
            this.age = age;
        }

        // 输出方法
        public void PrintChild()
        {
            Console.WriteLine("{0}, {1} years old.", name, age);
        }
    }
}
```

## 必备知识

构造方法的作用是为属性赋值。如果没有显示定义构造方法，则会有一个默认的无参数的构造方法。如果显示另一个构造方法，则没有默认的构造方法。

类的构造方法是一个特殊的方法，其定义格式如下：

```
Public 类名 （[ 形参列表 ]）
{
    利用形参为各字段赋值 ;
}
```

1）构造方法与类同名且没有返回类型，这一点可以区分构造方法与其余所有方法。

2）构造方法的作用参见类的实例化过程，根据实例化时的参数执行相匹配的构造函数，对字段进行赋值。

3）只能用“new 方法名 ( )”的形式来调用构造方法。

4）结构 struct 是值类型，结构不能定义无参的构造方法，只能定义有参的构造方法。还有一个就是结构与类不同的是结构不能给字段或者是属性赋初值，而类是可以的。

如果代码下面有红色波浪线，表示编译错误，不可访问，因为它具有一定的保护性。解决的方法是在类定义成员前面加上 public，这样就可以在其他的类当中访问。

调用构造方法的顺序：首先是顶级父类 Parent，然后是上一级父类 SubParent，最后是子类 SubSubParent。也就是说，实例化子类对象时首先要实例化父类对象，然后再实例化子类对象，所以在子类构造方法访问父类的构造方法之前，父类已经完成实例化操作。

```
class Parent{
    Parent(){
        System.out.println("grandfather");
    }
}

class SubParent extends Parent{  // 继承
    SubParent(){
        System.out.println("dad");
    }
}
public class SubSubParent extends SubParent {
    SubSubParent (){
        System.out.println("grandson");
    }

    public static void main(String[] args) {
        SubSubParent p = new SubSubParent ();
    }
}
```

# 任务5　重　　载

## 任务情境

创建一个 C# 控制台应用程序，案例效果如图 8-11 所示。新建 Child 类，类中有两个不同的 Sleep() 方法，再创建对象，不同的对象重载不同的方法。

图 8-11 案例效果图

# 任务分析

```
public void Sleep()
{
    Console.WriteLine(" 开始睡觉 ");
}
public int Sleep(int time)
{
    Console.WriteLine(" 小孩 {0:HH} 开始睡觉 ", time);
    return time;
}
```

上述程序中有两上 Sleep( ) 方法，方法名相同，参数列表不同，所以称为重载。

# 任务实施

1）先定义类 Child，实例化对象 child1 和 child2。

2）在类中编写主程序中要调用的方法 Sleep() 和 Sleep(int time)。

3）本程序的全部代码如下：

```
using System;
using System.Collections.Generic;
using System.Linq;
using System.Text;

namespace overload
{
    class Program
    {
        static void Main(string[] args)
        {
            Child child1 = new Child();
            child1.name = "Alice";
            Console.Write(child1.name);
            child1.Sleep();

            Child child2 = new Child();
            child2.name = "Bob";
            Console.Write(child2.name);
            child2.Sleep(19);
            Console.ReadKey();
        }
    }

    class Child
```

```
    {
        public string name;
        private string sex;
        public int age;

        public void Sleep()
        {
            Console.WriteLine("！ 开始睡觉 ");
        }
        public int Sleep(int time)
        {
            Console.WriteLine("！ 已经 {0} 点了，要睡觉了 ", time);
            return time;
        }
    }
}
```

## 必备知识

重载（overload）在同一个作用域一般指一个类的两个或多个方法函数名相同，参数列表不同的方法。重载有三个特点：方法名必须相同，参数列表必须不同，返回值类型可以不同。

方法重载是让类以统一的方式处理不同类型数据的一种手段。多个同名函数同时存在，具有不同的参数个数或类型。重载是一个类中多态性的一种表现。在类中可以创建多个方法，它们具有相同的名字，但具有不同的参数和不同的定义。调用方法时通过传递给它们的不同参数个数和参数类型来决定具体使用哪个方法，这就是多态性。

## 触类旁通

### 1．构造方法的重载

Person 的构造方法：

```
public    Person()    {}
```

Person 的构造方法的重载第一种形式：

```
public    Person(string name)
{
    this.name = name;
}
```

Person 的构造方法的重载第二种形式：

```
public    Person(int age)
{
    this.age = age;
}
```

Person 的构造方法的重载第三种形式：

```
public    Person(string name,int age)
{
    this.name = name;
    this.age = age;
}
```

其中，this 关键字表示当前类对象。

“this.name = name;”语句中，前一个 name 表示当前对象的字段，赋值号后面的 name

是构造方法的形参。

若构造方法的形参和方法体都是空的，则用户可以这样实例化 Person 类：

```
Person person1=new  Person();
```

在实例化过程中：首先，在栈中定义该类类型的一个引用 person1；其次，在堆内存中创建该类型的对象，并执行字段的默认初始化，name 默认为 null，age 默认为 0；然后，实例化的参数为空，与第一个构造方法匹配，字段仍为默认值；最后，把 person1 引用指向刚创建的对象所在的堆内存。这样，Person 类的第一个实例对象 person1 就生成了，其字段值为默认值。

如果用户没有自定义构造方法，则空构造方法是由系统默认提供的。如果用户提供了自定义的构造方法，则系统就不再提供此空构造方法了。读者在定义自己的构造方法时，最好写上空构造方法，以防用户实例化一个空对象时没有相匹配的构造方法。

第三个构造方法由两个形参分别对类的两个字段赋值。这里用到 this 关键字，表示类的当前实例就是当前类对象。如果用户这样实例化 Person 类：

```
Person p2=new Person("Alice",11);
```

在实例化过程中：第一步在栈中定义该类类型的一个引用 p2；第二步在堆内存中创建该类型的对象，并执行字段的默认初始化，name 默认为 null，age 默认为 0；第三步因为实例化时的实参为两个，第一个是字符串，第二个是整数，能够与重载的第三种形式构造方法的形参在数目、类型和顺序上完全匹配，所以选择调用"Person 的构造方法的重载第三种形式"。将当前类对象 p2 的 name 字段赋值为 Alice，age 字段值为 11；第四步把 p2 引用指向刚刚创建的对象所在的堆内存。这样，Person 类的第二个实例对象 p2 就生成了。

### 2．重写

重写（override）又称为覆盖，子类中为满足自己的需要来重复定义某个方法的不同实现，需要用 override 关键字。被重写的方法必须是虚方法，用的是 virtual 关键字。重写的特点是：相同的方法名，相同的参数列表，相同的返回类型。

重写是在子类中将父类的成员方法保留，重写成员方法的实现内容，更改成员方法的存储权限。但需注意在重写父类方法时，修改方法的修饰权限只能由小的范围到大的范围改变，不能由大的范围改为小的范围。权限范围是 public>protected>default>private。被覆盖的方法不能为 private，否则在其子类中只是新定义了一个方法，并没有对其进行覆盖。

重写：方法名、参数、返回值相同；子类方法不能缩小父类方法的访问权限；子类方法不能抛出比父类方法更多的异常（但子类方法可以不抛出异常）；存在于父类和子类之间；方法被定义为 final 不能被重写。

重载：参数类型、个数、顺序至少有一个不相同；不能重载只有返回值不同的方法名；存在于父类和子类、同类中。

一个类里面两个名字一样的函数叫作"重载"，基类和继承类里面名字一样的函数叫作"重写"，重写就必须使用虚方法。

【例 8-3】重写的应用。创建一个 C# 控制台应用程序，程序代码如下：

```
using System;
using System.Collections.Generic;
using System.Linq;
using System.Text;
using System.Threading.Tasks;

namespace overrideApp
{
```

```
        class Program
        {
            static void Main(string[] args)
            {
                Child child = new Child();
                child.fly();
                Console.ReadKey();
            }

            public class Parent
            {
                public void fly()
                {
                    Console.WriteLine("I can fly!");
                }
            }

            public class Child:Parent
            {
                public void fly()
                {
                    Console.WriteLine("I cann't fly! I can run!");
                }
            }
        }
    }
```

程序运行，输出结果为：I cann't fly! I can run!。

# 任务6　字符串的应用

## 任务情境

创建一个 C# 控制台应用程序，自动创建 100 名用户的 email 地址。案例运行效果如图 8-12 所示。

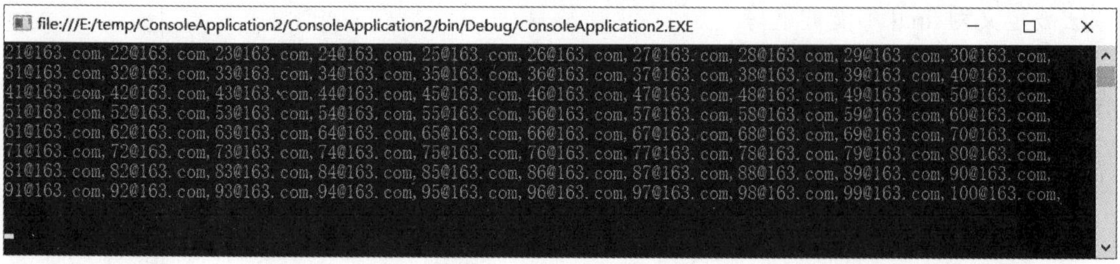

```
file:///E:/temp/ConsoleApplication2/ConsoleApplication2/bin/Debug/ConsoleApplication2.EXE
21@163.com,22@163.com,23@163.com,24@163.com,25@163.com,26@163.com,27@163.com,28@163.com,29@163.com,30@163.com,
31@163.com,32@163.com,33@163.com,34@163.com,35@163.com,36@163.com,37@163.com,38@163.com,39@163.com,40@163.com,
41@163.com,42@163.com,43@163.com,44@163.com,45@163.com,46@163.com,47@163.com,48@163.com,49@163.com,50@163.com,
51@163.com,52@163.com,53@163.com,54@163.com,55@163.com,56@163.com,57@163.com,58@163.com,59@163.com,60@163.com,
61@163.com,62@163.com,63@163.com,64@163.com,65@163.com,66@163.com,67@163.com,68@163.com,69@163.com,70@163.com,
71@163.com,72@163.com,73@163.com,74@163.com,75@163.com,76@163.com,77@163.com,78@163.com,79@163.com,80@163.com,
81@163.com,82@163.com,83@163.com,84@163.com,85@163.com,86@163.com,87@163.com,88@163.com,89@163.com,90@163.com,
91@163.com,92@163.com,93@163.com,94@163.com,95@163.com,96@163.com,97@163.com,98@163.com,99@163.com,100@163.com,
```

图 8-12　案例运行效果

## 任务分析

StringBuilder 类是可以修改的字符串，必须用 new 实例化其对象后再应用。常用 Append()

方法进行字符串的追加，用Insert()方法进行字符串的插入，用Replace()方法进行字符串的替换。

本任务中在项目中添加一个类User。在主程序中用集合List<User> lsEmail = new List<User>()存储email。

## 任务实施

1）主程序中实例化集合List<User>对象。

2）定义User类，并封装成属性。

3）主程序中实例化StringBuilder类的对象。

4）本程序的代码如下：

```
using System;
using System.Collections.Generic;
using System.Linq;
using System.Text;
using System.Threading.Tasks;

namespace ConsoleApplication2
{
    class User
    {
        private string name;
        private string email;

        public string Name
        {
            get
            {
                return name;
            }

            set
            {
                name = value;
            }
        }

        public string Email
        {
            get
            {
                return email;
            }

            set
            {
                email = value;
            }
        }
    }
}
```

另外，程序中 Program.cs 类文件的全部代码如下：

```
using System;
using System.Collections.Generic;
using System.Linq;
using System.Text;
using System.Threading.Tasks;

namespace ConsoleApplication2
{
    class Program
    {
        static void Main(string[] args)
        {
            List<User> lsEmail = new List<User>();
            StringBuilder builder = new StringBuilder();
            // 当需要在内存中开辟空间，用完后又不会再用的时候，用 StringBuilder 比较好，可以减少内存的开销，
            // 而且经常用在需要追加的场合
            for (int i = 0; i < 100; i++)
            {
                lsEmail.Add(new User() {Email = (i+1).ToString()+"@163.com" });
                // 表示自动生成 User 中 100 个 email 地址
            }
            for (int i = 0; i < lsEmail.Count; i++)
            {
                builder.Append(lsEmail[i].Email+","); //Append 表示追加，并且用逗号隔开
                if ((i+1) % 10 == 0)
                    builder.AppendLine();// 每 10 个一行
            }
            string allEmail = builder.ToString();
            Console.WriteLine(allEmail);
            Console.ReadKey();
        }
    }
}
```

## 触类旁通

字符串类型除了 StringBuilder 类外还有一种是 String 类。String 类是被当成整体的、不可更改的字符串，处于 System.String 命名空间。StringBuilder 类是可更改的字符串，处于 System.Text 命名空间。

在 C# 中，String 类常用其别名 string 关键字代表此类。此类有个重要属性为 string.Empty 表示空字符串，在判断时可以认为等价于 =" "。此类可以直接赋值为字符串，有很多方法可用，如格式化字符串方法 Format()、赋值方法 Copy() 等。

### 1．String 数组

```
string[] str1={" This","is","string1"};
string str2="This is string2 ";
char char1=str2[0]; //str2 字符串的第一个字符，也就是说字符串可以当作数组来用。
```

所以，可以有字符串的长度，如直接写成“str2.length”，也可以把字符串转化为数组，如“char[] char2 = str2.ToArray();”

```
char[] char3 = {'C','H','I','N','A'}; // 输出 CHINA，这是字符数组。
```

### 2．string 当作参数调用

多个字符串当作参数时的调用，有如下方法：

```
static void Test(string str, params string[] strs){…}
```

当需要调用 Test() 方法时，如“Test("this","is","string4");”，其中 this 会传递给 str，而后面的所有字符串 is 和 string4 等都会传递给数组 strs，这就是 params 所起到的作用。

### 3．string 的构造方法

```
string str3 = new string('A', 5);// 输出 AAAAA;
```

string 的 8 种构造方法之一如图 8-13 所示。

```
string str3=new string()
```

▲ 1 of 8 ▼ string(**char* value**)
Initializes a new instance of the string class to the value indicated by a specified pointer to an array of Unicode characters.
***value:*** *A pointer to a null-terminated array of Unicode characters.*

图 8-13　string 的 8 种构造方法之一

### 4．string 的静态方法

1）静态方法的 IsNullOrEmpty( ) 方法：

字符串的默认值为 null，例如：

```
bool flag=string.IsNullOrEmpty(str2); // 定义了一个布尔型变量 flag，用来判断 str2 是否为空
```

2）静态方法的 Join( ) 方法：

```
string[] str5 = {"This","is","string5" };
string str6=string.Join(" ",str5);
Console.WriteLine(str6);
```

输出的结果是以空格隔开了上面的三个字符串 This is string5。

3）静态方法的 Format( ) 方法：

```
string str7 = string.Format("Hello {0}!","World!");
```

### 5．string 的实例方法

1）Contains( ) 方法：判断字符串中是否有子字符串。例如：

```
string email="WorldSkills@gmail.com";
if(email.Contains("@gmail"))
        Console.WriteLine("It's a Gmail Address");
```

2）StartsWith( ) 方法：判断是否以指定字符串开始的方法。

3）EndWith( ) 方法：判断是否以指定字符串结尾的方法。

4）IndexOf( ) 方法：返回指定字符在字符串中的索引的方法。例如：

```
int index=email.IndexOf('@');
```

5）Split( ) 方法：返回字符串数组，分割字符串的方法。例如：

```
string[]    strs=email.Split('@');
Console.WriteLine(strs.Length); // 注意上面的 email 地址，被 @ 分成了两个字符串，所以 strs 数组里有两个元素，
                                // 所以长度为 2，strs[0] 为 WorldSkills，strs[1] 为 gmail.com
```

6）SubString( ) 方法：返回指定字符串，求子串的方法。

7）Trim( ) 方法：返回指定字符串，去掉字符串两边的空格，或者两边固定的字符。例如：

```
string str8 = "|World|";
string str9 = str8.TrimStart('|');
string str10 = str8.TrimEnd('|');
Console.WriteLine(str9);          // 结果为 World|
Console.WriteLine(str10);         // 结果为 |World
string str11 = "    World      ";
string str12 = str11.Trim ();
Console.WriteLine(str12);         // 结果为 World
string str13 = str8.Trim('|');
Console.WriteLine(str13);         // 结果为 World
```

# 项目 9 登录模块

## 职业能力目标

- 能够设计和编写简单的登录。
- 能够编写带有角色的登录。
- 能够编写带有验证码的登录。
- 能够编写带有 MD5 加密的登录。

## 任务 1　绑定数据源的登录

### 任务情境

开发一个简单登录的 C# 窗体应用程序，以后可以作为其他项目的用户登录模块使用。要求系统检测用户输入的用户名和密码，不论密码正确还是错误都要有对应的提示信息。要求使用 C# 和 SQL Server 技术，运用数据源配置向导连接数据库，进行数据库的查询操作。重点是要成功连接 SQL Server 数据库。

### 任务分析

任务开始前，准备两个文件：一个是 Logo 文件 ssts.jpg，如图 9-1 所示（也可以自己选定一个其他 Logo 图片来替代）；另一个是学生信息数据库 SQL Server 文件 studentscore.mdf，再建立数据表 logintable，如图 9-2 所示，需要用到的用户名和密码分别用 username 和 password 表示。

图 9-1　Logo 文件

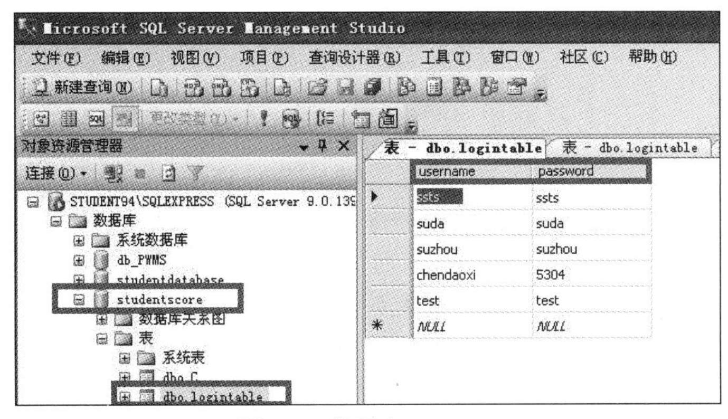

图 9-2 数据表 logintable

数据库文件中的数据表结构见表 9-1。

表 9-1 数据表 logintable 的结构设计

| 列 名 | 数据类型 | 允许空否 |
|---|---|---|
| username | nchar(10) | 不允许 |
| password | nchar(10) | 不允许 |

# 任务实施

## 1．界面设计

新建项目，项目名为 LoginSytem。Logo 文件用控件 PictureBox 装载，在登录窗体上添加 PictureBox 控件。单击属性 Image 空格后的小方块，在弹出的“选择资源”对话框中，选择“项目资源文件”选项，再单击“导入”按钮，选择 Logo 文件 ssts.jpg，大小模式选择为 AutoSize。各控件的名称设置见表 9-2。

表 9-2 属性设置

| 控 件 | 属 性 | 属 性 值 | 说 明 |
|---|---|---|---|
| label1 | Text | 登录系统测试 | 显示标题 |
| label2 | Text | 用户名： | |
| label3 | Text | 密 码： | |
| form | Name | FormLogin | 窗体名称 |
| | Text | 登录 | 窗体标题 |
| button1 | Name | btnLogin | 登录按钮 |
| | Text | 登录 | |
| button2 | Name | btnCannel | 取消按钮 |
| | Text | 取消 | |
| textBox1 | Name | txtUsername | 输入用户名 |
| textBox2 | Name | txtPassword | 输入密码 |
| | PasswordChar | * | 密码显示为 *** |
| pictureBox1 | Image | 加载 Logo 图像 | 显示 Logo |
| | SizeMode | AutoSize | 自动大小 |

界面设计效果如图 9-3 所示。

图 9-3 界面设计

为了避免窗口最大化时控件不在显示器的中央位置，选中所有控件，把属性 Anchor 由 Left、Top 改为 None。

### 2．添加数据源

选择菜单栏中的“项目→添加新数据源”命令，打开如图 9-4 所示的数据源配置向导。

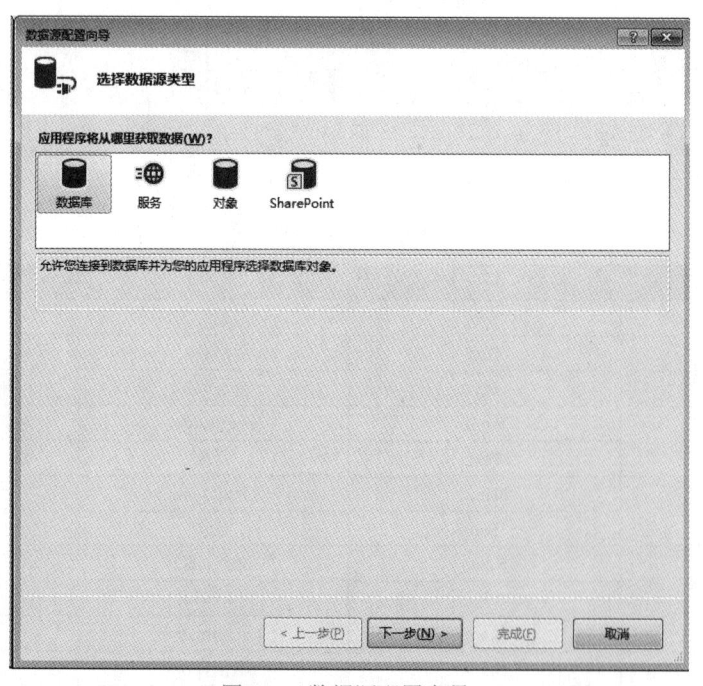


图 9-4 数据源配置向导

根据数据源配置向导逐步完成数据源的配置。在“选择数据源类型”中选择“数据库”类型，如图 9-4 所示，单击“下一步”按钮。

在如图 9-5 所示的“选择数据库模型”界面中，选择“数据集”进入，单击“下一步”按钮，进入“选择您的数据连接”界面，单击“新建连接”按钮。在弹出的“添加连接”对话框中，单击“更改”按钮，选择“Microsoft SQL Server”选项，服务器名一般选择为本机，可以输入一个点号，代表本机，也可以在下拉列表中选择本机的机器名。在“连接到一个数据库”选项区域中，选中 SQL Server 文件 studentscore.mdf，单击“测试连接”按钮，确保测试连接成功，如图 9-6 所示。

图 9-5 选择数据库模型

图 9-6 连接数据库

单击“确定”按钮后单击“下一步”按钮，将连接字符串保存在应用配置文件中，再单击“下一步”按钮。在“选择数据库对象”界面中选中“表”复选框，“DataSet 名称”为默认的名称“studentscoreDataSet”，如图 9-7 所示。单击“完成”按钮。

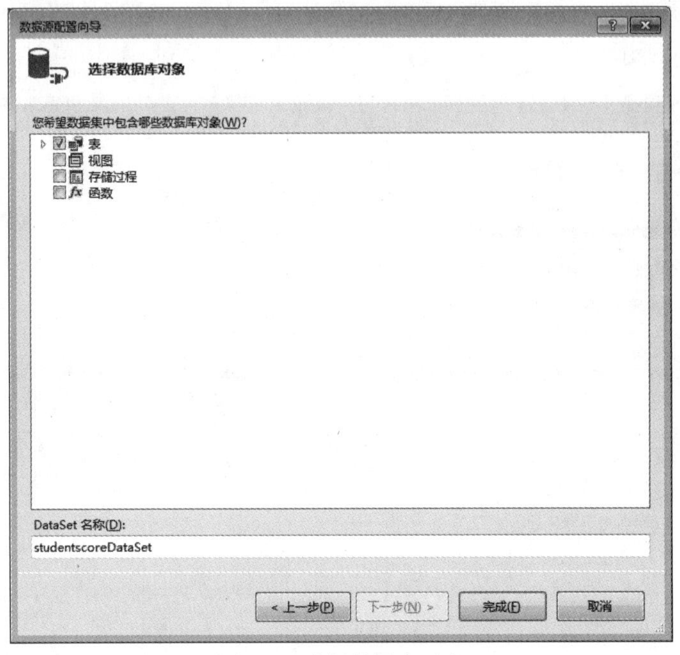


图 9-7　选择数据库对象

在如图 9-8 所示的解决方案资源管理器中可以看到，已经有了 studentscoreDataSet.xsd，表示成功地添加了数据源。

3．绑定数据源

将数据绑定到 Login 窗体中的控件上。在 FormLogin 窗体上，单击 txtUsername 文本框，在其 DataBindings 的 Text 属性中，单击下拉按钮，选择“其他数据源→项目数据源→ studentscoreDataSet → logintable → username”选项，如图 9-9 所示。

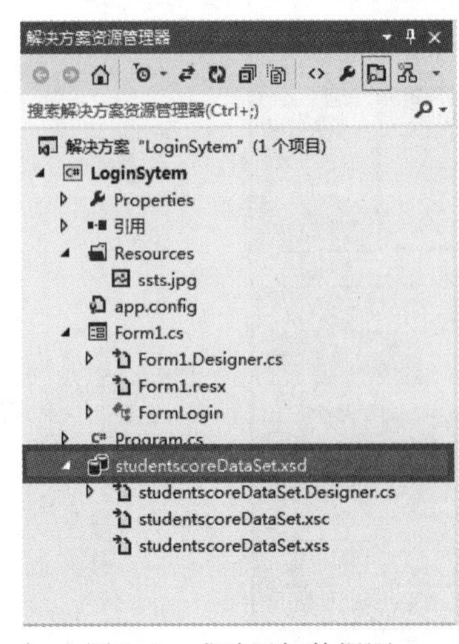


图 9-8　成功添加数据源

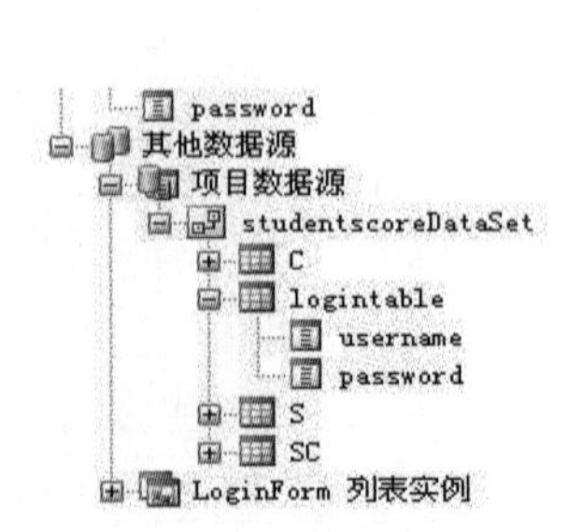


图 9-9　绑定数据源

这时 FormLogin 窗体上会出现三个控件，依次是 studentscoreDataSet、logintableBindingSource、logintableTableAdapter，使用同样的方法把 txtPassword 绑定到数据表中的 password 列上，如图 9-10 所示。

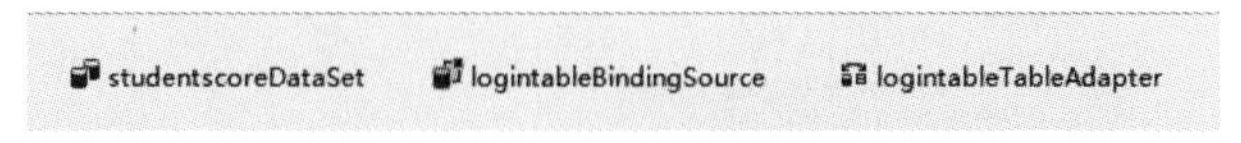


图 9-10　自动添加的控件

4．编辑 DataSet 结构

在“解决方案资源管理器”窗口中，右击 studentscoreDataSet.xsd，在弹出的菜单中选择“查看设计器”命令，如图 9-11 所示。

右击 logintableTableAdapter，选择“添加”→“查询”命令，如图 9-12 所示。

图 9-11　查看设计器

图 9-12　添加查询

打开 TableAdapter 查询配置向导，选择“使用 SQL 语句”选项，单击“下一步”按钮；在选择查询类型中，选择“SELECT（返回行）”选项，单击“下一步”按钮；在指定 SQL SELECT 语句中，单击“查询生成器”按钮，打开“查询生成器”；在“筛选器”列输入“?”后按 <Enter> 键（注意：是英文状态下的问号）。上下各输入一个问号，单击“确定”按钮，自动变成“=@Param1”和“=@Param2”，如图 9-13 所示。

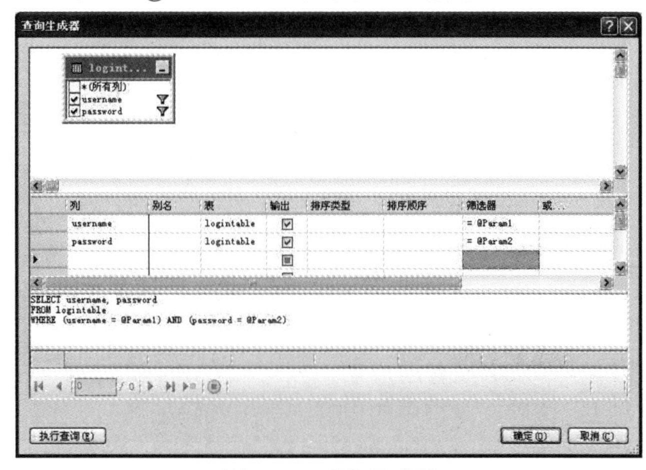


图 9-13　查询生成器

接下来选择要生成的方法，选中“填充 DataTable”复选框，在方法名中输入 FillBy，单击“完成”按钮。在 logintable 表下就生成了一个 FillBy() 方法，如图 9-14 所示。

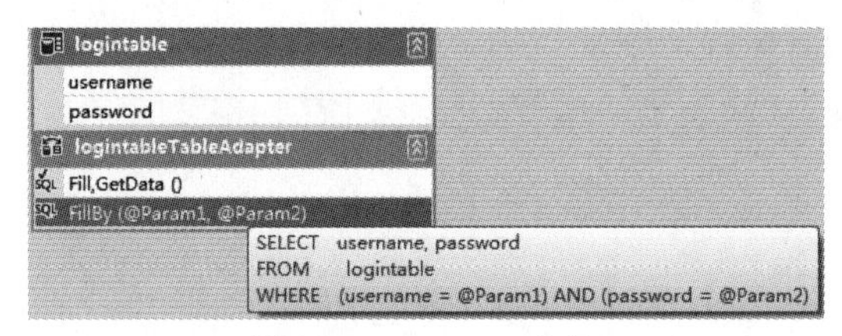


图 9-14 FillBy() 方法

### 5．编写登录代码

双击登录按钮，在 btnLogin_Click 中输入如下代码：

```
private void btnLogin_Click(object sender, EventArgs e)
{
    Form myForm1 = new Form();
    Label myLabel = new Label();
    logintableTableAdapter.ClearBeforeFill = true;
    logintableTableAdapter.FillBy(studentscoreDataSet.logintable, txtUsername.Text, txtPassword.Text);
    if (studentscoreDataSet.logintable.Count == 0)
    {
        MessageBox.Show(" 你登录不成功，用户名和密码不正确 ");
        txtUsername.Clear();
        txtUsername.Focus();
        txtPassword.Clear();
    }
    else
    {
        myForm1.Show();
        myForm1.Text = " 登录成功窗体 ";
        myLabel.AutoSize = true;
        myLabel.Left = 100;
        myLabel.Top = 100;
        myLabel.Text = " 恭喜你，你已经成功登录了！ ";
        myForm1.Controls.Add(myLabel);
        this.Hide();
    }
}
```

双击“取消”按钮，输入代码：

```
private void btnCannel_Click(object sender, EventArgs e)
{
  Application.Exit();
}
```

### 6．测试运行

输入用户名 ssts，密码 ssts，测试结果。如果一切进行顺利，没有错误，则显示登录成功，如图 9-15 所示。

图 9-15 登录成功

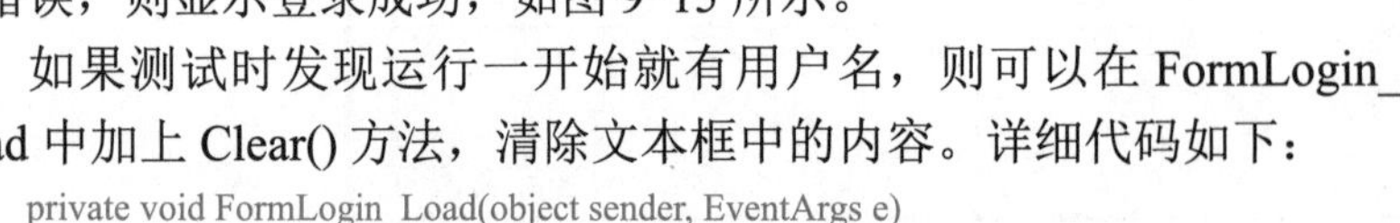

如果测试时发现运行一开始就有用户名，则可以在 FormLogin_Load 中加上 Clear() 方法，清除文本框中的内容。详细代码如下：

```
private void FormLogin_Load(object sender, EventArgs e)
{
```

```
        // TODO: 这行代码将数据加载到表 studentscoreDataSet.logintable 中，可以根据需要移动或删除它
        this.logintableTableAdapter.Fill(this.studentscoreDataSet.logintable);
        txtUsername.Clear();
        txtPassword.Clear();
}
```

另外，还有一种方法请参见下面“必备知识”中的“（2）登录测试”。

在测试过程中，如果出现类似图9-16和图9-17的问题，大多数原因是连接字符串“Data Source=.;Initial Catalog=Momo;Integrated Security=true;”有错。理解此句中的每个短语的含义，重新添加数据源就可以解决问题。

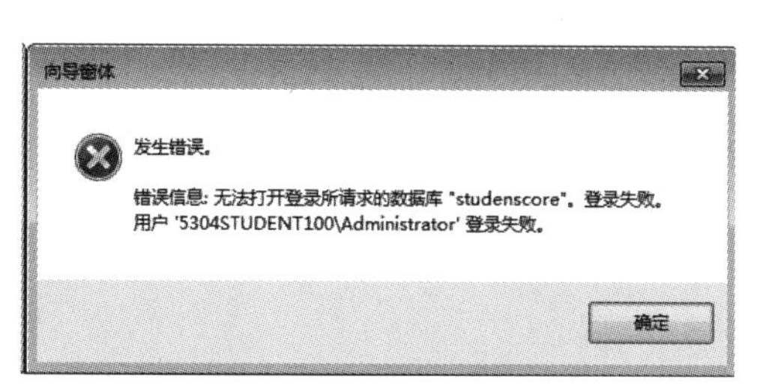


图 9-16　登录失败错误

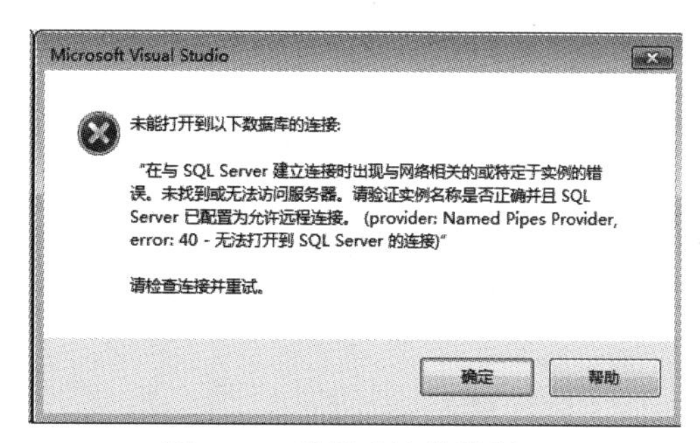


图 9-17　数据库连接错误

## 必备知识

（1）Fill() 方法　在本任务的程序代码中，使用 Fill() 方法查询数据的代码如下：

```
FillBy (studentscoreDataSet.logintable, txtUsername.Text, txtPassWord.Text);
```

要创建一个对 Login 表的动态查询，希望该查询能实现如下功能：当该项目运行时，用户输入用户名和密码，这两个参数将嵌入到一个 SQL SELECT 语句中，该 SQL SELECT 语句将被发送到数据源的 Login 表，从而在 Login 表中查询是否能找到用户所输入的用户名和密码。如果查找到一条匹配的记录，则通过 TableAdapter 将匹配的记录从 DataSet 返回 BindingSource 控件，并显示在 Visual Studio C# 窗体绑定的文本框控件中。

创建该查询的问题在于，用户名和密码的值是由用户在项目运行时输入，开发人员并不知道用户名和密码。也就是说，这两个参数都是动态参数。为了创建一个带有两个动态参数的参数化查询，开发人员需要在 SQL SELECT 语句中使用两个问号“?”来暂时替代这两个参数。如图 9-13 所示，在第 2 个图形化窗格的 username 和 password 这两行的“筛选器”一列中，分别输入问号“?”。这两个问号将成为两个动态参数，当输入完两个问号并按 <Enter> 键后，这两个参数将分别由“=@Param1”和“=@Param2”来表示。这是 SQL Server 数据库中使用动态参数的典型表达方式。

（2）登录测试　为了确保登录过程运行正常，必需注意另外一个重要的问题，即确保已将 FormLogin _Load() 方法及其内容删除。因为该方法中调用了一个默认的 Fill() 方法，如果在项目运行时执行了该方法，那么在用户单击“登录”按钮之前，用户名和密码这两个文本框就已经被填充了数据，所以要清除 FormLogin_load() 一段代码。

（3）利用向导访问 SQL Server 数据库技术　主要过程为：首先，在 SQL Server 中建立 SQL Server 数据库文件；然后，在 VS 中启动数据源配置向导；最后，添加数据控件，为控件设置并绑定数据源。

（4）密码保护　如果后台的数据库被盗，将造成用户名和密码的丢失，这会带来很大的风险与隐患，如何才能在数据库中存储经过加密后的密码呢？

解决方法：一般来说，可用 Windows 自带的 MD5 算法加密。下面是一个加密算法以供参考。

```
public String makeMD5(String password) {
MessageDigest md;
  try {
   // 生成一个 MD5 加密计算摘要
   md = MessageDigest.getInstance("MD5");
   // 计算 MD5 函数
   md.update(password.getBytes());
   // digest() 最后确定返回 md5 hash 值，返回值为 8 为字符串
   // 因为 md5 hash 值是 16 位的 hex 值，实际上就是 8 位的字符
   // BigInteger 函数则将 8 位的字符串转换成 16 位 hex 值，用字符串来表示；得到字符串形式的 hash 值
   String pwd = new BigInteger(1, md.digest()).toString(16);
   System.err.println(pwd);
   return pwd;
  }
catch (Exception e)
{
     e.printStackTrace();
 }
 return password;
}
```

（5）.xsd 文件　在 VS 中，数据源配置向导结束后，在解决方案资源管理器中会生成“*.xsd”文件。C# 中 .xsd 是 XML 的架构文件，用来定义 XML。简单来说，好比 XML 是数据库里面的数据，而 XSD 好比是对数据库结构的定义。

（6）验证控件　实际项目中的登录设计还需要验证控件，这些一般在网页开发如 ASP.NET 上应用，可作为拓展训练，如模拟 QQ 登录编写登录模块。C# 中没有这些控件。经常使用的验证控件有：

- RequiredFieldValidator 用于验证姓名等字段；
- RangeValidator 用于年龄等字段；
- RegularExpressionValidator 用于检查 email 等字段；
- CompareValidator 用于判断两次输入的密码是否相等。

# 任务 2　简易登录

## 任务情境

开发一个简易登录，无论用户名与密码输入正确与否，都弹出消息窗口，用户名与密码存储在数据表中。

# 任务分析

本任务需要准备数据库文件 Login.mdf 和 Login_log.ldf。数据表 Admin 如图 9-18 所示。其中有一条记录为用户名 Name="Donald"，密码 Passwords="qwel123&"。

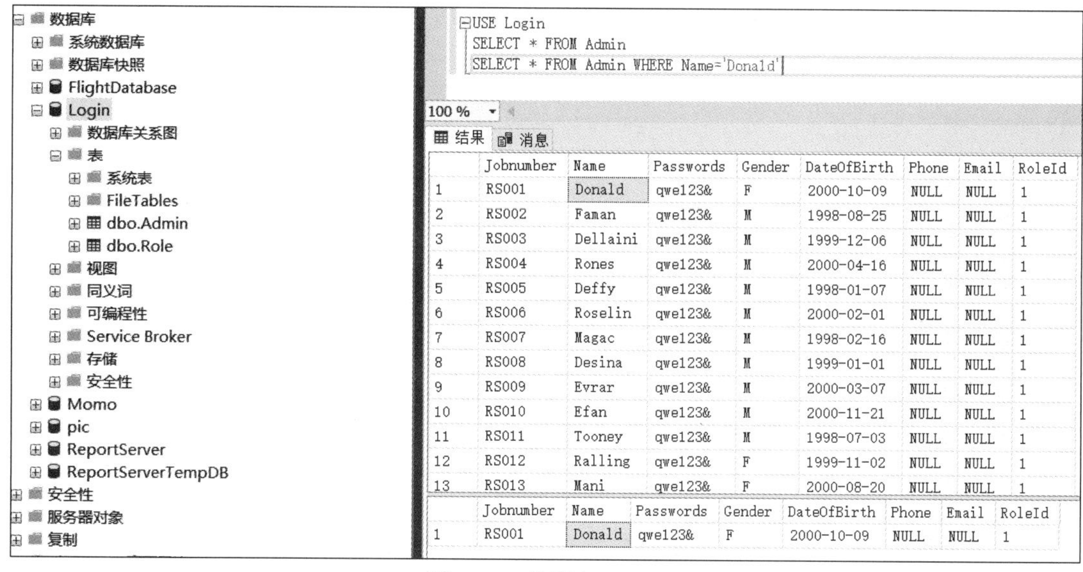

图 9-18　数据表 Admin

登录界面设计如图 9-19 所示，在窗体上添加 Label、Button 和 TextBox 控件。将用户名的 textBox1 的 Name 属性改为 txtName，将密码的 textBox2 的 Name 属性改为 txtPassword；登录按钮为 btnLogin，取消按钮为 btnCannel。Form 的背景色为（34，128，172），其他控件的 ForeColor 设为 Coral。“管理系统登录”几个汉字设为“华文琥珀，26.25pt, style=Bold”。

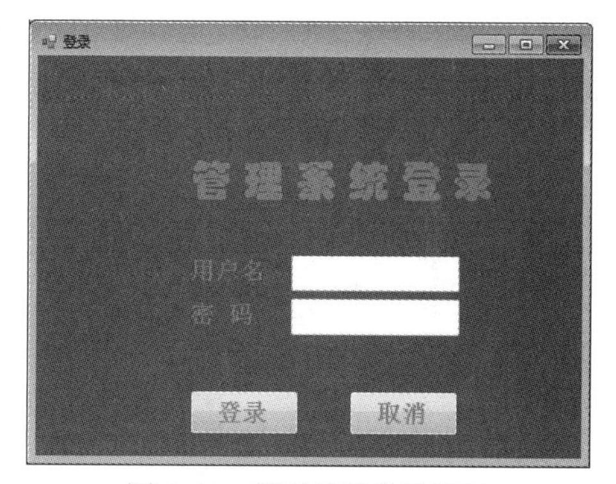

图 9-19　管理系统登录界面

当窗口最大化时，发现用户名与密码不在屏幕的最中间，解决方法是把标签 Label 和按钮 Button 的 Anchor 属性由默认的 Top、Left 改为 None。

# 任务实施

1）“取消”按钮的代码如下：

```
private void btnCannel_Click(object sender, EventArgs e)
{
    Application.Exit();
}
```

2）“登录”按钮的代码如下：

```
private void btnLogin_Click(object sender, EventArgs e)
{
```

```
//用户名和密码都不为空
if (txtName.Text != "" && txtPassword.Text != "")
{
    string SqlStr = "SELECT * FROM [Login].[dbo].[Admin] WHERE Name='" + txtName.Text.Trim() + "' and
            Passwords='" + txtPassword.Text.Trim() + "'";
    SqlDataReader tempDr = SimpleLogin. SqlHelper.getSqlDataReader(SqlStr);
    bool ifcom = tempDr.Read();
    if (ifcom)
    {
        SimpleLogin. SqlHelper.LoginName = txtName.Text.Trim();
        MessageBox.Show(" 您已登录成功！ "," 提示 ",MessageBoxButtons.OK, MessageBoxIcon.Information);
        this.Close();
    }
    else
    {
        MessageBox.Show(" 用户名或密码错误！ "," 提示 ",MessageBoxButtons.OK, MessageBoxIcon.Information);
        txtName.Text = "";
        txtPassword.Text = "";
        txtName.Focus();
    }
    SimpleLogin. SqlHelper.conClose();
}
else
{
    MessageBox.Show(" 请将信息填写完整！ "," 提示 ",MessageBoxButtons.OK, MessageBoxIcon.Information);
}
}
```

3）添加数据库操作类 SqlHelper.cs。右击项目名 SimpleLogin，选择“添加新项→ Visual C# 项→类”选项，如图 9-20 所示。

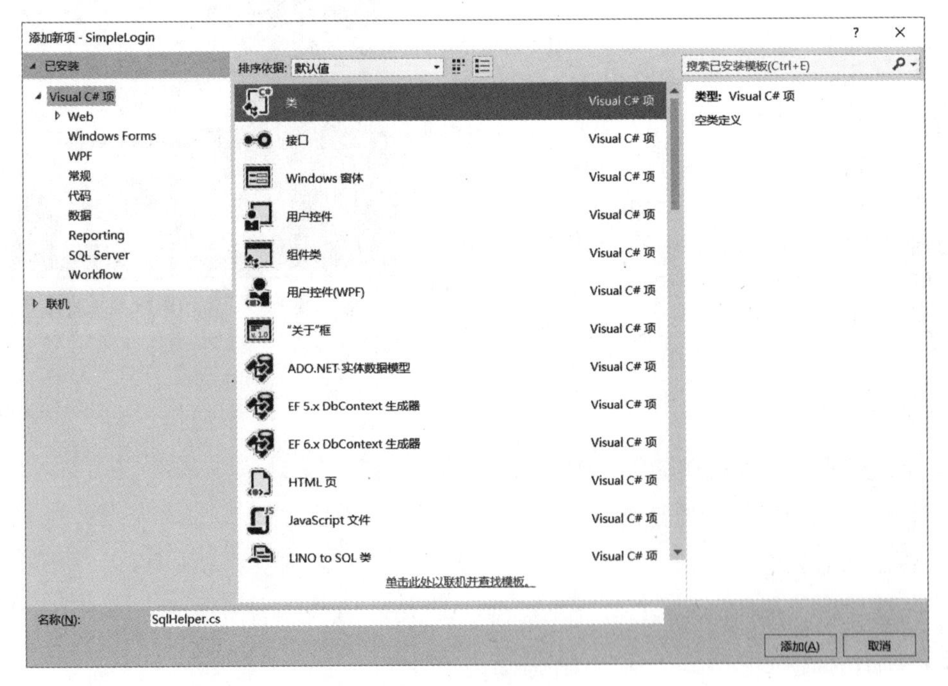


图 9-20　添加类

SqlHelper.cs 详细代码如下：

```
class SqlHelper
{
        #region 全局变量
        public static string LoginName = "";
        public static string SqlCon = "Data Source=.;Initial Catalog=Login;Integrated Security=true";
        public static SqlConnection mycon;
        #endregion

        #region 连接数据库
        public static SqlConnection conOpen()
        {
            mycon = new SqlConnection(SqlCon);
            mycon.Open();
            return mycon;
        }
        #endregion

        #region SqlDataReader 读数据
        public static SqlDataReader getSqlDataReader(string SqlStr)
        {
            conOpen();
            SqlCommand cmd = new SqlCommand(SqlStr, mycon);
            SqlDataReader dr = cmd.ExecuteReader();
            return dr;
        }
        #endregion

        #region 关闭数据库连接
        public static void conClose()
        {
            if (mycon.State == ConnectionState.Open)
            {
                mycon.Close();
                mycon.Dispose();
            }
        }
        #endregion
}
```

# 必备知识

1）语句“string SqlStr = "SELECT * FROM [Login].[dbo].[Admin] WHERE Name='" + txtName.Text.Trim() + "' and Passwords='" + txtPassword.Text.Trim() + "'";”中，string 是字符串类型，SqlStr 是变量名，双引号内是一个赋值语句，由五个部分组成，用加号连接成字符串。第一部分 SELECT * FROM [Login].[dbo].[Admin] WHERE Name=' 是 SQL 语句，即表示“SELECT * FROM Admin”，Admin 是数据库表的名字，WHERE 表示条件，Name 是表 Admin 中的字段名，另外还有一个字段名叫 Passwords。txtName.Text.Trim() 表示用户名的 textName 中的字符串并且去掉空格。' and Passwords= 同样是 SQL 语句的一部分。txtPassword.Text.Trim() 表示密码的 textPassword 中的字符串并且去掉空格。

当输入了用户名 Donald 与密码 qwel123& 后，相当于执行了 SQL 语句：SELECT *

FROM Admin WHERE Name = 'Donald' and Passwords = 'qwel123&'。

2）语句“SqlDataReader tempDr = SimpleLogin.SqlHelper.getSqlDataReader(SqlStr);”中 SqlDataReader 是 SqlClient 自带的类，使用 using System.Data.SqlClient。SqlDataReader 对象提供只读单向数据的快速传递，单向表示只能依次读取下一条数据；只读表示 DataReader 中的数据是只读的，是不能修改的。tempDr 是用户自定义的 SqlDataReader 的实例名，SimpleLogin 是命名空间，SqlHelper 是类名，getSqlDataReader 是方法，其参数是 SqlStr。

3）语句“bool ifcom = tempDr.Read();”中 bool 表示类型是布尔型，结果有两种：True 和 False。ifcom 是用户自定义的变量名，tempDr 是用户自定义的 SqlDataReader 的实例名，Read() 是方法。整个语句表示，如果查询到有记录，则返回 True，否则返回 False。

4）语句“SimpleLogin.SqlHelper.LoginName = txtName.Text.Trim();”主要是用来记录登录名。

5）SqlHelper.cs 文件中有语句如下：

```
public static string SqlCon = "Data Source =.;Initial Catalog = Login;Integrated Security = true";
```

其作用是定义一个全局变量 SqlCon。“Data Source =.”表示使用本机作为数据库服务器，“Initial Catalog=Login;”表示数据库的名字叫作 Login，也就是说数据库文件为 Login.mdf 和 Login_log.ldf。“Integrated Security = true”表示使用 Windows 身份认识模式。

6）C# 中的 #region 和 #endregion 表示一块区域，这样在 Visual Studio 中可以将这块区域的代码折叠起来，便于查看。

7）SqlDataReader 的读数据的方法 getSqlDataReader() 的步骤：①传入的参数是 SQL 查询语句；②调用连接函数，连接函数的内容包括设置连接字符串，创建 SqlConnection 连接对象，打开数据源的连接 Open()；③创建 SqlCommand 对象 cmd，需要 SQL 查询语句和连接对象作为参数；④创建 SqlDataReader 对象 dr，不是通过 New 得到的，而是 cmd 的 ExecuteReader() 方法；⑤返回 dr。

## 触类旁通

当只输入用户名时，提示界面如图 9-21 所示。当用户名与密码输入不正确时，提示界面如图 9-22 所示。当用户名 Donald，密码 qwel123& 输入正确时，提示界面如图 9-23 所示。

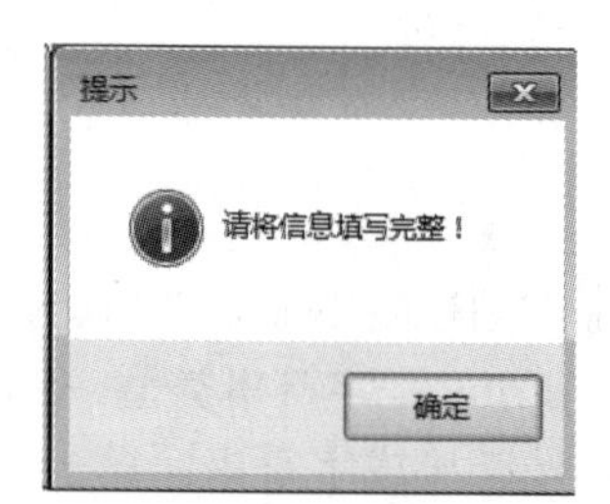


图 9-21　信息不完整

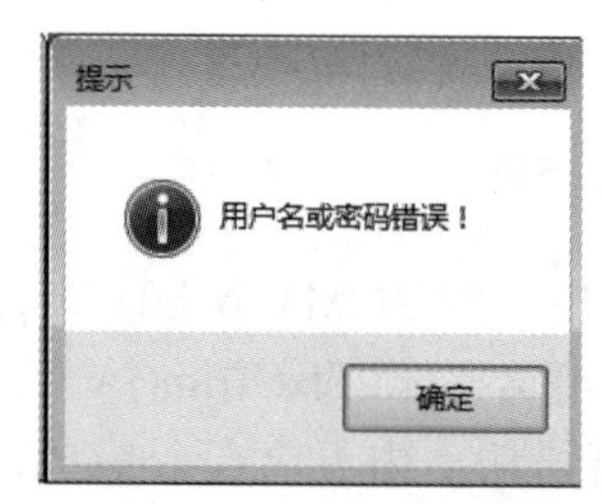


图 9-22　用户名或密码不正确

图 9-23　登录成功

登录界面设的操作步骤归纳如下：

1）设计登录界面，控件重命名。

2）创建数据源，建立 SQL Server 数据表。

3）编写登录代码分为以下几个步骤：①判断输入是否为空，设置 SQL 查询语句字符串；

②调用数据库操作类 SqlHelper 的 SqlDataReader 的读数据的方法 getSqlDataReader()；③调用 SqlDataReader 的对象 Read() 方法；④根据上述方法返回的布尔值判断登录是否成功；⑤关闭数据库的连接。

4）测试运行。

# 任务 3　带有角色分配的登录

## 任务情境

开发一个带有角色分配功能和记忆密码功能的登录项目，不同角色的人员登录会进入不同的系统界面中。

## 任务分析

带有角色分配的登录是指在登录系统开发中，通过区分登录名的不同，登录后的界面类似，但功能不相同。难点之一是带有角色分配，难点之二有窗体的继承，难点之三是具有记住密码功能。

任务开始前，准备两个文件。一个是 Logo 文件，如图 9-24 所示。难点在图标显示出来的大小。有时候涉及对窗体大小的动态调整，此时应该注意判断，不要越界。另准备代表 ABC 集团下人事部和技术部两个部门的图片。在数据库中有表 Admin，其中包括如图 9-25 所示的信息。

图 9-24　Logo 文件

| | JobNumber | Name | Passwords | Gender | DateOfBirth | Phone | email | RoleId |
|---|---|---|---|---|---|---|---|---|
| 1 | Admin001 | Barkley | 123123 | M | 1995-05-06 | 13963636633 | 3636453@qq.com | 1 |
| 2 | Admin002 | Mulichan | 111 | M | 2000-08-04 | 15088889999 | 156165@qq.com | 1 |
| 3 | Tech001 | Fellaini | 123123 | F | 1995-06-05 | 18055556666 | 362523453@qq.com | 2 |
| 4 | Tech002 | Mashall | 112233 | F | 1998-06-08 | 13825364566 | 15645643@qq.com | 2 |

图 9-25　Admin 表

在 Admin 表中，JobNumber 表示登录的用户名；Name 是员工的姓名；Passwords 是登录密码；Gender 代表性别；RodeId 代表不同的角色，也就是不同的部门，数字 1 代表人事部，数字 2 代表技术部。

登录界面如图 9-26 所示。相比任务 2 的登录界面，增加了一个 CheckBox 控件

cbRememberMe。当选中时，表示记住了用户名和密码。

图 9-26　登录界面设计

再新建一个窗体，名为 AdiminstratorMenuForm，用于显示人事部，其界面设计如图 9-27 所示。整个窗体上下分成三部分：最上面显示 Logo 和“返回”按钮；中间显示部门的具体内容，本项目用显示图片来表示工作内容；最下面显示状态，表示是哪个部门等。最上面和最下面这两部分是用 Panel 控件绘制的。

图 9-27　人事部的界面设计

再添加技术部门窗体 TechinicalMenuForm，其界面设计如图 9-28 所示。可以看出，技术部门窗体与人事部门窗体非常相似，只是中间部分的工作内容不同而已。这时用到的就是窗体继承技术，所以这个窗体不是新建窗体得到的，而是通过新建继承窗体得到的。

需要注意的是，继承窗体中控件的属性全部为不可编辑状态。若要在继承窗体中编辑各个控件的属性，则首先要将基窗体中控件的 Modifiers 属性全部设置为 Public。

在本任务中，基窗体即是人事部门窗体 AdiminstratorMenuForm，继承窗体是技术部门窗体 TechinicalMenuForm。所以要在 AdiminstratorMenuForm 中把中间用于显示图片的 PictureBox 控件的 Modifiers 属性设置为 Public。最下面 Panel 上的两个 Label 控件的 Modifiers 属性全部设置为 Public。这样，继承后保证在 TechinicalMenuForm 窗体中可以修改控件的属性值。

具体操作过程可以参考“9.3.4 必备知识”中的“窗体继承的方法”相关内容。

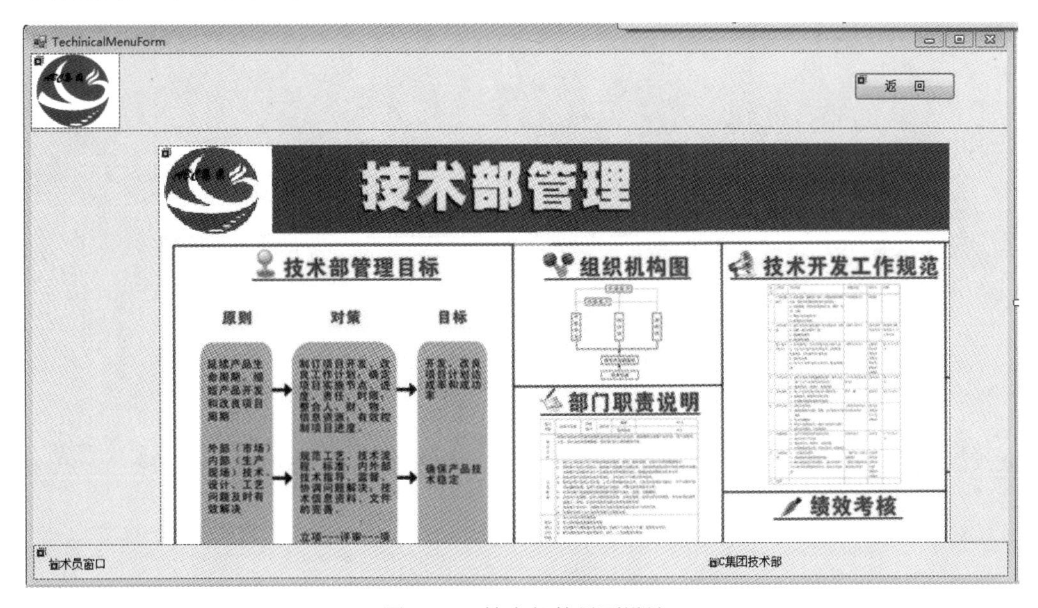


图 9-28　技术部的界面设计

# 任务实施

1）登录界面的代码如下：

```
using System;
using System.Collections.Generic;
using System.ComponentModel;
using System.Data;
using System.Drawing;
using System.Linq;
using System.Text;
using System.Threading.Tasks;
using System.Windows.Forms;

namespace NewThirdLoginTest
{
    public partial class FrmLogin : Form
    {
        public FrmLogin()
        {
            InitializeComponent();
        }

        private void btnLogin_Click(object sender, EventArgs e)
        {
```

```
                //用户名为 Adimn001, 密码为 123123
                string login_sql = string.Format("SELECT * FROM Admin WHERE JobNumber='{0}'and Passwords='{1}'",
    txtBoxUsername.Text, txtBoxPassword.Text);

                var data = SqlHelper.GetTable(login_sql);
                if (data.Rows.Count == 0)
                {
                        MessageBox.Show("JobNumber or Password is wrong!"," 提示 ",MessageBoxButtons.OK,MessageBoxIcon.
Information);
                }

                if (cbRememberMe.Checked)
                {
                    Properties.SETtings.Default.setting = txtBoxUsername.Text;
                    Properties.SETtings.Default.setting1= txtBoxPassword.Text;
                }
                else
                {
                    // 正确的写法
                    Properties.settings.Default.SETting = string.Empty;
                    Properties.settings.Default.SETting1 = string.Empty;
                  }
                  Properties.SETtings.Default.Save(); // 将 settings“用户”范围的属性写入到系统中，settings 实例后，
                                                       在程序中被赋予新值，如果想保存这些值以便下一次运行时使
                                                       用，则可以调用 Save 保存

                string admin_type = "";
                if (data.Rows.Count > 0)
                {
                    admin_type = data.Rows[0]["RoleId"].ToString();
          }
                this.Hide();
                switch (admin_type)
                {
                    case "1":
                        AdiminstratorMenuForm AMF = new AdiminstratorMenuForm();
                        AMF.Owner = this;
                        AMF.ShowDialog();
                        return;
                    case "2":
                        TechinicalMenuForm TMF = new TechinicalMenuForm();
                        TMF.Owner = this;
                        TMF.ShowDialog();
                        return;
                    default:
                        return;
                }
            }

            private void btnCancel_Click(object sender, EventArgs e)
            {
                this.Close();
            }

            private void FrmLogin_Load(object sender, EventArgs e)
            {
                txtBoxUsername.Text = Properties.settings.Default.SETting;
```

```
            txtBoxPassword.Text = Properties.settings.Default.SETting1;
            if (txtBoxUsername.Text.Length != 0)
            {
                cbRememberMe.Checked = true;
            }
        }

        private void FrmLogin_FormClosed(object sender, FormClosedEventArgs e)
        {
            if (this.Owner != null)
            {
                this.Owner.Show();
            }
        }
    }
}
```

2）文件 AdiminstratorMenuForm.cs 全部代码如下：

```
using System;
using System.Collections.Generic;
using System.ComponentModel;
using System.Data;
using System.Drawing;
using System.Linq;
using System.Text;
using System.Threading.Tasks;
using System.Windows.Forms;

namespace NewThirdLoginTest
{
    public partial class AdiminstratorMenuForm : Form
    {
        public AdiminstratorMenuForm()
        {
            InitializeComponent();
        }

        // btnBack 表示返回按钮
        private void btnBack_Click(object sender, EventArgs e)
        {
            this.Hide();
            FrmLogin frmLogin = new FrmLogin();
            frmLogin.Show();
        }
    }
}
```

3）文件 TechinicalMenuForm.cs 全部代码如下：

```
using System;
using System.Collections.Generic;
using System.ComponentModel;
using System.Data;
using System.Drawing;
using System.Text;
using System.Windows.Forms;
```

```
namespace NewThirdLoginTest
{
    public partial class TechinicalMenuForm : NewThirdLoginTest.AdiminstratorMenuForm
    {
        public TechinicalMenuForm()
        {
            InitializeComponent();
        }
    }
}
```

**4）文件 SqlHelper.cs 全部代码如下：**

```
using System;
using System.Collections.Generic;
using System.Data;
using System.Data.SqlClient;
using System.Linq;
using System.Text;
using System.Threading.Tasks;

namespace NewThirdLoginTest
{
    class SqlHelper
    {
        public static string sqlCon = "Data Source=.;Initial Catalog=student;Integrated Security=True";
        public static DataTable GetTable(string sql, params SqlParameter[] parameters)
        {
            SqlConnection mycon = new SqlConnection(sqlCon);
            mycon.Open();
            SqlDataAdapter adp = new SqlDataAdapter(sql, mycon);
            adp.SELECTCommand.Parameters.AddRange(parameters);
            DataTable dt = new DataTable();
            adp.Fill(dt);
            return dt;
        }

        public static int ExcuteSql(string sql, params SqlParameter[] parameters)
        {
            SqlConnection mycon = new SqlConnection(sqlCon);
            SqlCommand cmd = new SqlCommand(sql,mycon);
            cmd.Parameters.AddRange(parameters);
            return cmd.ExecuteNonQuery();
        }
    }
}
```

# 必备知识

## 1．窗体继承的方法

基窗体即是人事部门窗体 AdiminstratorMenuForm，继承窗体是技术部门窗体 TechinicalMenuForm。新建继承窗体的方法：右击项目名称，单击“添加→ Windows 窗体”

命令，如图 9-29 所示。

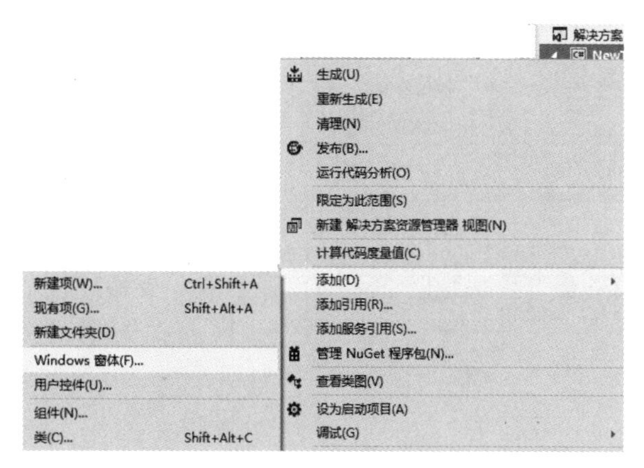


图 9-29 添加窗体

弹出如图 9-30 所示的窗口。依次选中 Visual C# 项→ Windows Forms →继承的窗体，命名为 TechinicalMenuForm.cs，单击“添加”按钮即可。

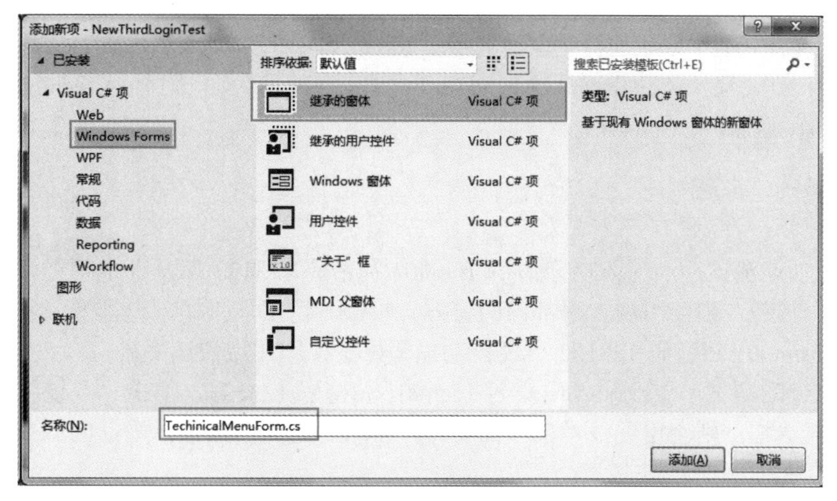


图 9-30 添加继承窗体

在得到的新窗体中修改中间的图片和下面的标签控件，使得当前窗体代表技术部门窗体。可以看出，技术部整体风格与人事部一致。这也是继承所带来的特色，简单又方便，界面风格一致。

除了这种继承方法以外，还有在代码中直接设置继承的方法。

### 2. 记住用户名与密码的方法

在上述代码中，可以看到保存用户名与密码的代码片段。

正确的写法：

```
Properties.settings.Default.setting = string.Empty;
Properties.settings.Default.setting1 = string.Empty;
```

错误的写法：

```
Properties.settings.Default.JobNumber = string.Empty;
```

```
Properties.settings.Default.Password = string.Empty;
```

还有一种方法如图 9-31 所示，在项目属性的“设置”选项卡中，设置对应 Settings 的值。

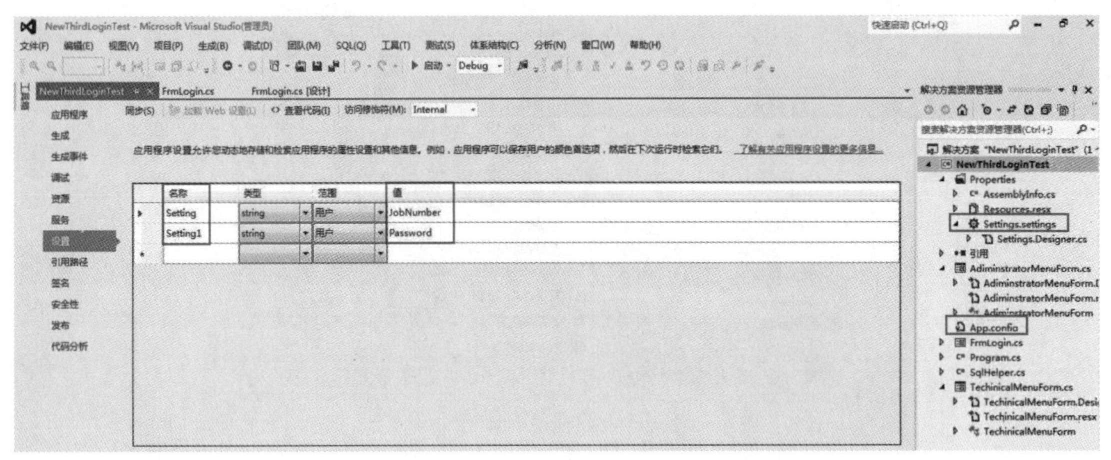


图 9-31　设置 SETtings 的值

3. 角色的分配

角色分配是在代码中通过检测读取到的字段 admin_type，用 switch (admin_type) case 语句来实现。如果值为 1，则显示 AdiminstratorMenuForm 窗体；如果值为 2，则显示 TechinicalMenuForm 窗体；其他值则返回。

## 触类旁通

1）记住功能测试：当输入用户名 Admin001 和密码 123123 后，选中“记住”复选框，单击“登录”按钮，则会出现人事部门的窗体。单击“返回”按钮，返回登录窗体，可以看到用户名 Admin001 和密码 123123 已经自动填写好了，即实现快速登录。

2）角色分配测试：更改输入用户名 Tech001 和密码 123123，单击“登录”按钮，不选中“记住”复选框，则会出现技术部门的窗体，单击“返回”按钮，则返回到登录窗体，可以看到用户名和密码已经清空。

在测试过程中可以观察到两个部门的界面风格一致，而且技术部门代码很少，基本不用编写，这个就是继承的功效。

# 任务 4　带有验证码的登录

## 任务情境

开发一个带有验证码的登录项目。只有登录时输入了正确的验证码才可以登录。

# 任务分析

带有验证码的登录指在登录系统开发中，区分用户是计算机还是人的公共全自动程序，如网上银行的登录。带有验证码的登录可以防止恶意破解密码、刷票、论坛灌水，有效防止某个黑客对某一个特定注册用户用特定程序暴力破解方式进行不断的登录尝试。

任务开始前，准备图片验证码文件，文件夹是 /images/checkpic。这个文件夹在任务建立完成后放在当前运行的目录下，本任务是在 \LoginWithCheckCode \LoginWithCheckCode \bin\Debug 文件夹下，如图 9-32 所示。

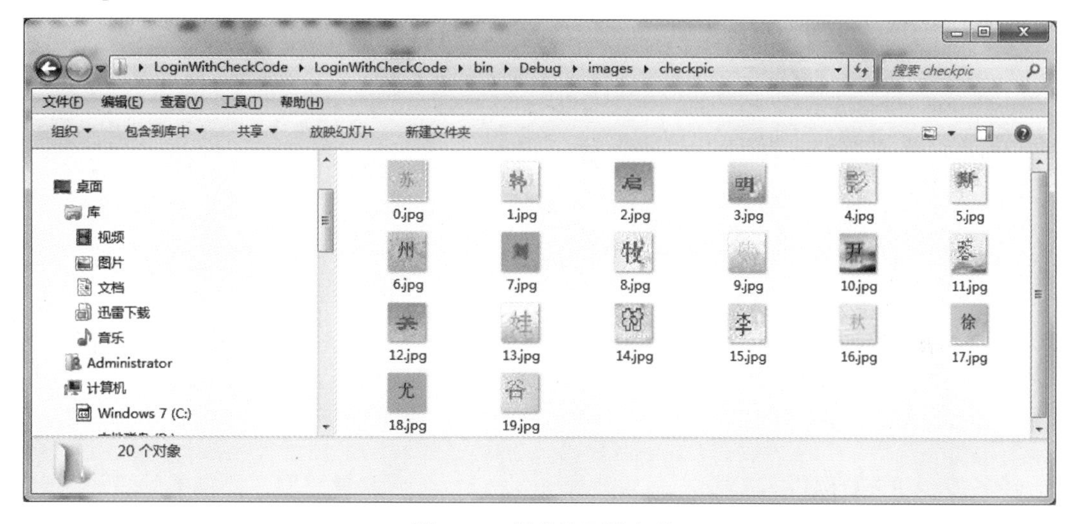


图 9-32 图片验证码文件

数据库的准备和公共数据库操作类 SqlHelper.cs 与前面类似。

登录界面设计类似于任务 2，如图 9-33 所示。

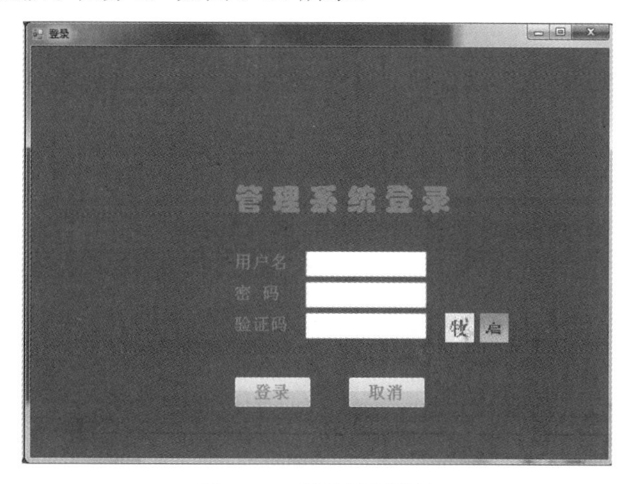


图 9-33 登录界面设计

相比任务 2 的登录界面，本任务登录界面增加了验证码的文本框 txtCheckCode，以及 PictureBox 控件 pictureBox1 和 pictureBox2，其 SizeMode 属性都设为 AutoSize，分别用于显示验证码的两个汉字。

# 任务实施

1）定义验证码。

2）编写登录按钮事件 btnLogin_Click() 的代码。

3）本任务的详细代码如下：

```
using System;
using System.Collections.Generic;
using System.ComponentModel;
using System.Data;
using System.Data.SqlClient;
using System.Drawing;
using System.Linq;
using System.Text;
using System.Windows.Forms;

namespace LoginWithCheckCode
{
    public partial class LoginWithCheckCode : Form
    {
        // 定义验证码
        private string checkCodeString;
        public LoginWithCheckCode()
        {
            InitializeComponent();
        }
        // 调用 getCheckCode() 方法
        private void LoginWithCheckCode_Load(object sender, EventArgs e)
        {
            this.checkCodeString = this.getCheckCode();
        }

        private void btnLogin_Click(object sender, EventArgs e)
        {
            if (txtName.Text != "" && txtPassword.Text != "")
            {
                if (txtCheckCode.Text == "")
                {
                    MessageBox.Show(" 请输入验证码！ ");
                    this.txtCheckCode.Focus();
                }
                else
                {
                    if (txtCheckCode.Text.Trim() != this.checkCodeString)
                    {
                        MessageBox.Show(" 你输入的验证码不正确！ ");
                        txtCheckCode.Focus();
                    }
                    else
                    {
                        string SqlStr = "SELECT * FROM [Login].[dbo].[Admin] WHERE
                            Name='" + txtName.Text.Trim() + "' and Passwords='" + txtPassword.Text.Trim() + "'";
                        // 用户名为 Donald，密码为 qwe123&
```

```
                        SqlDataReader dr = SqlHelper.getSqlDataReader(SqlStr);
                        if (dr.Read())
                        {
                            SqlHelper.LoginName = txtName.Text.Trim();
                                    MessageBox.Show(" 您已登录成功！ ", " 提示 ", MessageBoxButtons.OK,
MessageBoxIcon.Information);
                            this.Close();
                        }
                        else
                        {
                            MessageBox.Show(" 用户名或密码错误！ ", " 提示 ", MessageBoxButtons.OK,
    MessageBoxIcon.Information);
                            txtName.Text = "";
                            txtPassword.Text = "";
                            txtName.Focus();
                        }
                        SqlHelper.conClose();
                    }
                }
            }
            else
            {
                    MessageBox.Show(" 请将信息填写完整！ ", " 提示 ", MessageBoxButtons.OK, MessageBoxIcon.
Information);
            }
        }

        // 获取验证码字符串
        private string getCheckCode()
        {
            string[] myarr = { " 苏 ", " 韩 ", " 启 ", " 明 ", " 影 ", " 斯 ", " 州 ", " 刘 ", " 牧 ", " 陆 ", " 尹 ",
    " 蓉 ", " 关 ", " 娃 ", " 村 ", " 李 ", " 秋 ", " 徐 ", " 尤 ", " 谷 " };
            PictureBox[] pb = new PictureBox[2] { pictureBox1, pictureBox2 };
            string path = Environment.CurrentDirectory;
            //MessageBox.Show(path);
            Random rand = new Random();
            string tempStr = "";
            for (int i = 0; i < 2; i++)
            {
                int index = rand.Next(0, myarr.Length);
                pb[i].Image = Image.FROMFile(path + @"\images\checkpic\" + index + ".jpg");
                tempStr += myarr[index];
            }
            return tempStr;
        }

        private void btnCannel_Click(object sender, EventArgs e)
        {
            Application.Exit();
        }
    }
}
```

4）当输入用户名 Donald 和密码 qwe123& 后，如果不输入验证码，则出现如图 9-34 所示的提示。

5）输入正确的验证码后，出现如图 9-35 所示的提示。

图 9-34　没有输入验证码

图 9-35　登录成功

测试中发现，当单击验证码图片时，验证码图片没有刷新，本任务程序没有这个功能。如果要实现此功能，请参考“触类旁通”中的讲解。

## 必备知识

1）语句“string path = Environment.CurrentDirectory;”用于获得当前项目运行的路径。

2）语句“return tempStr;”用于获得验证码字符串，返回给调用者。

3）语句“if (txtCheckCode.Text.Trim() != this.checkCodeString)”用于检测用户输入的验证码是否与生成的验证码一致。

4）语句“PictureBox[] pb = new PictureBox[2] { pictureBox1, pictureBox2 };”定义了一个数组，用 pb[i].Image 加载图片，显示验证码的两个汉字。

## 触类旁通

在带有验证码的登录界面，单击“验证码”图片后会自动更新为新的验证码，这些验证码通常为数字或字母的组合。这里就是实现这一功能。

这里的界面设计与任务界面设计相同，区别是只用一个 PictureBox 控件，取名为 picCode，将其 BackColor 设置为 Transparent。

全部代码如下：

```
using System;
using System.Collections.Generic;
using System.ComponentModel;
using System.Data;
using System.Data.SqlClient;
using System.Drawing;
using System.Linq;
using System.Text;
using System.Windows.Forms;

namespace LoginWithCheckCode2
{
    public partial class LoginWithCheckCode2 : Form
    {
        private const int iVerifyCodeLength = 4;
        private string strVerifyCode = "";
        private string checkcode;
        public LoginWithCheckCode2()
        {
            InitializeComponent();
```

```
        }

        private void btnLogin_Click(object sender, EventArgs e)
        {
            if (txtName.Text != "" && txtPassword.Text != "")
            {
                if (txtCheckCode.Text == "")
                {
                    MessageBox.Show(" 请输入验证码！ ");
                    this.txtCheckCode.Focus();
                }
                else
                {
                    if (txtCheckCode.Text.Trim()== checkcode)
                    {
                      // MessageBox.Show(" 正确！ ");
                        string SqlStr = "SELECT * FROM [Login].[dbo].[Admin] WHERE Name='" + txtName.Text.
Trim() + "' and Passwords='" + txtPassword.Text.Trim() + "'";
                        // 用户名为 Donald，密码为 qwe123&

                        SqlDataReader dr = SqlHelper.getSqlDataReader(SqlStr);
                        if (dr.Read())
                        {
                            SqlHelper.LoginName = txtName.Text.Trim();
                            MessageBox.Show(" 您已登录成功！ ", " 提示 ", MessageBoxButtons.OK,
MessageBoxIcon.Information);
                            this.Close();
                        }
                        else
                        {
                            MessageBox.Show(" 用户名或密码错误！ ", " 提示 ", MessageBoxButtons.OK,
MessageBoxIcon.Information);
                            txtName.Text = "";
                            txtPassword.Text = "";
                            txtName.Focus();
                        }
                    }
                    else
                    {
                        MessageBox.Show(" 你输入的验证码不正确！ ");
                    }
                }
            }
            else
            {
                MessageBox.Show(" 请将信息填写完整！ ", " 提示 ", MessageBoxButtons.OK, MessageBoxIcon.Information);
            }
        }

        private void btnCannel_Click(object sender, EventArgs e)
        {
            Application.Exit();
        }

        private void updateVerifyCode()
        {
```

```
        // 创建验证码
        strVerifyCode = CreateRandomCode(iVerifyCodeLength);
          // 根据验证码得到验证码的图像
        CreateImage(strVerifyCode);
        checkcode = Convert.ToString(strVerifyCode.Trim());
    }

    /// <summary>
    /// 创建验证码
    /// </summary>
    /// <param name="iLength"> 验证码的长度 </param>
    /// <returns> 返回验证码字符串 </returns>
    private string CreateRandomCode(int iLength)
    {
        int rand;
        char code;
        string randomCode = String.Empty;
        System.Random random = new Random();
        for (int i = 0; i < iLength; i++)
        {
            rand = random.Next();
            if (rand % 3 == 0)
            {
                code = (char)('A' + (char)(rand % 26));
            }
            else
            {
                code = (char)('0' + (char)(rand % 10));
            }
            randomCode += code.ToString();
        }
        return randomCode;
    }

    /// <summary>
    /// 创建验证码的图像
    /// </summary>
    /// <param name="strVerifyCode"></param>
    private void CreateImage(string strVerifyCode)
    {
        try
        {
            int iRandAngle = 45;
            int iMapWidth = (int)(strVerifyCode.Length * 21);
            Bitmap map = new Bitmap(iMapWidth, 28);

            Graphics graph = Graphics.FROMImage(map);
            graph.Clear(Color.AliceBlue);
            graph.DrawRectangle(new Pen(Color.Black, 0), 0, 0, map.Width - 1, map.Height - 1);
            graph.SmoothingMode = System.Drawing.Drawing2D.SmoothingMode.AntiAlias;
            Random rand = new Random();
            // 背景噪点生成
            Pen blackPen = new Pen(Color.LightGray, 0);
            for (int i = 0; i < 50; i++)
            {
                int x = rand.Next(0, map.Width);
```

```
                int y = rand.Next(0, map.Height);
                graph.DrawRectangle(blackPen, x, y, 1, 1);
            }
            // 验证码旋转，防止机器识别
            char[] chars = strVerifyCode.ToCharArray();
            StringFormat format = new StringFormat(StringFormatFlags.NoClip);
            format.Alignment = StringAlignment.Center;
            format.LineAlignment = StringAlignment.Center;

            Color[] c = { Color.Black, Color.Red, Color.DarkBlue, Color.Green, Color.Orange, Color.Brown,
Color.DarkCyan, Color.Purple };

            string[] font = { "Verdana", "Microsoft Sans Serif", "Comic Sans MS", "Arial", " 宋体 " };
            for (int i = 0; i < chars.Length; i++)
            {
                int cindex = rand.Next(7);
                int findex = rand.Next(5);
                Font f = new System.Drawing.Font(font[findex], 13, System.Drawing.FontStyle.Bold);
                Brush b = new System.Drawing.SolidBrush(c[cindex]);
                Point dot = new Point(16, 16);
                float angle = rand.Next(-iRandAngle, iRandAngle);
                graph.TranslateTransform(dot.X, dot.Y);
                graph.RotateTransform(angle);
                graph.DrawString(chars[i].ToString(), f, b, 1, 1, format);
                graph.RotateTransform(-angle);
                graph.TranslateTransform(2, -dot.Y);
            }
            picCode.Image = map;
            checkcode = map.ToString();
        }
        catch (Exception ex)
        {
            MessageBox.Show(" 创建验证码失败！ " + ex.Message.ToString());
        }
    }

    private void LoginWithCheckCode2_Load(object sender, EventArgs e)
    {
        txtName.Clear();
        txtPassword.Clear();
        txtCheckCode.Clear();
        updateVerifyCode();
    }

    private void picCode_Click(object sender, EventArgs e)
    {
        updateVerifyCode();
    }
  }
}
```

说明：本程序主要包括公共变量 iVerifyCodeLength 验证码长度、strVerifyCode 和 checkcode 验证码的字符串的声明；窗体的初始化和加载，登录和取消按钮事件，创建与更新验证码，创建验证码图像，单击验证码图像的刷新等过程。程序运行效果如图 9-36 所示。

图 9-36　数字与字母结合的验证码

最后，再提供一个纯数字的验证码模块，部分代码如下：

```
public partial class Form1 : Form
{
        private Bitmap Img = null;
        public Form1()
        {
            InitializeComponent();
        }

        private void Form1_Load(object sender, EventArgs e)
        {
            string tmp = RndNum(Convert.ToInt16(6));
            ValidateCode(tmp);
            pictureBox1.Image=Img;
        }
        private Bitmap ValidateCode(string VNum)
        {
            Img = null;
            Graphics g = null;
            MemoryStream ms = null;
            int gheight = VNum.Length * 9;
            Img = new Bitmap(gheight, 18);
            g = Graphics.FROMImage(Img);
            // 背景颜色
            g.Clear(Color.WhiteSmoke);
            // 文字字体
            Font f = new Font("Tahoma", 9);
            // 文字颜色
            SolidBrush s = new SolidBrush(Color.Red);
            g.DrawString(VNum, f, s, 3, 3);
            ms = new MemoryStream();
            return Img;
            // 可以加上 img 的 save 保存
            g.Dispose();
            Img.Dispose();

        }
    private string RndNum(int VcodeNum)
    {
```

```
            string MaxNum = "";
            string MinNum = "";
            // 验证码是 5 位数
            for (int i = 0; i < 5; i++)
            {
                MaxNum = MaxNum + "5";
            }
            MinNum = MaxNum.Remove(0, 1);
            Random rd = new Random();
            string VNum = Convert.ToString(rd.Next(Convert.ToInt32(MinNum), Convert.ToInt32(MaxNum)));
            return VNum;
        }
}
```

使用时，要加上以下引用：

```
using System.Data;
using System.Drawing;
using System.IO;
```

# 任务5 MD5加密登录

## 任务情境

开发一个简易的MD5加密登录，用户的密码在数据库存放时，不是明文，而是加密后的密文，用户名与密码存储在数据表中。

## 任务分析

编写一个MD5Helper类，在类中编写MD5加密方法。

## 任务实施

1）新建类，名称为MD5Helper。

2）在MD5Helper.cs文件中输入以下代码：

```
using System;
using System.Collections.Generic;
using System.Linq;
using System.Security.Cryptography;
using System.Text;
using System.Threading.Tasks;

namespace AMONICCommon
{
    public partial class MD5Helper
    {
```

```
        /// <summary>
        /// MD5 ENcrytion
        /// </summary>
        /// <param name="str">use Encrytion string</param>
        /// <returns>after Encrytion string</returns>
        public static string Encrytion(string str)
        {
            MD5 md5 = MD5.Create();
            byte[] buffer = System.Text.Encoding.UTF8.GetBytes(str);
            byte[] bufferNew = md5.ComputeHash(buffer);
            StringBuilder sb = new StringBuilder();
            foreach (byte b in bufferNew)
            {
                sb.Append(b.ToString("x2"));
            }
            return sb.ToString().Substring(0, sb.Length - 2).ToUpper();
        }
    }
}
```

当输入密码为123时，用UTF-8编码，加密的密码结果是以2020CB开头的一个字符串。当传入密码为123时，用Unicode编码，加密的密码结果是以5FA28开头的一个字符串。其他登录代码与前面的任务类似，这里不再重复。

## 触类旁通

实现本任务的另一种方法是将登录按钮的代码写成如下形式：

```
if (txtpwd.Text != "" || txtusername.Text != "")
{ // 当用户名和密码不为空时
    string selectpwd = @"SELECT email,Password,RoleID,Active FROM [Users] WHERE
email=@name and Password=convert(varchar,HASHBYTES('MD5',@pwd),2)";
    SqlParameter[] spr = new SqlParameter[2];
    spr[0] = new SqlParameter();
    spr[0].ParameterName = "@name";
    spr[0].Value = txtusername.Text;
    spr[1] = new SqlParameter();
    spr[1].ParameterName = "@pwd";
    spr[1].Value = txtpwd.Text;
    spr[1].SqlDbType = SqlDbType.NVarChar;
    SqlDataReader drpwd = SqlHelper.ExceuteRead(SELECTpwd, spr);     // 使用 sqlparameter 防止 sql 注入攻击
    if (drpwd.Read()) {
    …
    }
    else
    MessageBox.Show("please input UserName or Password"); // 如果 text 为空，则提示请输入用户名或密码
}
```

这种方法要求数据库的密码是NVarChar型，并且是把密码明文123在数据库执行语句“UPDATE user SET Password= CONVERT(Nvarchar, hashbytes('MD5',Password),2);”转为密文。这样在数据库中存放的不是123，而是123的密文，以5FA28开头的一个字符串。

本任务主要介绍了登录模块的一些常用知识，用多种方法完成登录模块设计。登录模块是其他一些项目所必不可少的一个模块，以后会经常遇到。

# 项目10 数据处理模块

## 职业能力目标

- 能够编写精确或模糊查询模块。
- 能够编写数据修改模块。
- 能够编写数据删除模块。
- 能够编写数据增加模块。

## 任务1 数据查询模块

开发一个数据查询模块，可以根据球员的姓名查询，也可以根据球队名来查询。

数据查询模块是各种系统中常用的模块，数据查询是在数据处理中经常用到的一种操作。查询可以分为精确查询和模糊查询，在SQL语句中运用关键词SELECT进行查询操作。常用的有多表联合查询、条件查询、带有分组或排序的查询等。

准备Login.mdf和Login_log.ldf两个SQL Server数据库文件，包含三张数据表，分别为球员表Player、球队表Team、球员在球队表PlayerInTeam。三张表的信息如图10-1所示。

其中，球员表Player中有ZhuyanqiDingyanyu、Wangshenliang、Yudedao、Danilo Yadangsi等球员。PlayerInTeam表中有表的主键PlayerInTeamId、表的外键PlayerId和TeamId，这样可以把球员表Player和球队表Team联系起来。

新建Windows窗体应用项目，名称为QueryModule，修改Form的属性，再添加窗口拆分器SplitContainer控件，在panel1中添加Label、TextBox、ComboBox和Button控件，在panel2中添加DataGridView控件，并设置在父窗口中停靠。各控件的名称设置见表10-1。

| | PlayerId | Name | PositionId | JoinYear | Height | Weight | DateOfBirth | College | CountryCode |
|---|---|---|---|---|---|---|---|---|---|
| 1 | 1 | Dingyanyu | 1 | 2000-04-05 | 1.90 | 90.80 | 1988-10-10 | Shandong University | CN |
| 2 | 2 | Wangshenliang | 4 | 2010-08-10 | 1.90 | 98.00 | 1986-02-19 | NULL | CN |
| 3 | 3 | Yudedao | 3 | 2013-02-10 | 2.15 | 102.50 | 1994-02-01 | Guandong University | CN |
| 4 | 4 | Danilo Yadangsi | 4 | 2013-10-21 | 2.01 | 108.00 | 1998-08-08 | NULL | US |
| 5 | 5 | Fanshuoming | 5 | 2011-08-14 | 1.90 | 97.00 | 1987-08-15 | Beijing University | CN |
| 6 | 6 | Fuhui | 4 | 2013-01-06 | 1.90 | 98.00 | 1998-04-04 | Gaundong University | CN |
| 7 | 7 | Daihuaiben | 3 | 2015-04-08 | 1.85 | 94.00 | 1995-05-14 | NULL | CN |
| 8 | 8 | Renjunfeng | 1 | 2010-10-07 | 1.98 | 94.00 | 1996-01-03 | Nanjing University | US |
| 9 | 9 | Baoluo | 3 | 2010-02-25 | 1.99 | 98.00 | 1985-02-09 | NULL | CN |
| 10 | 10 | Zhuyanqi | 1 | 2012-07-30 | 2.05 | 100.00 | 1997-05-07 | Tianjing University | CN |

| | TeamId | TeamName | DivisionId | Coach | Abbr | Stadium | Logo |
|---|---|---|---|---|---|---|---|
| 1 | 1 | Beijing | 1 | Liupen | BJ | Wukesong | 0xFFD8FFE000104A46494600010101006000600000FFE1 |
| 2 | 2 | Hebei | 1 | Mazdao | HB | Shijiazhuang Stadium | 0xFFD8FFE000104A46494600010101006000600000FFDB |
| 3 | 3 | Helongjian | 1 | AniJodan | HLJ | Guoxing Stadium | 0xFFD8FFE000104A46494600010101006000600000FFDB |
| 4 | 4 | Henan | 1 | Zhangdehu | HN | Zhengzhou | 0xFFD8FFE000104A46494600010101006000600000FFDB |
| 5 | 5 | Jiling | 1 | Denghute | JL | Changchun | 0xFFD8FFE000104A46494600010101006000600000FFDB |
| 6 | 6 | Jiangsu | 2 | Wangjianjun | JS | Olympic Center | 0xFFD8FFE000104A46494600010101006000600000FFDB |
| 7 | 7 | Jiangxi | 2 | Liqiuping | JX | Meisaidexi | 0xFFD8FFE000104A46494600010101006000600000FFDB |
| 8 | 8 | Liaoling | 2 | Yalisongda | LL | Benxi | 0xFFD8FFE000104A46494600010101006000600000FFDB |
| 9 | 9 | Nemengguo | 2 | Guoshiqian | NMG | Hohhot | 0xFFD8FFE000104A46494600010101006000600000FFDB |
| 10 | 10 | Qinghai | 2 | Meinglulei | QH | Xining | 0xFFD8FFE000104A46494600010101006000600000FFDB |
| 11 | 11 | Shangdong | 3 | Husnow | SD | Dongfeng Center | 0xFFD8FFE000104A46494600010101006000600000FFDB |
| 12 | 12 | Shangxi | 3 | Sharklin | SX | Center Stadium | 0xFFD8FFE000104A46494600010101006000600000FFDB |
| 13 | 13 | Xingjiang | 3 | Adijiang | XJ | Hongshan Stadium | 0xFFD8FFE000104A46494600010101006000600000FFDB |
| 14 | 14 | Xizang | 3 | Gongxiao... | XZ | Longgan | 0xFFD8FFE000104A46494600010101006000600000FFDB |
| 15 | 15 | Zhejiang | 3 | Lichunjiang | ZJ | Hanzhou Stadium | 0xFFD8FFE000104A46494600010101006000600000FFDB |

| | PlayerInTeamId | PlayerId | TeamId | SeasonId | ShirtNumber | Salary | StarterIndex |
|---|---|---|---|---|---|---|---|
| 1 | 1 | 1 | 5 | 1 | 8 | 2200.00 | 1 |
| 2 | 2 | 2 | 2 | 1 | 7 | 2300.00 | 2 |
| 3 | 3 | 3 | 8 | 1 | 9 | 1800.00 | 3 |
| 4 | 4 | 4 | 10 | 1 | 10 | 1900.00 | 1 |
| 5 | 5 | 5 | 7 | 1 | 21 | 1456.00 | 2 |
| 6 | 6 | 6 | 6 | 1 | 1 | 1580.00 | 3 |
| 7 | 7 | 7 | 3 | 1 | 14 | 1800.00 | 1 |
| 8 | 8 | 8 | 9 | 1 | 15 | 2500.00 | 3 |
| 9 | 9 | 9 | 4 | 1 | 1 | 2000.00 | 2 |

图 10-1　三张表的记录

表 10-1　属性设置

| 控　件 | 属　性 | 属 性 值 | 说　明 |
|---|---|---|---|
| form1 | Name | frmQuery | 窗体名称 |
| | Text | 球员查询 | 窗体标题 |
| label1 | Text | 姓名: | 显示姓名 |
| label2 | Text | 队名: | 显示队名 |
| textBox1 | Name | txtName | 输入球员名字 |
| comboBox1 | Text | cmbTeam | 选择球队 |
| button1 | Name | btnQuery | 查找球员的信息 |
| | Text | 查询 | |
| splitContainer1 | Orientation | Horizontal | 设置为水平拆分器方向 |
| dataGridView1 | Name | dgv | 显示查询的结果 |
| statusStrip1 | Text | toolStripStatusLabel1 | 状态栏 |

界面设计如图 10-2 所示。

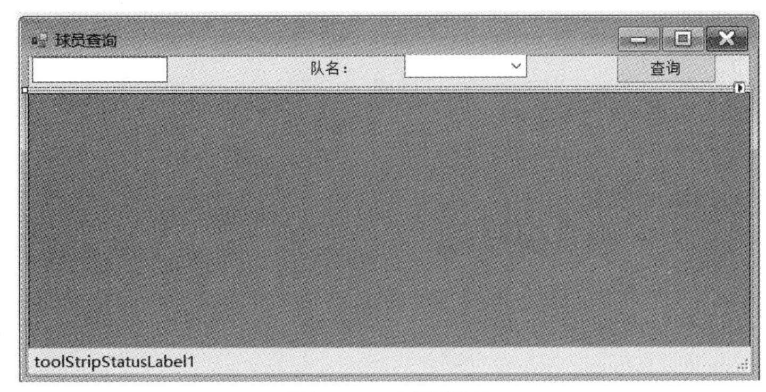

图 10-2 界面设计

# 任务实施

## 1）双击 Form，在 Load 事件中编写代码：

```
private void frmQuery_Load(object sender, EventArgs e)
{
    // 填充球队名组合框
    string cmbTeamSql = "SELECT TeamName FROM Team ORDER BY TeamName asc";
    // 注意要添加 using System.Data.SqlClient;
    // 再调用 SqlHelper 中的 getSqlDataReader 方法
    SqlDataReader dr = SqlHelper.getSqlDataReader(cmbTeamSql);
    while (dr.Read())
    {
        cmbTeam.Items.Add(dr[“TeamName”]);
    }
    dr.Close();
    SqlHelper.conClose();

    // 在 dataGridView1 中显示各队的队员的信息
    // 建议在 SQL 语句前加上 @，编程时，可以将很长的 SQL 换行编写
  string dgvSql = @"SELECT PlayerInTeam.PlayerId,Team.TeamName, Player.Name,[PositionId],[JoinYear],[Height],[Weight],[DateOfBirth],[College],[CountryCode],[IsRetirment],[RetirmentTime] FROM PlayerInTeam,Player,Team WHERE PlayerInTeam.PlayerId=Player.PlayerId and PlayerInTeam.TeamId=Team.TeamId";
    DataSet ds = SqlHelper.getDataSet(dgvSql);
    dgv.DataSource = ds.Tables[0];
    toolStripStatusLabel1.Text = " 共找到 " + ds.Tables[0].Rows.Count.ToString() + " 条记录 ";
}
```

## 2）SqlHelper 类的详细代码如下：

```
using System;
using System.Collections.Generic;
using System.Data;
using System.Data.SqlClient;
using System.Linq;
using System.Text;
using System.Threading.Tasks;
using System.Windows.Forms;

namespace QueryModule
{
    class SqlHelper
```

```
{
    #region 全局变量
    public static string SqlCon = "Data Source=.;Initial Catalog=Login;Integrated Security=true";
    public static SqlConnection mycon;
    #endregion

    #region 连接数据库
    public static SqlConnection conOpen()
    {
        try
        {
            mycon = new SqlConnection(SqlCon);
            mycon.Open();
            return mycon;
        }
        catch(Exception ex)
        {
            MessageBox.Show(ex.Message);
            return mycon;
        }
    }
    #endregion

    #region SqlCommand
    public static SqlCommand getSqlCommand(string SqlStr,params SqlParameter[] parameters)
    {
        conOpen();
        SqlCommand cmd = new SqlCommand(SqlStr, mycon);
        cmd.Parameters.AddRange(parameters);
        return cmd;
    }
    #endregion

    #region ExcuteSql 执行 SQL 语句
    public static int ExcuteSql(string SqlStr, params SqlParameter[] parameters)
    {
        SqlCommand cmd = getSqlCommand(SqlStr, parameters);
        return cmd.ExecuteNonQuery();
    }
    #endregion

    #region SqlDataReader
    public static SqlDataReader getSqlDataReader(string SqlStr, params SqlParameter[] parameters)
    {
        conOpen();
        SqlCommand cmd = new SqlCommand(SqlStr, mycon);
        cmd.Parameters.AddRange(parameters);
        SqlDataReader dr = cmd.ExecuteReader();
        return dr;
    }
    #endregion

    #region DataSet
    public static DataSet getDataSet(string SqlStr)
    {
        conOpen();
```

```
            SqlDataAdapter adp = new SqlDataAdapter(SqlStr, mycon);
            DataSet ds = new DataSet();
            adp.Fill(ds);
            return ds;
        }
        #endregion

        #region DataTable
        public static DataTable getDataTable(string SqlStr)
        {
            conOpen();
            SqlDataAdapter adp = new SqlDataAdapter(SqlStr, mycon);
            DataTable dt = new DataTable();
            adp.Fill(dt);
            return dt;
        }
        #endregion

        #region 关闭数据库连接
        public static void conClose()
        {
            if (mycon.State == ConnectionState.Open)
            {
                mycon.Close();
                mycon.Dispose();
            }
        }
        #endregion
    }
}
```

3）双击“查询”按钮，详细代码如下：

```
private void btnQuery_Click(object sender, EventArgs e)
{
    try
    {
    // 直接查询，没有输入或选择任何条件的查询。
      string sql = @"SELECT * FROM Player inner join PlayerInTeam on Player.PlayerId=PlayerInTeam.PlayerId  inner join
Team on PlayerInTeam.TeamID =Team.TeamId WHERE 1=1    ";
    // 输入了姓名后，查询
    if (txtName.Text != "")
    {
    sql += "and Player.Name like '%" + txtName.Text + "%'";
    }
    // 选择了球队名后，再查询
    if (cmbTeam.Text != "")
    {
    sql += "and Team.TeamName ='" + cmbTeam.Text + "'";
    }
    DataSet ds = SqlHelper.getDataSet(sql);
    dgv.DataSource = ds.Tables[0];
    toolStripStatusLabel1.Text = " 共找到 " + ds.Tables[0].Rows.Count.ToString() + " 条记录 ";
    }
    catch (Exception ex)
    {
    MessageBox.Show(ex.Message);
    }
}
```

启动项目后，加载所有球员的信息，并且显示出球队的名称，运行结果如图 10-3 所示。

球员查询

姓名： 队名： 查询

| PlayerId | TeamName | Name | PositionId | JoinYear | Height | Weight | DateOfBirth | College | CountryCo |
|---|---|---|---|---|---|---|---|---|---|
| 1 | Jiling | Dingyanyu | 1 | 2000/4/5 | 1.90 | 90.80 | 1988/10/10 | Shandong Uni... | CN |
| 2 | Hebei | Wangshenliang | 4 | 2010/8/10 | 1.90 | 98.00 | 1986/2/19 | | CN |
| 3 | Liaoling | Yudedao | 3 | 2013/2/10 | 2.15 | 102.50 | 1994/2/1 | Guandong Uni... | CN |
| 4 | Qinghai | Danilo Yadangsi | 4 | 2013/10/21 | 2.01 | 108.00 | 1998/8/8 | | US |
| 5 | Jiangxi | Fanshuoming | 5 | 2011/8/14 | 1.90 | 97.00 | 1987/8/15 | Beijing Univ... | CN |
| 6 | Jiangsu | Fuhui | 4 | 2013/1/6 | 1.90 | 98.00 | 1998/4/4 | Gaundong Uni... | CN |
| 7 | Helongjian | Daihuaiben | 3 | 2015/4/8 | 1.85 | 94.00 | 1995/5/14 | | CN |
| 8 | Nemengguo | Renjunfeng | 1 | 2010/10/7 | 1.98 | 94.00 | 1996/1/3 | Nanjing Univ... | US |
| 9 | Henan | Baoluo | 3 | 2010/2/25 | 1.99 | 98.00 | 1985/2/9 | | CN |
| 10 | Zhejiang | Zhuyanqi | 1 | 2012/7/30 | 2.05 | 100.00 | 1997/5/7 | Tianjing Uni... | CN |

共找到714条记录

图 10-3 运行结果

按姓名查询，输入姓名 Bao，单击“查询”按钮后，查询结果如图 10-4 所示。因为 Baoluo 是 Bao 的全名，所以进行的是模糊查询。

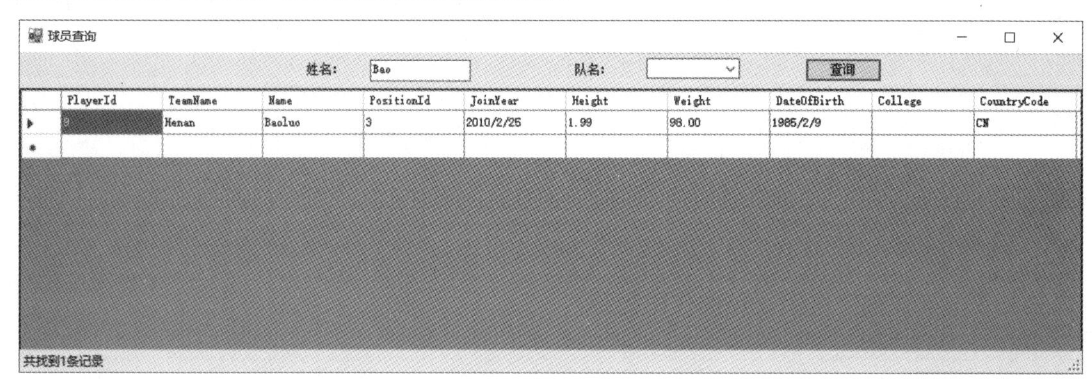

球员查询

姓名： Bao 队名： 查询

| PlayerId | TeamName | Name | PositionId | JoinYear | Height | Weight | DateOfBirth | College | CountryCode |
|---|---|---|---|---|---|---|---|---|---|
| 9 | Henan | Baoluo | 3 | 2010/2/25 | 1.99 | 98.00 | 1985/2/9 | | CN |

共找到1条记录

图 10-4 按姓名模糊查询

按球队名查询，输入球队名 Beijing，单击“查询”按钮后，查询到北京队的信息，如图 10-5 所示。

球员查询

姓名： 队名： Beijing 查询

| PlayerId | TeamName | Name | PositionId | JoinYear | Height | Weight | DateOfBirth | College | CountryCode |
|---|---|---|---|---|---|---|---|---|---|
| 10 | Beijing | Zhuyanqi | 1 | 2012/7/30 | 2.05 | 100.00 | 1997/5/7 | Tianjing Uni... | CN |
| 266 | Beijing | Liuxiao | 3 | 2013/6/8 | 1.90 | 110.00 | 1989/3/14 | | CN |
| 267 | Beijing | ChangLi | 3 | 2013/8/16 | 1.97 | 95.00 | 1988/11/28 | China Univer... | CN |
| 268 | Beijing | Duanjianping | 5 | 2012/1/16 | 1.97 | 95.00 | 1990/9/10 | | CN |
| 269 | Beijing | Wangxiaohu | 3 | 2013/11/15 | 1.96 | 85.00 | 1990/3/20 | | CN |
| 270 | Beijing | Fangzhu | 5 | 2011/2/15 | 1.90 | 80.00 | 1990/9/7 | Beijing Univ... | CN |
| 271 | Beijing | Zhaixiaochu | 5 | 2009/8/15 | 2.04 | 100.00 | 1990/5/25 | Beijing Spor... | CN |
| 272 | Beijing | Wangxu | 4 | 2010/8/15 | 1.84 | 70.00 | 1995/7/25 | | CN |
| 273 | Beijing | Alen Jackson | 1 | 2015/8/11 | 1.90 | 83.00 | 1986/5/15 | | US |

共找到49条记录

图 10-5 按球队名查询

# 必备知识

1）语句“SELECT TeamName FROM Team ORDER BY TeamName asc”表示查询球队

表 Team 中球队的名字，并且按升序排序。

2）语句“SqlDataReader dr = SqlHelper.getSqlDataReader(cmbTeamSql);”表示调用 SqlHelper 中的 getSqlDataReader() 方法。类似的在程序中还有很多，如“SqlHelper.conClose();”“DataSet ds = SqlHelper.getDataSet(sql);”。这些调用需要在同一个命名空间 namespace QueryModule 中。SqlHelper 类的写法比较典型，可以经常选用，这些类中有些方法在程序中并没有调用，可以省略，如 getDataTable() 和 ExcuteSql() 方法等。但是为了后面其他模块的调用，所以全部写出来，仅作为参考。

3）语句“cmbTeam.Items.Add(dr["TeamName"]);”的作用是把查询结果 dr 中的 Team Name 字段的内容添加到 ComboBox 控件中，作为其中的一个子项。程序中利用 while 循环重复操作，一直到添加完毕。

4）语句“string sql = @"SELECT * FROM Player INNER JOIN PlayerInTeam on Player.PlayerId = PlayerInTeam.PlayerId  INNER JOIN Team on PlayerInTeam.TeamID =Team.TeamId WHERE 1=1  ";”中最后面的 WHERE 1=1 比较有意思，看似无用，却是有用的，使此句可以独立查询，也可以再附加条件查询。需要注意的是，WHERE 1=1 后面要留有空格，否则可能会由于拼接形成 SQL 语句错误。

如果后面还要加其他条件，则可以用 AND 连接其他条件，实现多条件查询。另外，此句中用到了 INNER JOIN，在表中存在至少一个匹配时，INNER JOIN 关键字返回行。INNER JOIN 与 JOIN 的功能是一样的。

INNER JOIN 的语法如下：

```
SELECT column_name(s)
FROM table_name1
INNER JOIN table_name2
ON table_name1.column_name=table_name2.column_name
```

注意：连接查询的条件是关键词 ON 连接的，不是 WHERE。

## 触类旁通

下面给出数据库的通用访问类，包括常用的查询、执行 SQL 语句等，分为无参数的和有参数的方法。如果执行过程中有错误，则生成日志并给出错误信息。

```
using System;
using System.Collections.Generic;
using System.Linq;
using System.Text;
using System.Configuration;
using System.Data;
using System.Data.SqlClient;
using System.IO;

namespace DBUtility
{
    /// <summary>
    /// 针对 SQLServer 数据库的通用访问类
    /// </summary>
    public class SQLHelper
    {
        // 封装数据库连接字符串
        private static string connString = ConfigurationManager.ConnectionStrings ["connString"].ConnectionString;
```

```
#region 封装格式化 SQL 语句执行的各种方法
public static int update(string sql)
{
    SqlConnection conn = new SqlConnection(connString);
    SqlCommand cmd = new SqlCommand(sql, conn);
    try
    {
        conn.Open();
        return cmd.ExecuteNonQuery();
    }
    catch (Exception ex)
    {
        // 将异常信息写入日志
        WriteLog(ex.Message);
        throw new Exception(" 调用 public static int update(string sql) 方法时发生错：" + ex.Message);
        string errorInfo = " 调用 public static int update(string sql) 方法时发生错：" + ex.Message;
        WriteLog(errorInfo);
        throw new Exception(errorInfo);
    }
    finally
    {
        conn.Close();
    }
}
public static object GetSingleResult(string sql)
{
    SqlConnection conn = new SqlConnection(connString);
    SqlCommand cmd = new SqlCommand(sql, conn);
    try
    {
        conn.Open();
        return cmd.ExecuteScalar();
    }
    catch (Exception ex)
    {
        // 将异常信息写入日志
      string errorInfo = " 调用 public static object  GetSingleResult(string sql) 方法时发生错：" + ex.Message;
        WriteLog(errorInfo);
        throw new Exception(errorInfo);
    }
    finally
    {
        conn.Close();
    }
}
public static SqlDataReader GetReader(string sql)
{
    SqlConnection conn = new SqlConnection(connString);
    SqlCommand cmd = new SqlCommand(sql, conn);
    try
    {
        conn.Open();
        return cmd.ExecuteReader(CommandBehavior.CloseConnection);
    }
    catch (Exception ex)
    {
        conn.Close();
```

```
                // 将异常信息写入日志
                string errorInfo = " 调用 SqlDataReader GetReader(string sql) 方法时发生错：" + ex.Message;
                WriteLog(errorInfo);
                throw new Exception(errorInfo);
            }
        }
        public static DataSet GetDataSet(string sql)
        {
            SqlConnection conn = new SqlConnection(connString);
            SqlCommand cmd = new SqlCommand(sql, conn);
            SqlDataAdapter da = new SqlDataAdapter(cmd);// 创建数据适配器对象
            DataSet ds = new DataSet();// 创建一个内存数据集
            try
            {
                conn.Open();
                da.Fill(ds);// 使用数据适配器填充数据集
                return ds;
            }
            catch (Exception ex)
            {
                // 将异常信息写入日志
                string errorInfo = " 调用  public static DataSet GetDataSet(string sql) 方法时发生错：" + ex.Message;
                WriteLog(errorInfo);
                throw new Exception(errorInfo);
            }
            finally
            {
                conn.Close();
            }
        }
        public static bool updateByTran(List<string> sqlList)
        {
            SqlConnection conn = new SqlConnection(connString);
            SqlCommand cmd = new SqlCommand();
            cmd.Connection = conn;
            try
            {
                conn.Open();
                cmd.Transaction = conn.BeginTransaction();// 开启事务
                foreach (string sql in sqlList)
                {
                    cmd.CommandText = sql;
                    cmd.ExecuteNonQuery();
                }
                cmd.Transaction.Commit();// 提交事务
                return true;
            }
            catch (Exception ex)
            {
                if (cmd.Transaction != null)
                {
                    cmd.Transaction.Rollback();// 回滚事务
                }
                string errorInfo = " 调用 updateByTran(List<string> sqlList) 方法时发生错：" + ex.Message;
                WriteLog(errorInfo);
                throw new Exception(errorInfo);
            }
            finally
```

```
        {
            if (cmd.Transaction != null)
            {
                cmd.Transaction = null;// 清空事务
            }
            conn.Close();
        }
    }
    #endregion

    #region 封装带参数 SQL 语句执行的各种方法
    public static int update(string sql, SqlParameter[] param)
    {
        SqlConnection conn = new SqlConnection(connString);
        SqlCommand cmd = new SqlCommand(sql, conn);
        try
        {
            conn.Open();
            cmd.Parameters.AddRange(param);// 封装参数
            return cmd.ExecuteNonQuery();
        }
        catch (Exception ex)
        {
            string errorInfo = " 调用 public static int update(string sql,SqlParameter[] param) 方法时发生错：" + ex.Message;
            WriteLog(errorInfo);
            throw ex;
        }
        finally
        {
            conn.Close();
        }
    }
    public static object GetSingleResult(string sql, SqlParameter[] param)
    {
        SqlConnection conn = new SqlConnection(connString);
        SqlCommand cmd = new SqlCommand(sql, conn);
        try
        {
            conn.Open();
            cmd.Parameters.AddRange(param);// 封装参数
            return cmd.ExecuteScalar();
        }
        catch (Exception ex)
        {
            // 将异常信息写入日志
string errorInfo = " 调用 public static object GetSingleResult(string sql, SqlParameter[] param) 方法时发生错：" + ex.Message;
            WriteLog(errorInfo);
            throw new Exception(errorInfo);
        }
        finally
        {
            conn.Close();
        }
    }
    public static SqlDataReader GetReader(string sql, SqlParameter[] param)
    {
        SqlConnection conn = new SqlConnection(connString);
        SqlCommand cmd = new SqlCommand(sql, conn);
```

```
            try
            {
                conn.Open();
                cmd.Parameters.AddRange(param);// 封装参数

                return cmd.ExecuteReader(CommandBehavior.CloseConnection);
            }
            catch (Exception ex)
            {
                conn.Close();
                // 将异常信息写入日志
    string errorInfo = " 调用 public static SqlDataReader GetReader(string sql, SqlParameter[] param) 方法时发生错：" + ex.Message;
                WriteLog(errorInfo);
                throw new Exception(errorInfo);
            }
        }
        /// <summary>
        /// 启用事务提交多条带参数的 SQL 语句
        /// </summary>
        /// <param name="mainSql"> 主表 SQL 语句 </param>
        /// <param name="mainParam"> 主表 SQL 语句对应的参数 </param>
        /// <param name="detailSql"> 明细表 SQL 语句 </param>
        /// <param name="detailParam"> 明细表 SQL 语句对应的参数数组集合 </param>
        /// <returns> 返回事务是否执行成功 </returns>
        public static bool updateByTran(string mainSql, SqlParameter[] mainParam,
            string detailSql, List<SqlParameter[]> detailParam)
        {
            SqlConnection conn = new SqlConnection(connString);
            SqlCommand cmd = new SqlCommand();
            cmd.Connection = conn;
            try
            {
                conn.Open();
                cmd.Transaction = conn.BeginTransaction();// 开启事务
                if (mainSql != null && mainSql.Length != 0)
                {
                    cmd.CommandText = mainSql;
                    cmd.Parameters.AddRange(mainParam);
                    cmd.ExecuteNonQuery();
                }
                foreach (SqlParameter[] param in detailParam)
                {
                    cmd.CommandText = detailSql;
                    cmd.Parameters.Clear();// 必须要清除以前的参数
                    cmd.Parameters.AddRange(param);
                    cmd.ExecuteNonQuery();
                }
                cmd.Transaction.Commit();// 提交事务
                return true;
            }
            catch (Exception ex)
            {
                if (cmd.Transaction != null)
                {
                    cmd.Transaction.Rollback();// 回滚事务
                }
                 string errorInfo = " 调用  public static bool updateByTran(string mainSql, SqlParameter[] mainParam,
string detailSql, List<SqlParameter[]> detailParam) 方法时发生错：" + ex.Message;
```

```
                WriteLog(errorInfo);
                throw new Exception(errorInfo);
            }
            finally
            {
                if (cmd.Transaction != null)
                {
                    cmd.Transaction = null;// 清空事务
                }
                conn.Close();
            }
        }
        #endregion

        #region 封装调用存储过程执行的各种方法
        public static int updatebyProcedure(string spName, SqlParameter[] param)
        {
            SqlConnection conn = new SqlConnection(connString);
            SqlCommand cmd = new SqlCommand(spName, conn);
            try
            {
                conn.Open();
                cmd.CommandType = CommandType.StoredProcedure;    // 声明当前操作是存储过程
                cmd.Parameters.AddRange(param);    // 封装参数
                return cmd.ExecuteNonQuery();
            }
            catch (Exception ex)
            {
                string errorInfo = " 调用 public static int updateByProcedure(string spName, SqlParameter[] param) 方法时发生
错：" + ex.Message;
                WriteLog(errorInfo);
                throw new Exception(errorInfo);
            }
            finally
            {
                conn.Close();
            }
        }
        public static object GetSingleResultByProcedure(string spName, SqlParameter[] param)
        {
            SqlConnection conn = new SqlConnection(connString);
            SqlCommand cmd = new SqlCommand(spName, conn);
            try
            {
                conn.Open();
                cmd.CommandType = CommandType.StoredProcedure;
                cmd.Parameters.AddRange(param);// 封装参数
                return cmd.ExecuteScalar();
            }
            catch (Exception ex)
            {
                // 将异常信息写入日志
                string errorInfo = " 调用 public static object GetSingleResult(string sql, SqlParameter[] param) 方法时
                                    发生错：" + ex.Message;
                WriteLog(errorInfo);
                throw new Exception(errorInfo);
            }
            finally
```

```
        {
            conn.Close();
        }
}
public static SqlDataReader GetReaderByProcedure(string spName, SqlParameter[] param)
{
    SqlConnection conn = new SqlConnection(connString);
    SqlCommand cmd = new SqlCommand(spName, conn);
    try
    {
        conn.Open();
        cmd.CommandType = CommandType.StoredProcedure;
        cmd.Parameters.AddRange(param);// 封装参数
        return cmd.ExecuteReader(CommandBehavior.CloseConnection);
    }
    catch (Exception ex)
    {
        conn.Close();
        // 将异常信息写入日志
        string errorInfo = " 调用 public static SqlDataReader GetReader(string sql, SqlParameter[] param) 方法时发
                    生错：" + ex.Message;
        WriteLog(errorInfo);
        throw new Exception(errorInfo);
    }
}
/// <summary>
/// 启用事务调用带参数的存储过程
/// </summary>
/// <param name="procedureName"> 存储过程名称 </param>
/// <param name="paramArray"> 存储过程参数数组集合 </param>
/// <returns> 返回基于事务的存储过程调用是否成功 </returns>
public static bool UPDATEByTran(string procedureName, List<SqlParameter[]> paramArray)
{
    SqlConnection conn = new SqlConnection(connString);
    SqlCommand cmd = new SqlCommand();
    cmd.Connection = conn;
    try
    {
        conn.Open();
        cmd.CommandType = CommandType.StoredProcedure;    // 声明当前操作是调用存储过程
        cmd.CommandText = procedureName;
        cmd.Transaction = conn.BeginTransaction();   // 开启事务
        foreach (SqlParameter[] param in paramArray)
        {
            cmd.Parameters.Clear();
            cmd.Parameters.AddRange(param);
            cmd.ExecuteNonQuery();
        }
        cmd.Transaction.Commit();   // 提交事务
        return true;
    }
    catch (Exception ex)
    {
        if (cmd.Transaction != null)
        {
            cmd.Transaction.Rollback();   // 回滚事务
        }
        string errorInfo = " 调用 public static bool updateByTran(string procedureName,List<SqlParameter[]>p
```

```
                        aramArray) 方法时发生错: " + ex.Message;
                WriteLog(errorInfo);
                throw new Exception(errorInfo);
            }
            finally
            {
                if (cmd.Transaction != null)
                {
                    cmd.Transaction = null;  // 清空事务
                }
                conn.Close();
            }
        }
        #endregion

        #region 其他方法
        private static void WriteLog(string log)
        {
            FileStream fs = new FileStream("sqlhelper.log", FileMode.Append);
            StreamWriter sw = new StreamWriter(fs);
            sw.WriteLine(DateTime.Now.ToString() + "    " + log);
            sw.Close();
            fs.Close();
        }
        public static int ExcuteSql(string sql, params SqlParameter[] parameter)
        {
            using (SqlConnection conn = new SqlConnection(connString))
            {
                using (SqlCommand cmd = new SqlCommand(sql, conn))
                {
                    cmd.Parameters.AddRange(parameter);
                    return cmd.ExecuteNonQuery();
                }
            }
        }
        #endregion
    }
}
```

# 任务2　数据修改模块

## 任务情境

开发一个数据修改模块，在上一个查询项目的基础上，增加一个修改按钮，可对球员的数据进行修改，如修改姓名、身高、体重，也可以重新上传球员的照片。

## 任务分析

数据修改模块是各种系统中常用的模块，是在数据处理中经常用到的一种操作。修改是在查询的基础上进行的。一般是选查询出的数据，选中某条数据后进行修改，再保存，显示数据窗体自动进行刷新操作。

此模块设计的难点在于，当选中一条记录进行修改时，弹出修改窗体，修改记录的主键值由主窗体传递到修改窗体，方法是在修改窗体中添加属性ID。另一个难点是，在修改成功后，要将返回值设置为DialogResult.OK，需要注意的是，此返回值应该放在Save事件中，否则修改窗体不会出现。当执行到此数据时，由修改窗体返回主窗体，并自动刷新主窗体中的数据。

数据库文件：准备Login.mdf和Login_log.ldf两个SQL Server数据库文件；包含4张数据表，分别为球员表Player、球队表Team、球员在球队表PlayerInTeam和场上位置表Position。前三张表的信息可以参考前面的数据查询模块，前三张表的数据结构图如图10-6所示。

图10-6 前三张表的数据结构图

项目Form窗体和公共类SqlHelper.cs的准备：因为此项目是在查询模块的基础上完成的，所以在新建数据修改模块ModifyModule后，在解决方案资源管理器中，右击ModifyModule，在弹出的菜单中选择添加“现有项”选项，找到查询模块QueryModule，分别添加frmQuery.cs和SqlHelper.cs。这样这两个文件就相当于复制到ModifyModule中了，对其修改并不影响原有的项目，再删除项目原有的Form1。此外，还需要注意以下几个问题：

1）namespace QueryModule改为namespace ModifyModule后，frmQuery.cs和SqlHelper.cs两个文件中命名空间都要改。

2）完成后，单击namespace ModifyModule右下角的按钮，选择将QueryModule重命名为ModifyModule，如图10-7所示。

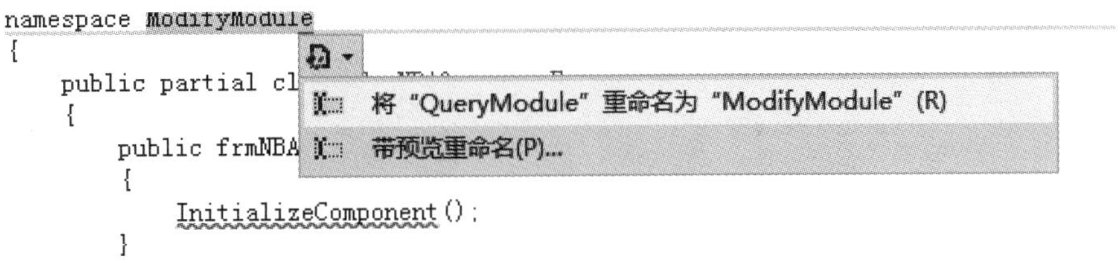

```
namespace ModifyModule
{
    public partial cl
    {
        public frmNBA
        {
            InitializeComponent();
        }
```

将“QueryModule”重命名为“ModifyModule”(R)
带预览重命名(P)...

图10-7 重新命名空间

3）在Program.cs中，将Application.Run(new form1())改为Application.Run(new frmQuery());。准备一张图像文件，假设为球员zhuyanqi的照片，用于上传。

新建 Windows 窗体应用项目，名称为 ModifyModule，在项目里添加 Windows 窗体，并命名为 frmModify.cs。

修改 Form 的属性，再添加窗口拆分器 SplitContainer 控件；在 panel1 部分添加 Label、TextBox、ComboBox 和 Button 控件；在 panel2 部分添加 DataGridView 控件，并设置在父窗口中停靠。各控件的名称设置见表 10-2。

表 10-2　属性设置

| 控　件 | 属　性 | 属 性 值 | 说　明 |
| --- | --- | --- | --- |
| form1 | Name | frmModify | 窗体名称 |
| | Text | 修改 | 窗体标题 |
| label1 | Text | 姓名 | 显示姓名 |
| label2 | Text | 场上位置 | 窗体中其他 Label 控件依次设置 |
| textBox1 | Name | txtName | 输入球员名字 |
| comboBox1 | Text | cmbIsRetirment | 是否退役，窗体中其他 TextBox 控件依次设置 |
| button1 | Name | btnSave | 保存球员的信息 |
| | Text | 保存 | |
| button2 | Name | btnImg | 选择球员的照片，窗体中其他 Button 控件依次设置 |
| | Text | 浏览 | |
| dateTimePicker1 | Name | dtpJoinYear | 入队时间，窗体中其他 DateTimePicker 控件依次设置 |
| pictureBox1 | Name | picLogo | 球队 Logo |
| pictureBox2 | Name | picImage | 球员照片 |

界面设计如图 10-8 所示。

在界面设计中，球员在场上位置在 Player 表中是用数字来表示的，而为了用户知道数字的含义，要把数字转成对应的五个专业位置名词，如 C（Center，中锋）、PF（Power Forward，大前锋）、SF（Small Forward，小前锋）、SG（Shooting Guard，得分后卫）、PG（Point Guard，控球后卫）。这些位置不在 Player 表中而在 Position 表中。Position 表的内容如图 10-9 所示。

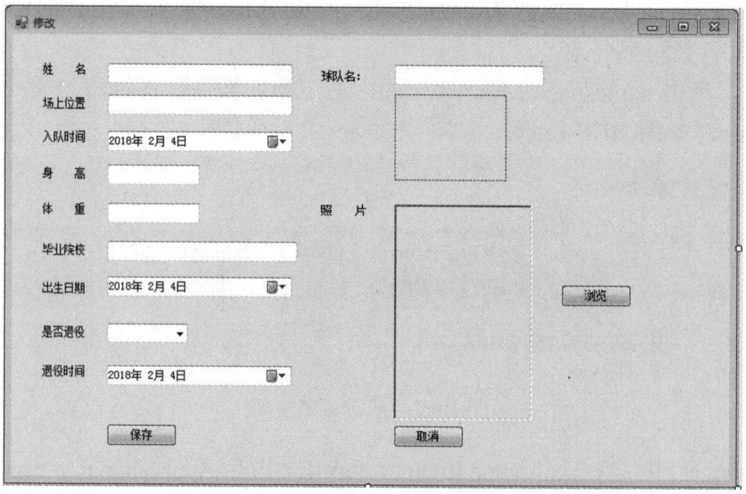

图 10-8　界面设计

```
/****** Script for SelectTopNRows command from SSMS  ******/
SELECT TOP 1000 [PositionId]
      ,[Name]
      ,[Abbr]
  FROM [NBA].[dbo].[Position]
```

结果 消息

| | PositionId | Name | Abbr |
|---|---|---|---|
| 1 | 1 | SmallForward | SF |
| 2 | 2 | PowerForward | PF |
| 3 | 3 | Center | C |
| 4 | 4 | ShootingGuard | SG |
| 5 | 5 | PointGuard | PG |

图 10-9 Position 表

Position 表中常用位置可以参考图 10-10。

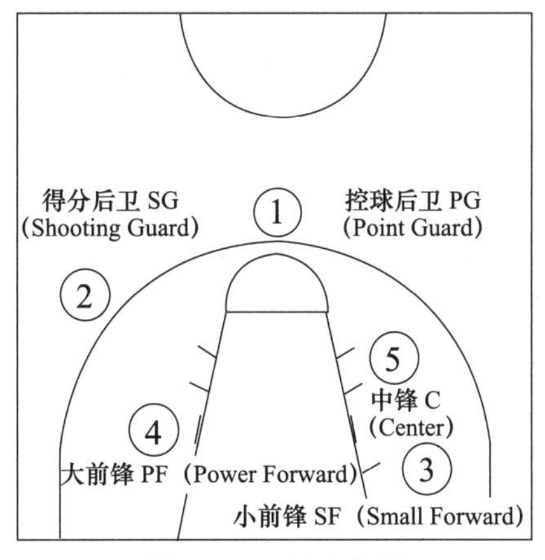


图 10-10 场上位置

在界面设计中，球队名和球队 Logo 来自 Team 表。PlayerInTeam 表中有球员的 PlayerId 号与球队 TeamId 的对应关系，所以球队名也不在 Player 表中，而是在 Team 表中。

# 任务实施

1）在 frmModify.cs 文件中，开始部分的代码如下：

```
namespace ModifyModule
{
    public partial class frmModify : Form
    {
        private string id;
        private Stream stream; // 定义字节流

        public string Id
```

```
        {
            get { return id; }
            set { id = value; }
        }
    …
}
```

这里定义了一个用于存储图像的字节流变量 stream；还定义了一个属性，用来接收主窗体传来的 id 值。这里用到了封装技术，快捷键是 <Ctrl+R+E>。这是一个难点，只有在进行封装后才能在主窗体 frmQuery 中使用 frmModi.Id，参见第 7）步。

2）双击 frmModify 窗体，在 Load 事件中编写代码：

```
private void frmModify_Load(object sender, EventArgs e)
        {
            // 显示待修改的记录
            string sql = @"SELECT Player.Name as  PlayerName,Position.Name as PositionName,Player.JoinYear,Player.
                    Height,Player.Weight,Player.College,Player.DateOfBirth,Player.IsRetirment,Player.
                    RetirmentTime,Team.TeamName,Team.Logo,Player.Img
                    FROM Player, Position,PlayerInTeam,Team
                    WHERE (Player.PositionId=Position.PositionId) and (PlayerInTeam.PlayerId=Player.PlayerId)
              and (PlayerInTeam.TeamId=Team.TeamId) and(PlayerInTeam.SeasonId='1')";

            // 接收从主窗体传来的 Id 的值，从而确定选择了哪条记录
            sql += " and Player.PlayerId='" + Id + "'";
            SqlDataReader dr = SqlHelper.getSqlDataReader(sql);

            // 显示要修改的数据
            if (dr.Read())
            {
                txtName.Text = dr["PlayerName"].ToString();
                txtPositionName.Text = dr["PositionName"].ToString();
                dtpJoinYear.Value = Convert.ToDateTime(dr["JoinYear"]);
                txtHeight.Text = dr["Height"].ToString();
                txtWeight.Text = dr["Weight"].ToString();
                dtpDateOfBirth.Value = Convert.ToDateTime(dr["DateOfBirth"]);
                cmbIsRetirment.Text = dr["IsRetirment"].ToString();
                txtCollege.Text = dr["College"].ToString();
                txtTeamName.Text = dr["TeamName"].ToString();

                // 数据库中 RetirmentTime 的值为空，即 DBNull.Value 的值为空
                if (dr["RetirmentTime"] != DBNull.Value)
                {
                 dtpRetirmentTime.Value = Convert.ToDateTime(dr["RetirmentTime"]);
                }
                else
                {
                // 设置为空，否则由于数据库没有数据，会自动默认显示当前时间。
                    dtpRetirmentTime.Visible = false;
                }

                // 显示球队 Logo
                if (dr["Logo"] != DBNull.Value)
                {
                    byte[] bytes = (byte[])dr["Logo"];
                    MemoryStream ms = new MemoryStream(bytes);
```

```
                picLogo.Image = Image.FROMStream(ms);
            }
            // 显示球员照片
            if (dr["Img"] != DBNull.Value)
            {
                byte[] bytes = (byte[])dr["Img"];
                MemoryStream ms = new MemoryStream(bytes);
                picImage.Image = Image.FROMStream(ms);
            }

            dr.Close();
            SqlHelper.conClose();
        }
    }
```

3）双击“浏览”按钮 btnImg，详细代码如下：

```
/// <summary>
/// 加载球员的照片
/// </summary>
/// <param name="sender"></param>
/// <param name="e"></param>
private void btnImg_Click(object sender, EventArgs e)
    {
        OpenFileDialog ofd = new OpenFileDialog();
        if (ofd.ShowDialog() == DialogResult.OK)
        {
            picImage.Image = Image.FROMFile(ofd.FileName);
            // 获得字节流
            stream = ofd.OpenFile();
        }
        else
        {
            picImage.Image = null;
            stream = null;
        }
    }
```

4）双击“取消”按钮 btnCancel，详细代码如下：

```
private void btnCancel_Click(object sender, EventArgs e)
    {
        this.Close();
}
```

5）双击“保存”按钮 btnSave，详细代码如下：

```
/// <summary>
/// 保存修改
/// </summary>
/// <param name="sender"></param>
/// <param name="e"></param>
private void btnSave_Click(object sender, EventArgs e)
{
    string PlayerSql = @"UPDATE Player SET Name=@Name,JoinYear=@JoinYear, Height=@Height,Weight=@Weight,
                    DateOfBirth=DateOfBirth, College=@College, IsRetirment=@IsRetirment,RetirmentTime=@
                    RetirmentTime,Img=@Img
                    WHERE PlayerId='" + Id + "'";
```

```
SqlCommand cmd = SqlHelper.getSqlCommand(PlayerSql);
cmd.Parameters.Add("@Name", SqlDbType.VarChar).Value = txtName.Text;
cmd.Parameters.Add("@JoinYear", SqlDbType.Date).Value = dtpJoinYear.Value;
cmd.Parameters.Add("@Height", SqlDbType.Decimal).Value = txtHeight.Text;
cmd.Parameters.Add("@Weight", SqlDbType.Decimal).Value = txtWeight.Text;
cmd.Parameters.Add("@DateOfBirth", SqlDbType.Date).Value = dtpDateOfBirth.Value;
cmd.Parameters.Add("@College", SqlDbType.VarChar).Value = txtCollege.Text;
cmd.Parameters.Add("@IsRetirment", SqlDbType.Bit).Value = cmbIsRetirment.Text;
if (dtpRetirmentTime.Visible == true)
{
    cmd.Parameters.Add("@RetirmentTime", SqlDbType.Date).Value = dtpRetirmentTime.Value;
}
else
{
    cmd.Parameters.Add("@RetirmentTime", SqlDbType.Date).Value = DBNull.Value;
}
// 存储球员的照片
if (stream != null)
{
    byte[] bytes = new byte[stream.Length];
    stream.Read(bytes, 0, (int)stream.Length);
    cmd.Parameters.Add("@Img", SqlDbType.Image).Value = bytes;
}
else
{
    cmd.Parameters.Add("@Img", SqlDbType.Image).Value = DBNull.Value;
}

// 更新 PlayerInTeam 表，虽然表面上是更改球员所在的球队，但实际改的是数据库里球员所在球队的 Id
string PlayerInTeamSql = @"UPDATE PlayerInTeam SET TeamId=@TeamId WHERE PlayerId='" + Id + "'";
SqlCommand cmdPlayerInTeam = SqlHelper.getSqlCommand(PlayerInTeamSql);
string sqlTeamId = "SELECT TeamId FROM Team WHERE TeamName like '%" + txtTeamName.Text + "%'";
SqlDataReader dr = SqlHelper.getSqlDataReader(sqlTeamId);
if (dr.Read())
{
    cmdPlayerInTeam.Parameters.Add("@TeamId", SqlDbType.Int).Value = dr["TeamId"];
}

try
{
    SqlHelper.conOpen();
    cmd.ExecuteNonQuery();
    cmdPlayerInTeam.ExecuteNonQuery();
    this.DialogResult = DialogResult.OK;
    MessageBox.Show(" 修改球员成功！ ");
}
catch (Exception ex)
{
    MessageBox.Show(" 修改失败！ " + ex.Message.ToString());
}
finally
{
```

```
            SqlHelper.conClose();
        }
    }
```

6）在主窗体 frmQuery“球员查询”中添加“修改”按钮 btnModify，如图 10-11 所示。

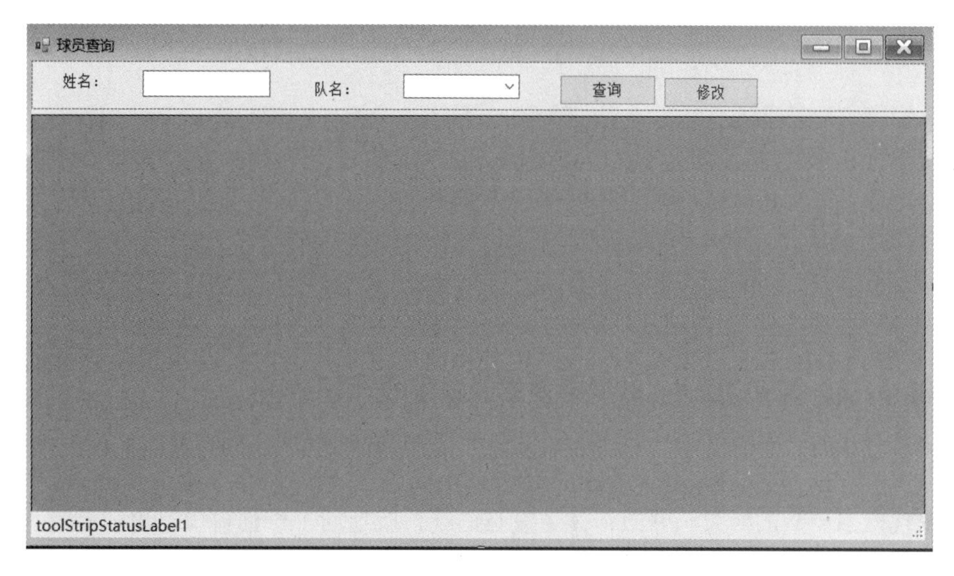


图 10-11　在主窗体中添加“修改”按钮

7）双击“修改”按钮 btnModify，详细代码如下：

```
private void btnModify_Click(object sender, EventArgs e)
    {
        frmModify frmModi = new frmModify();
        // 获取当前选择记录的球员的 PlayerId 值，也就是编号
        frmModi.Id = dgv.CurrentRow.Cells["PlayerId"].Value.ToString();
        // 判断修改窗体中的返回值是否为 DialogResult.OK
        if (frmModi.ShowDialog () == DialogResult.OK)
        {
            // 刷新 dgv 中的数据
            btnQuery_Click(null, null);
        }
    }
```

# 必备知识

1）对于修改球队的名字，因为要录入英文队名，为了能快速显示球队 Logo，要求在输入球队的名字时自动显示对应的球队的 Logo，这样做比较容易让人理解。所以，应在 frmModify.cs 文件中加上以下代码：

```
/// <summary>
/// 如果球员加入另一个球队，则显示对应球队的 Logo 图像
/// </summary>
/// <param name="sender"></param>
/// <param name="e"></param>
private void txtTeamName_TextChanged(object sender, EventArgs e)
{
```

```
        if (txtTeamName.Text != "")
        {
            // 根据输入的内容自动调取球队的 Logo 图像
            string sql = "SELECT * FROM Team WHERE TeamName like '%" + txtTeamName.Text + "%'";
            SqlDataReader dr = SqlHelper.getSqlDataReader(sql);
            if (dr.Read())
            {
                if (dr["Logo"] != DBNull.Value)
                {
                    byte[] bytes = (byte[])dr["Logo"];
                    MemoryStream ms = new MemoryStream(bytes);
                    picLogo.Image = Image.fromStream(ms);
                }
            }
        }
    }
```

2）在查询中经常运用到 inner jion，但使用时需注意，有时可能出现不必要的重复记录，因为得到的是迪卡尔积，数据比较多，有些可能不是所需要的。所以，要加以区别运用 INNER JOIN…ON…WHERE …和 SELECT … FROM table1,table2 WHERE …。

3）语句“this.DialogResult = DialogResult.OK;”要写到“保存”按钮 btnSave 中去，否则就会出现意想不到的后果。修改窗体还没有出现，就返回了查询窗口。也就是说，一定要单击了“保存”按钮后，再去刷新查询窗口。

4）要录入英文队名，但是英文队名不容易记得住，这时就需要使用模糊查询“SELECT TeamId FROM Team WHERE TeamName like '%Chica %'”。使用此句时，只需输入了 Beijing 队的前几个字母，就可查到对应的 TeamId 了。

5）如果出现错误提示某某是“方法”但此处被当做“类型”来使用，则可能是在语句中多写了一个 new 关键字。例如：

```
SqlCommand cmd = new SqlHelper.getSqlCommand(sql);
```

本来是调用方法，却多加一个 new 就会报错。

6）使用语句 private Stream stream 时，要加上引用 using System.IO，否则会报错。

7）如果出现语句 ExecuteReader: CommandText 属性尚未初始化，说明没有写 cmd.CommandText 语句或者 sql 语句为空。

8）如果出现语句未处理 System.IndexOutOfRangeException，表示没有读取到所需要的数据，原因可能是 SQL 语句中没有包括该字段名，需确保数据列名正确，还有可能因为索引是负数等情况。

## 触类旁通

启动项目后，加载所有的球员信息，并且显示出球队的名称，结果如图 10-12 所示。

在图 10-12 所示的“姓名”文本框中输入“Zhu”，单击“查询”按钮，结果如图 10-13 所示。

在图 10-13 中有 1 条记录，如果一个球员曾经在多个队打球，薪水也不同。在图中不能完全展示所有的列，所以可以显示同一个球员的多条记录，但这些记录并不是重复的记录。在图 10-13 中选中该条记录，单击“修改”按钮，如图 10-14 所示。

球员查询

姓名: 队名: 查询 修改

| PlayerId | TeamName | Name | PositionId | JoinYear | Height | Weight |
|---|---|---|---|---|---|---|
| 1 | Jiling | Dingyanyu | 1 | 2000/4/5 | 1.90 | 90.80 |
| 2 | Hebei | Wangshenliang | 4 | 2010/8/10 | 1.90 | 98.00 |
| 3 | Liaoling | Yudedao | 3 | 2013/2/10 | 2.15 | 102.50 |
| 4 | Qinghai | Danilo Yadangsi | 4 | 2013/10/21 | 2.01 | 108.00 |
| 5 | Jiangxi | Fanshuoming | 5 | 2011/8/14 | 1.90 | 97.00 |
| 6 | Jiangsu | Fuhui | 4 | 2013/1/6 | 1.90 | 98.00 |
| 7 | Helongjian | Daihuaiben | 3 | 2015/4/8 | 1.85 | 94.00 |
| 8 | Nemengguo | Renjunfeng | 1 | 2010/10/7 | 1.98 | 94.00 |
| 9 | Henan | Baoluo | 3 | 2010/2/25 | 1.99 | 98.00 |
| 10 | Beijing | Zhuyanqi | 1 | 2012/7/30 | 2.05 | 100.00 |
| 79 | Nemengguo | Jimmy Butler | 2 | 2013/1/12 | 2.01 | 104.00 |

共找到714条记录

图 10-12 启动项目

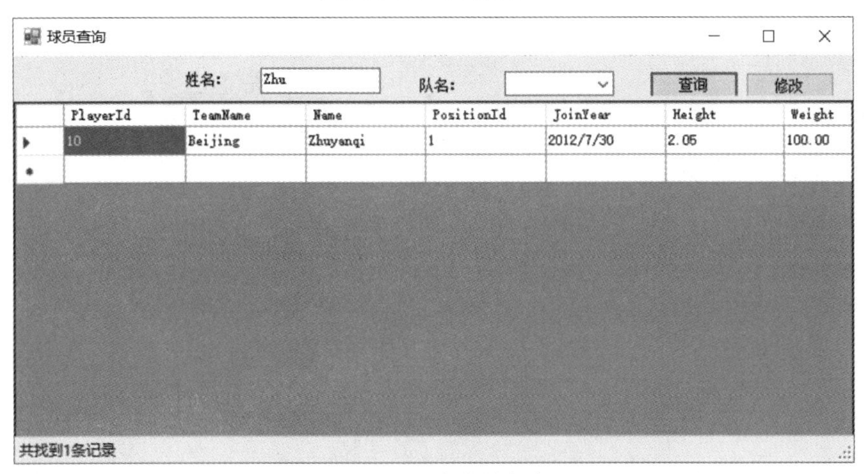


图 10-13 查询林书豪

修改

姓 名 Zhuyanqi

球队名: Beijing

场上位置 SmallForward

入队时间 2012年 7月30日

身 高 2.05

体 重 100.00

照 片

毕业院校 Tianjing University

出生日期 1997年 5月 7日

是否退役 False

退役时间

保存 取消 浏览

图 10-14 修改窗口

从图 10-14 中可以看到，修改窗口中已经自动读取了所选中的记录，并把可以修改的记录展现在当前的文本框等控件中。其中“退役时间”的数据为空，在这里把它设置成不能修改。球队名和 Logo 也清楚地显示出来了，但是没有 Zhuyanqi 的照片。

在准备的素材中有一张球员 Zhuyanqi 的照片的图像文件，他毕业于天津大学，先后效力于青岛队、北京队、浙江队。

修改内容：上传他的照片，并且把他的本条记录“Beijing”修改为效力于“Zhejiang”，如图 10-15 所示。

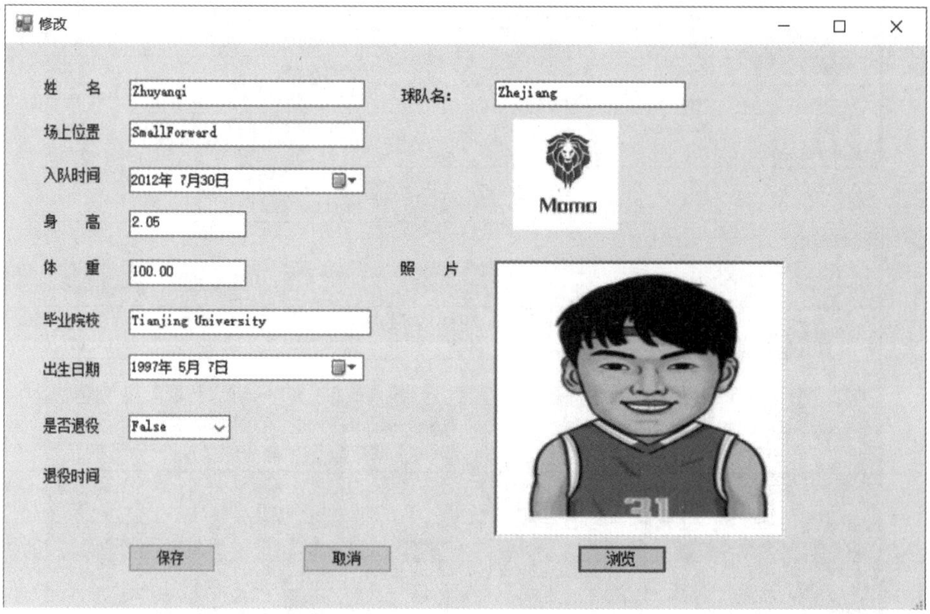

图 10-15　修改 Zhuyanqi 的记录

单击“保存”按钮，弹出提示“修改球员成功！”，如图 10-16 所示。

图 10-16　修改完成

单击“确定”按钮后，原窗口自动刷新，可以看到已经加载了球员的照片，如图 10-17 所示。

在测试中，如果发现运行起来反应迟钝，好久才出现修改窗口，则是程序在反复读取数据库，比如多次执行 cmd.ExecuteReader() 和 cmd.getCommmand() 等，都会造成停顿的情况。此时，应该对程序进行优化，减少不必要的重复读取大量数据的操作。



| PlayerId | TeamName | Name | PositionId | JoinYear | Height | Weight | DateOfBirth | College | CountryCode | Img |
| --- | --- | --- | --- | --- | --- | --- | --- | --- | --- | --- |
| 10 | Zhejiang | Zhuyanqi | 1 | 2012/7/30 | 2.05 | 100.00 | 1997/5/7 | Tianjing Uni... | CN | |

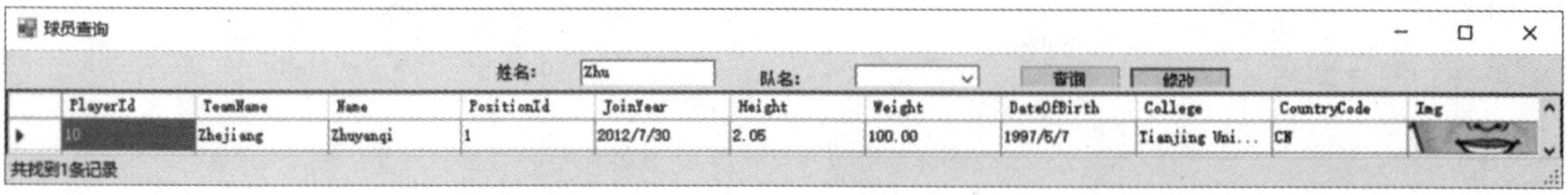

图 10-17　自动刷新查询窗口

另外，在测试时，假设不小心更改了数据中球员的退役时间，可以在 SSMS 中对数据库运用以下语句恢复为原来的 NULL 值。

```
UPDATE Player
SET RetirmentTime = NULL
WHERE RetirmentTime = '2018-02-02'
```

在测试中发现如图 10-18 所示的错误：

原因是：string sqlTeamId = "SELECT TeamId FROM Team WHERE TeamName like '%" + txtTeamName + "%'"；此语句没有执行，经检查发现 txtTeamName 后少写了 Text。造成执行 SQL 语句后没有查询到 TeamId。

正确的是：string sqlTeamId = "SELECT TeamId FROM Team WHERE TeamName like '%" + txtTeamName.Text + "%'";

图 10-18 提示错误

# 任务 3 数据删除模块

## 任务情境

开发一个数据删除模块。有一位名字叫“Yijianlan”的球员，这位球员已经参加过几场比赛，现在准备退役，所以要从现有的数据中将其删除。

## 任务分析

数据删除模块是各种系统中常用的模块，是在数据处理中经常用到的一种操作。删除是在查询的基础上进行的。一般先查询出数据，选中某条数据后进行删除，再保存，显示数据窗体自动进行刷新操作。

数据库文件的准备：准备 Login.mdf 和 Login_log.ldf 的 SQL Server 数据库文件，包含多张数据表，分别为球员表 Player、球队表 Team、球员的在球队表 PlayerInTeam 和比赛日志表 MatchupLog。

项目 Form 窗体和公共类 SqlHelper.cs：因为此项目是在查询模块的基础上完成的，所以在新建数据删除模块 DeleteModule 后，在解决方案资源管理器中，右击 ModifyModule，在弹出的快捷菜单中，选择“添加现有项”，找到查询模块 QueryModule，分别添加 frmLoginQuery.cs 和 SqlHelper.cs。这样这两个文件就相当于复制到 ModifyModule 中了，对其修改并不影响原有的项目，再删除项目原有的 Form1。此外，还要注意以下几个问题：

1）namespace QueryModule 改为 namespace DeleteModule 后，frmLoginQuery.cs 和 SqlHelper.cs 两个文件中的命名空间都要改。

2）完成后，单击 namespace ModifyModule 右下角的按钮，选择将 QueryModule 重命名为 DeleteModule。这些与数据修改模块的操作类似。

3）在 Program.cs 中，将 Application.Run(new Form1()) 改为 Application.Run(new frmQuery())。

在删除数据前，先到数据库里查询待删除的数据，在 Login 数据库执行以下语句：

```
SELECT * FROM Player WHERE PlayerId=471
SELECT * FROM PlayerInTeam WHERE PlayerId=471
SELECT * FROM MatchupLog WHERE PlayerId=471
```

显示的结果如图 10-19 所示。查询到的球员名叫 Yijianlan。

```
SELECT * FROM Player WHERE PlayerId=471
SELECT * FROM PlayerInTeam WHERE PlayerId=471
SELECT * FROM MatchupLog WHERE PlayerId=471
```

100 %

结果 消息

| | PlayerId | Name | PositionId | JoinYear | Height | Weight | DateOfBirth | College | CountryCode | Img | IsRetirment |
|---|---|---|---|---|---|---|---|---|---|---|---|
| 1 | 471 | Yijianlan | 3 | 2002-10-27 | 2.13 | 116.10 | 1987-10-27 | | CN | NULL | 0 |

| | PlayerInTeamId | PlayerId | TeamId | SeasonId | ShirtNumber | Salary | StarterIndex |
|---|---|---|---|---|---|---|---|
| 1 | 11 | 471 | 6 | 1 | 9 | 3200.00 | 1 |
| 2 | 12 | 471 | 6 | 2 | 9 | 3200.00 | 1 |
| 3 | 13 | 471 | 6 | 3 | 9 | 3200.00 | 1 |

| | Id | MatchupId | Quarter | OccurTime | TeamId | PlayerId | ActionTypeId | Remark |
|---|---|---|---|---|---|---|---|---|
| 1 | 1 | 1 | 3 | 11:56 | 30 | 471 | 3 | make a field goal |
| 2 | 3 | 1 | 3 | 11:54 | 30 | 471 | 3 | make a field goal |
| 3 | 7 | 1 | 3 | 11:48 | 30 | 471 | 3 | make a field goal |

图 10-19　查询结果

新建 Windows 窗体应用项目名为 DeleteModule。在项目里不需要添加新的 Windows 窗体，只需要在球员查询 frmLoginQuery 窗体里，加上一个“删除”按钮 Button。修改 button1 控件的属性，Name 为“btnDelete”，Text 为“删除”。界面设计如图 10-20 所示。

在界面设计中，只是增加了一个“删除”按钮，所以是非常简单的。

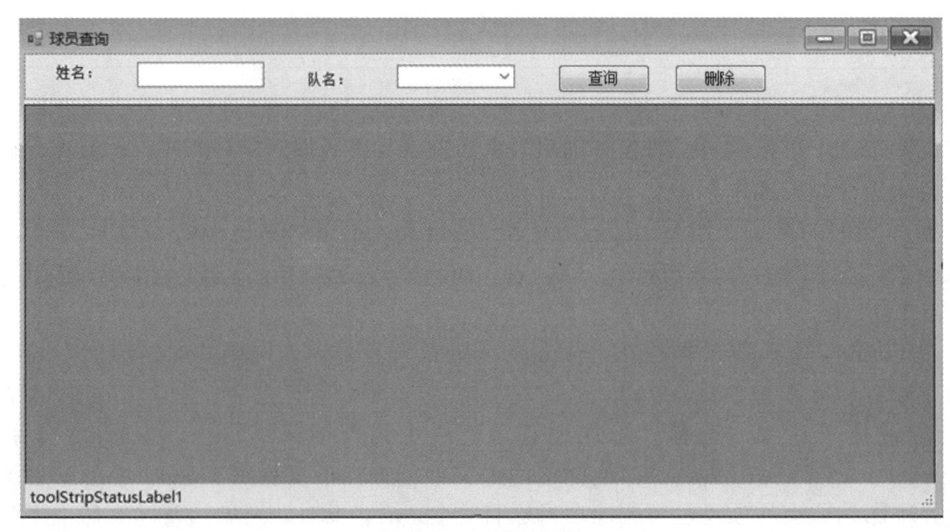


图 10-20　界面设计

# 任务实施

1）添加“删除”按钮，修改名称。

2）双击“删除”按钮 btnDelete 按钮，详细代码如下：

```
private void btnDelete_Click(object sender, EventArgs e)
{

        // 建立存储过程
        string DeletePlayerProc = @"IF exists(SELECT * FROM sys.objects WHERE name='DeletePlayerProc')
```

```
DROP procedure DeletePlayerProc
GO
CREATE PROC DeletePlayerProc
(
@PlayerId int,
@IsSuccess bit=0 output
)
AS
BEGIN
DELETE FROM  [dbo].[PlayerInTeam] WHERE PlayerId in (SELECT PlayerId FROM [dbo].[Player] WHERE
                                        PlayerId=@PlayerId)
DELETE FROM [dbo].[MatchupLog] WHERE PlayerId in (SELECT PlayerId FROM [dbo].[Player] WHERE
                                        PlayerId=@PlayerId)
DELETE FROM [dbo].[Player] WHERE PlayerId=@PlayerId
SET @IsSuccess=1
END";

SqlCommand cmd = SqlHelper.getSqlCommand(DeletePlayerProc);
cmd.CommandText = "DeletePlayerProc";
cmd.CommandType = CommandType.StoredProcedure;
// 创建参数，获得查询窗体中得到的 PlayId 的值。因为同在一个窗体中，所以这里没有用到窗体间传值
string strId = dgv.CurrentRow.Cells["PlayerId"].Value.ToString();
cmd.Parameters.Add("@PlayerId", SqlDbType.Int).Value=strId;

// 执行上述存储过程
try
{
   cmd.ExecuteNonQuery();
   MessageBox.Show(" 删除成功！ ");
}
catch (Exception ex)
{
   MessageBox.Show(" 删除失败！ " + ex.Message.ToString());
}
finally
{
   SqlHelper.conClose();
}
btnQuery_Click(null, null);
  }
}
```

## 必备知识

1）若要删除球员表 Player 中某个球员的资料，如果 Player 是一个单独表，也与其他表没有联系，则删除操作很简单。但是一般的表都有外键，这就涉及外键的级联删除，在当前项目中，球员表 Player 中的 PlayerId 是主键，在另一个表 PlayerInTeam 中是外键。

级联删除是指如果父表（被外键引用的表，如球员表 Player）中的记录被删除，则子表（引用父表中的键作为外键的表，如表 PlayerInTeam）中对应的记录自动被删除。

2）如果没有完成级联删除，则会提示错误，如图 10-21 所示，提示约束冲突，也就是说有外键约束存在。

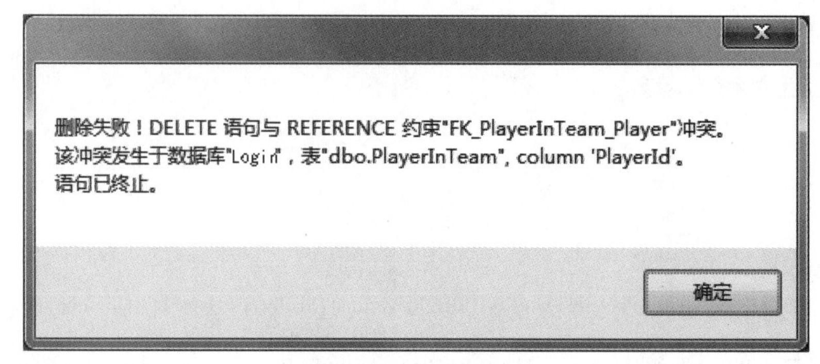

图 10-21　报错

图 10-21 中提示错误为“DELETE 语句与 REFERENCE 约束 "FK_PlayerInTeam_Player" 冲突。该冲突发生于数据库 "Login"，表 "dbo.PlayerInTeam", column 'PlayerId'。语句已终止。”类似地，还会出现错误提示“DELETE 语句与 REFERENCE 约束 "FK_MatchupLog_Player" 冲突。该冲突发生于数据库 "Login"，表 "dbo.MatchupLog", column 'PlayerId'。语句已终止。”

解决的方法有创建触发器实现级联删除、创建存储过程实现级联删除等。最简单的是直接在数据库设置级联删除，如图 10-22 所示。

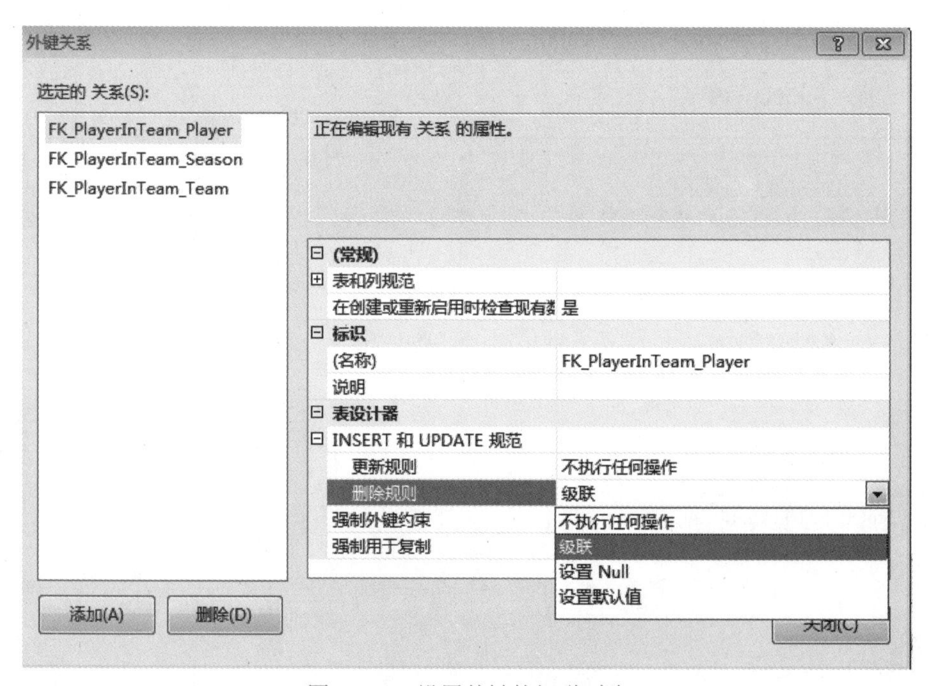


图 10-22　设置外键的级联删除

在数据库中找到所有与 PlayerId 有关联的表的外键进行上述修改，就可以完成级联删除。虽然这种方法很方便，但缺点也很明显，那就是要手动修改数据库。

3）下面介绍建立存储过程实现级联删除的方法。为了能够做到能正确删除，先在数据库里做个存储过程的测试，如图 10-23 所示。详细代码如下：

```
-- 分三步执行下面的语句，不要一次性执行
-- 查询 471 号球员
SELECT * FROM Player WHERE PlayerId=471
```

```
-- 建立存储过程
USE Login
GO
IF exists(SELECT * FROM sys.objects WHERE name='DeletePlayerProc')
DROP procedure DeletePlayerProc
GO
CREATE PROC DeletePlayerProc
(
@PlayerId int,
@IsSuccess bit=0 output
)
AS
BEGIN
DELETE FROM  [dbo].[PlayerInTeam] WHERE PlayerId in (SELECT PlayerId FROM [dbo].[Player] WHERE PlayerId=@PlayerId)
DELETE FROM [dbo].[MatchupLog] WHERE PlayerId in (SELECT PlayerId FROM [dbo].[Player] WHERE PlayerId=@PlayerId)
DELETE FROM [dbo].[Player] WHERE PlayerId=@PlayerId
SET @IsSuccess=1
END

-- 执行上述存储过程
DECLARE
@PlayerId int,
@IsSuccess bit
SET @PlayerId=471;
EXEC DeletePlayerProc @PlayerId,@IsSuccess
```

**说明：在存储过程中，先删除 PlayerId 作为外键表的记录，然后再删除 Player 表中的记录。**

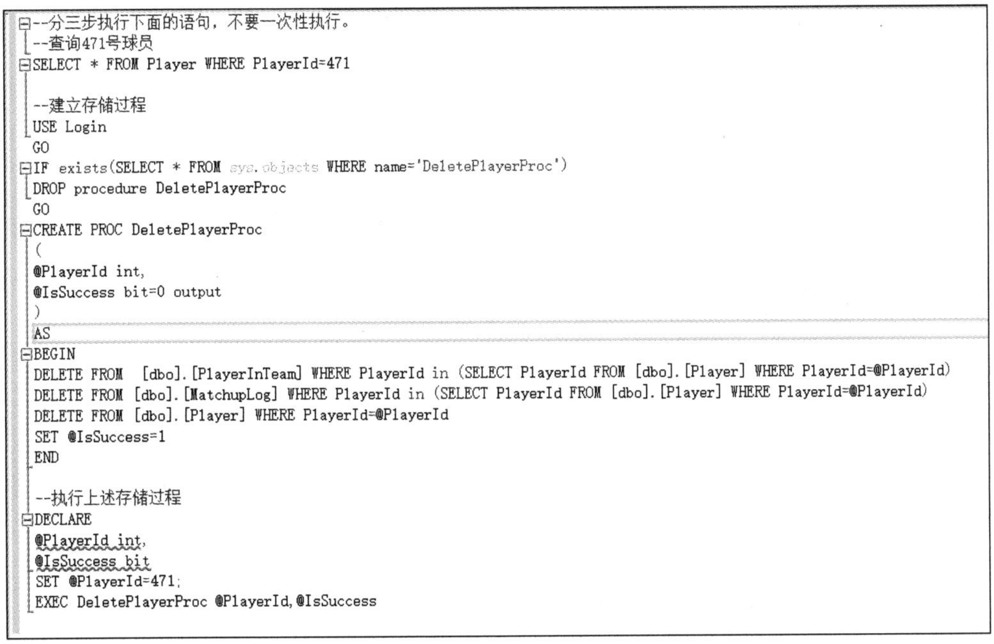

```
--分三步执行下面的语句，不要一次性执行。
--查询471号球员
SELECT * FROM Player WHERE PlayerId=471

--建立存储过程
USE Login
GO
IF exists(SELECT * FROM sys.objects WHERE name='DeletePlayerProc')
DROP procedure DeletePlayerProc
GO
CREATE PROC DeletePlayerProc
(
@PlayerId int,
@IsSuccess bit=0 output
)
AS
BEGIN
DELETE FROM  [dbo].[PlayerInTeam] WHERE PlayerId in (SELECT PlayerId FROM [dbo].[Player] WHERE PlayerId=@PlayerId)
DELETE FROM [dbo].[MatchupLog] WHERE PlayerId in (SELECT PlayerId FROM [dbo].[Player] WHERE PlayerId=@PlayerId)
DELETE FROM [dbo].[Player] WHERE PlayerId=@PlayerId
SET @IsSuccess=1
END

--执行上述存储过程
DECLARE
@PlayerId int,
@IsSuccess bit
SET @PlayerId=471;
EXEC DeletePlayerProc @PlayerId,@IsSuccess
```

图 10-23　建立存储过程

如果数据库已经运行过一个建立存储过程，再次运行时就会报错，提示已经有了同名的存储过程，因此在创建存储过程前应加上一条语句：

```
IF exists(SELECT * FROM sys.objects WHERE name='DeletePlayerProc')
DROP procedure DeletePlayerProc
```

进行判断，如果存储过程已经建立，则删除同名的存储过程。

此外，在 CREATE 之前要加上一个“GO”，否则就会出现错误，如图 10-24 所示。

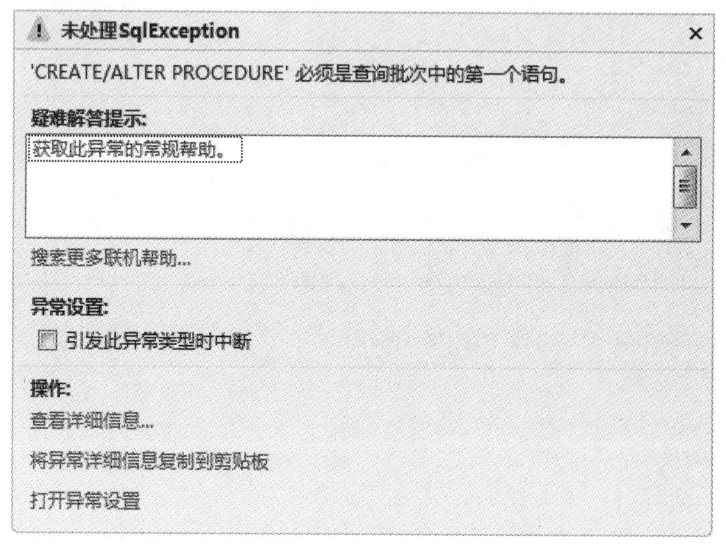


图 10-24　错误提示

4）因为数据删除后就没有了，所以为了便于可以再次进行删除等演示的用途，可以用以下语句插入数据：

```
INSERT into Player(Name,PositionId,JoinYear,Height,Weight,DateOfBirth,College, CountryCode, IsRetirment, RetirmentTime)
values('Yijianlan',3,'2002-10-27',2.13,116.10,'1987-10-27',", 'CN', ",")
SELECT * FROM Player WHERE Name='Yijianlan'
```

可以看到生成的 PlayerId，记下这个号，在下面的语句中要用到。

```
INSERT into PlayerInTeam(PlayerInTeamId,PlayerId,TeamId,SeasonId,ShirtNumber, Salary,StarterIndex)
values(11,471,6,1,9,3200,1)
INSERT into PlayerInTeam(PlayerInTeamId,PlayerId,TeamId,SeasonId,ShirtNumber, Salary,StarterIndex)
values(12,471,6,2,9,3200,1)
INSERT into PlayerInTeam(PlayerInTeamId,PlayerId,TeamId,SeasonId,ShirtNumber, Salary,StarterIndex)
values(13,471,6,3,9,3200,1)
SELECT * FROM PlayerInTeam WHERE PlayerId='471'
```

但是需要注意的是，每次插入后 PlayerId 会自动生成，也就说不是 471 号了。

5）程序中“SqlCommand cmd = SqlHelper.getSqlCommand(DeletePlayerProc);”语句表示调用 SqlHelper 类中的 getSqlCommand 方法，参数是 DeletePlayerProc，说明这其实是一个建立“删除球员的存储过程”的程序。

6）“cmd.CommandText = "DeletePlayerProc";”语句表示获取或设置要在数据源中执行的 Transact-SQL 语句、表名或存储过程。

7）“cmd.CommandType = CommandType.StoredProcedure;”语句表示要执行的类型是存储过程。CommandType 是枚举类型。

8）在编写 SQL 语句时，常常用到连字符“+”，使用时要注意，两个 SQL 语句用连字符“+”连起来的时候，有时候因为缺少空格，程序运行会报错。例如：

```
string sqlTeamId = “SELECT TeamId FROM Team WHERE TeamName like '%" + txtTeamName.Text + "%'";
```

如果分成两个 SQL 语句写：

```
string  sqlTeamId= "SELECT TeamId FROM Team"
sqlTeamId+="WHERE TeamName like '%" + txtTeamName.Text + "%'";
```

这时，因为 Team 与 WHERE 之间没有空格，会造成 SQL 语句语法错误，程序不能执行，提示 like 附近有错误。正确的写法是在 WHERE 之前加上空格，或者是在 Team 之后加上空格。

# 触类旁通

启动项目后，加载所有球员的信息，并且显示出球队的名称，效果如图 10-25 所示。

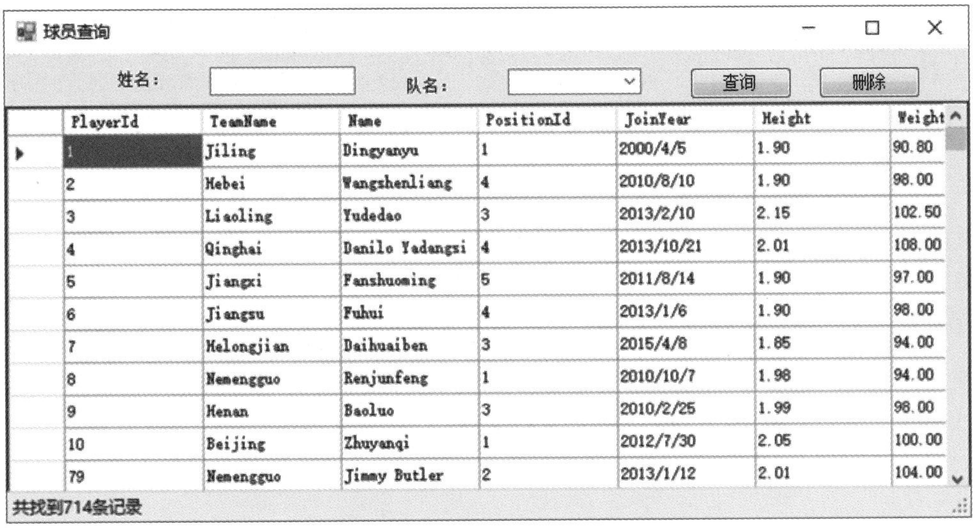

球员查询

姓名：［ ］ 队名：［ ］ 查询 删除

| | PlayerId | TeamName | Name | PositionId | JoinYear | Height | Weight |
|---|---|---|---|---|---|---|---|
| ▶ | 1 | Jiling | Dingyanyu | 1 | 2000/4/5 | 1.90 | 90.80 |
| | 2 | Hebei | Wangzhenliang | 4 | 2010/8/10 | 1.90 | 98.00 |
| | 3 | Liaoling | Yudedao | 3 | 2013/2/10 | 2.15 | 102.50 |
| | 4 | Qinghai | Danilo Yadangsi | 4 | 2013/10/21 | 2.01 | 108.00 |
| | 5 | Jiangxi | Fanshuoming | 5 | 2011/8/14 | 1.90 | 97.00 |
| | 6 | Jiangsu | Fuhui | 4 | 2013/1/6 | 1.90 | 98.00 |
| | 7 | Helongjian | Daihuaiben | 3 | 2015/4/8 | 1.85 | 94.00 |
| | 8 | Nemengguo | Renjunfeng | 1 | 2010/10/7 | 1.98 | 94.00 |
| | 9 | Henan | Baoluo | 3 | 2010/2/25 | 1.99 | 98.00 |
| | 10 | Beijing | Zhuyanqi | 1 | 2012/7/30 | 2.05 | 100.00 |
| | 79 | Nemengguo | Jimmy Butler | 2 | 2013/1/12 | 2.01 | 104.00 |

共找到714条记录

图 10-25　启动项目

现在要查询名叫 Yijianlan 的球员，在图 10-25 的“姓名”文本框中输入“Yijianlan”，单击“查询”按钮，查询结果如图 10-26 所示。由于在实际操作中已经执行过一次插入与删除操作，所以 PlayId 变为 472 号了。

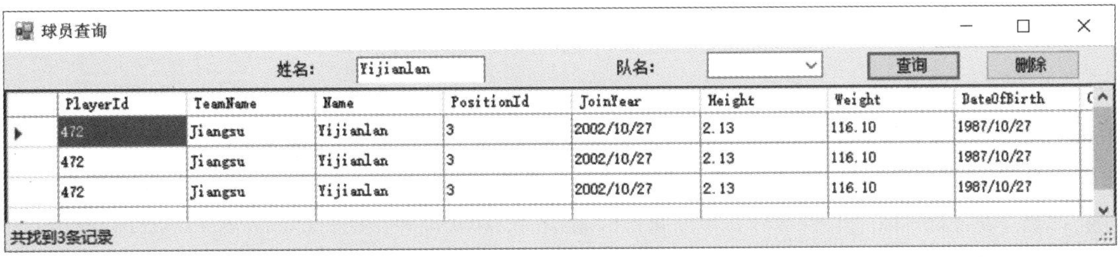

球员查询

姓名：［Yijianlan］ 队名：［ ］ 查询 删除

| | PlayerId | TeamName | Name | PositionId | JoinYear | Height | Weight | DateOfBirth |
|---|---|---|---|---|---|---|---|---|
| ▶ | 472 | Jiangsu | Yijianlan | 3 | 2002/10/27 | 2.13 | 116.10 | 1987/10/27 |
| | 472 | Jiangsu | Yijianlan | 3 | 2002/10/27 | 2.13 | 116.10 | 1987/10/27 |
| | 472 | Jiangsu | Yijianlan | 3 | 2002/10/27 | 2.13 | 116.10 | 1987/10/27 |

共找到3条记录

图 10-26　查询球员 Yijianlan

现在要删除球员 Yijianlan。选中第一条记录，单击“删除”按钮，弹出“删除成功”提示对话框，如图 10-27 所示。

图 10-27　删除完成

单击“确定”按钮，原窗口自动刷新，显示该球员已经被删除，如图 10-28 所示。

队员查询

姓名：Yijianlan　队名：　查询　删除

| | PlayerId | TeamName | Name | PositionId | JoinYear | Height | Weight | DateOfBirth | Col |
|---|---|---|---|---|---|---|---|---|---|
| * | | | | | | | | | |

共找到0条记录

图 10-28　自动刷新查询窗口

到此，删除操作成功完成。本任务的重点和难点之一是利用存储过程来完成多表之间有关联的删除；另一个难点是存储过程并不是在数据库中直接建立完成的，而是为了不改变标准数据，在项目中建立的。

# 任务 4　数据增加模块

## 任务情境

开发一个数据增加模块，在查询界面上添加“增加”按钮，单击此按钮窗体会跳转到添加球员界面 frmAddPlayer，填写球员的信息后，单击“保存”按钮，保存球员信息并给出提示。

## 任务分析

数据增加模块是各种系统中常用的模块，是在数据处理中经常用到的一种操作。添加数据一般要先填写一些信息后再保存，显示数据窗体自动进行刷新操作。

所需要的素材与查询模块类似：准备 Login.mdf 和 Login_log.ldf 的 SQL Server 数据库文件；包含三张数据表，分别为球员表 Player、球队表 Team、球员所在球队表 PlayerInTeam；另外，再准备一张球员的照片。

新建 Windows 窗体应用项目名为 AddModule，在已经有的查询项目里添加 Windows 窗体，名为 frmAddPlayer.cs。

在前面的查询窗口中，添加一个“增加”按钮，当用户单击该按钮后，窗体会跳转到添加球员的界面 frmAddPlayer，界面设计如图 10-29 所示。图中右侧的方框是用来加载球员照片的。

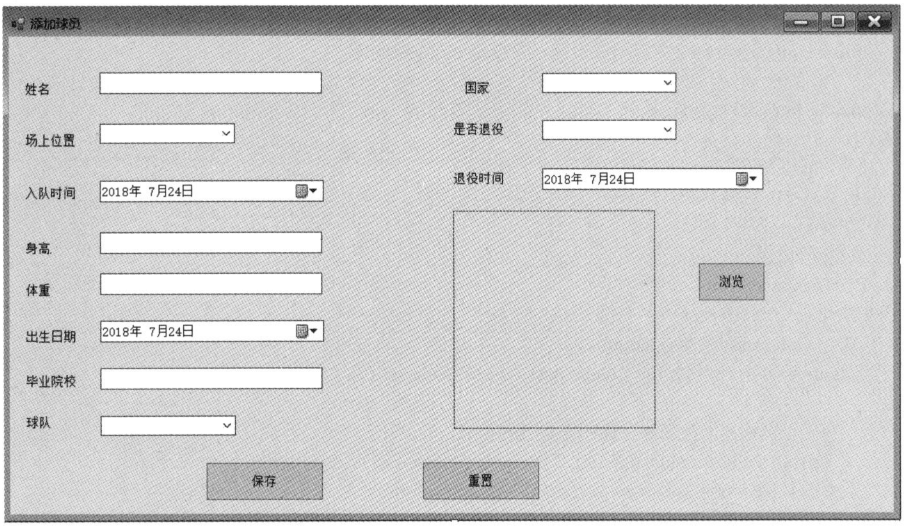

图 10-29 frmAddPlayer 界面设计

## 任务实施

1）添加“增加”按钮，修改名称为 btnAdd。

2）双击查询界面的中的“增加”按钮 btnAdd，详细代码如下：

```
private void btnAdd_Click(object sender, EventArgs e)
 {
      frmAddPlayer frmAdd = new frmAddPlayer();
      // 判断修改窗体中的返回值是否为 DialogResult.OK
      if (frmAdd.ShowDialog() == DialogResult.OK)
      {
          // 刷新 dgv 中的数据
          btnQuery_Click(null, null);
          MessageBox.Show("OK");
      }
 }
```

3）单击“增加”按钮后，窗体会跳转到添加球员界面 frmAddPlayer，frmAddPlayer.cs 全部代码如下：

```
using AddModule;
using System;
using System.Collections.Generic;
using System.ComponentModel;
using System.Data;
using System.Data.SqlClient;
using System.Drawing;
using System.IO;
using System.Linq;
using System.Text;
using System.Windows.Forms;
```

```
namespace AddModule
{
    public partial class frmAddPlayer : Form
    {
        private Stream stream; // 定义字节流，需要 using System.IO;

        public frmAddPlayer()
        {
            InitializeComponent();
        }
        /// <summary>
        /// 窗体加载
        /// </summary>
        /// <param name="sender"></param>
        /// <param name="e"></param>
        private void frmAddPlayer_Load(object sender, EventArgs e)
        {
            // 加载场上位置名称，而不是位置号
            string sqlPositionId = "SELECT PositionId,Name FROM Position";
            DataTable dt = SqlHelper.getDataTable(sqlPositionId);
            cmbPositionId.DataSource = dt;
            // 用 DataTable 完成，显示的是名称 DisplayMember，用到的是它对应的值 ValueMember
            cmbPositionId.DisplayMember = "Name";
            cmbPositionId.ValueMember = "PositionId";
            cmbIsRetirment.SelectedIndex = 0;
            // 加载国家名称
            string sqlCountryCode = "SELECT CountryCode,CountryName FROM Country";
            DataTable dtCountryName = SqlHelper.getDataTable(sqlCountryCode);
            cmbCountryCode.DataSource = dtCountryName;
            cmbCountryCode.DisplayMember = "CountryName";
            cmbCountryCode.ValueMember = "CountryCode";
            // 加载球队
            string sqlTeamName = "SELECT TeamName,TeamId FROM Team";
            DataTable dtTeamName = SqlHelper.getDataTable(sqlTeamName);
            cmbTeamName.DataSource = dtTeamName;
            cmbTeamName.DisplayMember = "TeamName";
            cmbTeamName.ValueMember = "TeamId";

        }
        /// <summary>
        /// 重置
        /// </summary>
        /// <param name="sender"></param>
        /// <param name="e"></param>
        private void btnReset_Click(object sender, EventArgs e)
        {
            txtName.Text = "";
            cmbPositionId.Text = "";
            txtHeight.Text = "";
            txtWeight.Text = "";
            txtCollege.Text = "";
            cmbTeamName.Text = "";
            cmbIsRetirment.Text = "";

        }
```

```
        /// <summary>
        /// 浏览照片
        /// </summary>
        /// <param name="sender"></param>
        /// <param name="e"></param>
        private void btnBrowse_Click(object sender, EventArgs e)
        {
            OpenFileDialog ofd = new OpenFileDialog();
            if (ofd.ShowDialog() == DialogResult.OK)
            {
                picImage.Image = Image.fromFile(ofd.FileName);
                // 获得字节流
                stream = ofd.OpenFile();
            }
            else
            {
                picImage.Image = null;
                stream = null;
            }
        }
        /// <summary>
        /// 保存球员
        /// </summary>
        /// <param name="sender"></param>
        /// <param name="e"></param>
        private void btnSave_Click(object sender, EventArgs e)
        {
            string sql = @"INSERT into Player(Name,PositionId,JoinYear,Height,Weight,DateOfBirth,College,CountryC
ode,Img,IsRetirment,RetirmentTime)
    VALUES(@Name,@PositionId,@JoinYear,@Height,@Weight,@DateOfBirth,@College,@CountryCode,@Img,@
IsRetirment,@RetirmentTime) ";
            SqlCommand cmd = SqlHelper.getSqlCommand(sql);
            cmd.Parameters.Add("@Name", SqlDbType.VarChar).Value = txtName.Text;
            cmd.Parameters.Add("@PositionId", SqlDbType.Int).Value = cmbPositionId.selectedValue;
            cmd.Parameters.Add("@JoinYear", SqlDbType.DateTime).Value = dtpJoinYear.Value;
            cmd.Parameters.Add("@Height", SqlDbType.Decimal).Value = Convert.ToDecimal(txtHeight.Text);
            cmd.Parameters.Add("@Weight", SqlDbType.Decimal).Value = Convert.ToDecimal(txtWeight.Text);
            cmd.Parameters.Add("@DateOfBirth", SqlDbType.DateTime).Value = dtpDateOfBirth.Value;
            cmd.Parameters.Add("@College", SqlDbType.VarChar).Value = txtCollege.Text;
                cmd.Parameters.Add("@CountryCode", SqlDbType.Char).Value = cmbCountryCode.SelectedValue.
ToString();
            cmd.Parameters.Add("@IsRetirment", SqlDbType.Bit).Value = cmbIsRetirment.Text;

            if (dtpRetirmentTime.Visible == true)
            {
                cmd.Parameters.Add("@RetirmentTime", SqlDbType.Date).Value = dtpRetirmentTime.Value;
            }
            else
            {
                cmd.Parameters.Add("@RetirmentTime", SqlDbType.Date).Value = DBNull.Value;
            }
            // 存储球员的照片
            if (stream != null)
            {
```

```
            byte[] bytes = new byte[stream.Length];
            stream.Read(bytes, 0, (int)stream.Length);
            cmd.Parameters.Add("@Img", SqlDbType.Image).Value = bytes;
        }
        else
        {
            cmd.Parameters.Add("@Img", SqlDbType.Image).Value = DBNull.Value;
        }

        try
        {
            SqlHelper.conOpen();
            cmd.ExecuteNonQuery();
        //   this.DialogResult = DialogResult.OK;
        //   MessageBox.Show(" 添加球员添加成功！ ");
        }
        catch (Exception ex)
        {
            MessageBox.Show(" 添加失败！ " + ex.Message.ToString());
        }
        finally
        {
            SqlHelper.conClose();
        }

        string sqlPlayerId = "SELECT PlayerId FROM Player WHERE 1=1";
        if (txtName.Text != "")
            sqlPlayerId += " and Name='"+txtName.Text.Trim()+"'";
        SqlDataReader dr = SqlHelper.getSqlDataReader(sqlPlayerId);
        if (dr.Read())
        {
            // 添加进入球队
            string sqlAddtoTeam = @"INSERT into PlayerInTeam(PlayerId,TeamId) values(@PlayerId,@TeamId) ";
            SqlCommand cmdAddtoTeam = SqlHelper.getSqlCommand(sqlAddtoTeam);
            cmdAddtoTeam.Parameters.Add("@PlayerId", SqlDbType.Int).Value = dr["PlayerId"];
            cmdAddtoTeam.Parameters.Add("@TeamId", SqlDbType.Int).Value = cmbTeamName.SelectedValue;
            SqlHelper.conOpen();
            cmdAddtoTeam.ExecuteNonQuery();
            this.DialogResult = DialogResult.OK;
            MessageBox.Show(" 添加球员添加成功！ ");
        }
        else
        {
            MessageBox.Show(" 插入球员到球队中失败！ ");
        }

    }

    /// <summary>
    /// 限定输入的是数字或小数点（ASCII 码为 46）
    /// </summary>
    /// <param name="sender"></param>
    /// <param name="e"></param>
    private void txtHeight_KeyPress(object sender, KeyPressEventArgs e)
    {
```

```
                    // 如果按的不是数字键，也不是回车键、小数点或 Backspace 键，则取消该输入
                    if (!(Char.IsNumber(e.KeyChar)) && e.KeyChar != (char)13 && e.KeyChar != (char)8 && e.KeyChar !=
(char)46)
                    {
                        e.Handled = true;
                    }
                }
            }
        }
```

## 必备知识

要增加球员表 Player 中某个球员的资料，如果 Player 是一个单独表，也与其他表没有联系，则增加很方便。但是一般的表都有外键，这就涉及外键的问题。在当前项目中，球员表 Player 的 PlayerId 是主键，同时它是另一个表 PlayerInTeam 的外键。

## 触类旁通

启动项目后，加载所有球员的信息，当用户单击“增加”按钮后，窗体会跳转到添加球员界面 frmAddPlayer，在添加球员的界面中，填写相关信息，如图 10-30 所示。单击“保存”按钮后，系统会给出相应的提示，确定是否添加成功。

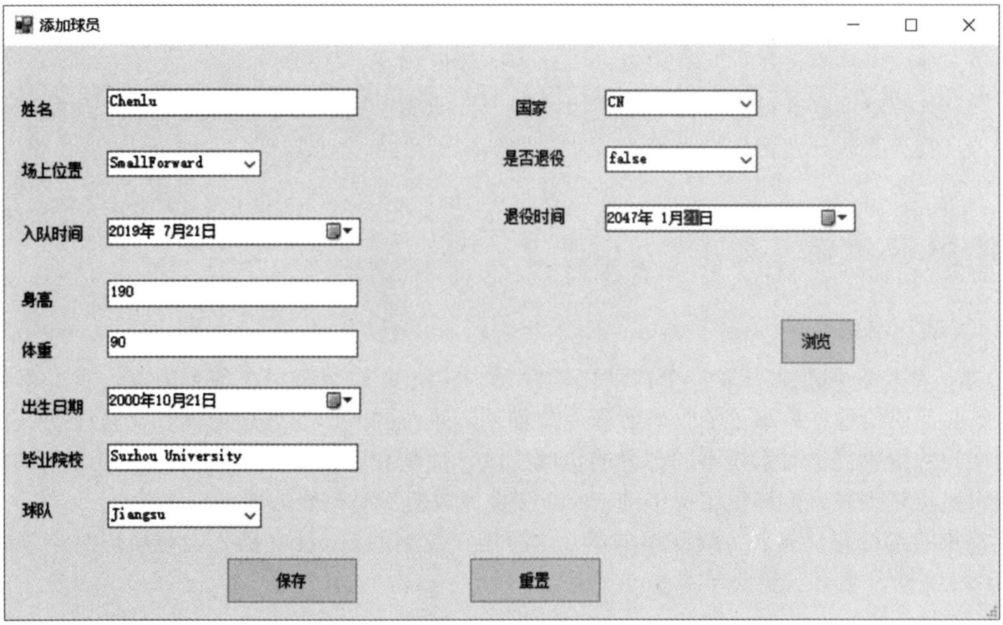

图 10-30　添加球员

## 职业能力目标

- 能够根据提供的数据库脚本生成数据库。
- 可以根据登录角色的不同，进入管理员或用户界面，进行相应权限的操作。
- 能够在界面中进行多种查询，实时反映查询结果。
- 能够对查询的结果进行编辑操作。
- 能够读取 Excel 中的内容，并按要求更改数据库中的数据。
- 能够设计测试计划，分析测试，并完成软件测试。
- 具有对项目开发的总体进度把控的能力，能够在规定的时间内提交软件开发产品。
- 具有团队开发协作能力等。

## 一、系统需求分析

### 1. 功能需求

Gusu 航空公司要求开发一个自动化软件系统。Gusu 航空公司在各个国家设有办事处，该系统将提供给这些办事处的管理者和用户使用。系统的入口是登录窗体和认证模块。根据每位用户的角色提供对系统不同部分的访问权限，控制和监控用户对系统的访问。能够查看和编辑航班时刻表，能够使用提供的 Excel 文件完成航班时刻表的更改。

提供的素材有任务书、数据库脚本、含有用户数据的 Excel 文档、含有航班时刻表变更的 Excel 文档、含有航空公司的 Logo 图片。

### 2. 数据需求

为了进一步理解系统数据库，数据库设计人员提供了一个实体关系图（ERD）。图 11-1 所示为数据库中使用的数据概念模型。

在 ERD 中可以清楚看到各表之间的联系，但是联系不是从图中线的位置看出来的，而是单击图中的联系的线，在“属性”中的“表和列的规范”中，就可以看出各表之间的具体联系。

分析所有的表之间的联系，可以发现：Countries 表中的主键 ID 在 Offices 表中作为 Country ID 的外键；Countries 表中的主键 ID 在 Airports 表中作为 CountryID 的外键；Roles 表中的主键 ID 在 User 表中作为 RoleID 的外键；Offices 表中的主键 ID 在 User 表中作为 OfficeID 的外键；Airports 表中的主键 ID 在 Routes 表中作为 DepartureAirportID 和 ArrivalAirportID 的外键；Routes 表中的主键 ID 在 Schedules 表中作为 RouteID 的外键；Aircrafts 表中的主键 ID 在 Schedules 表中作为 AircraftID 的外键。

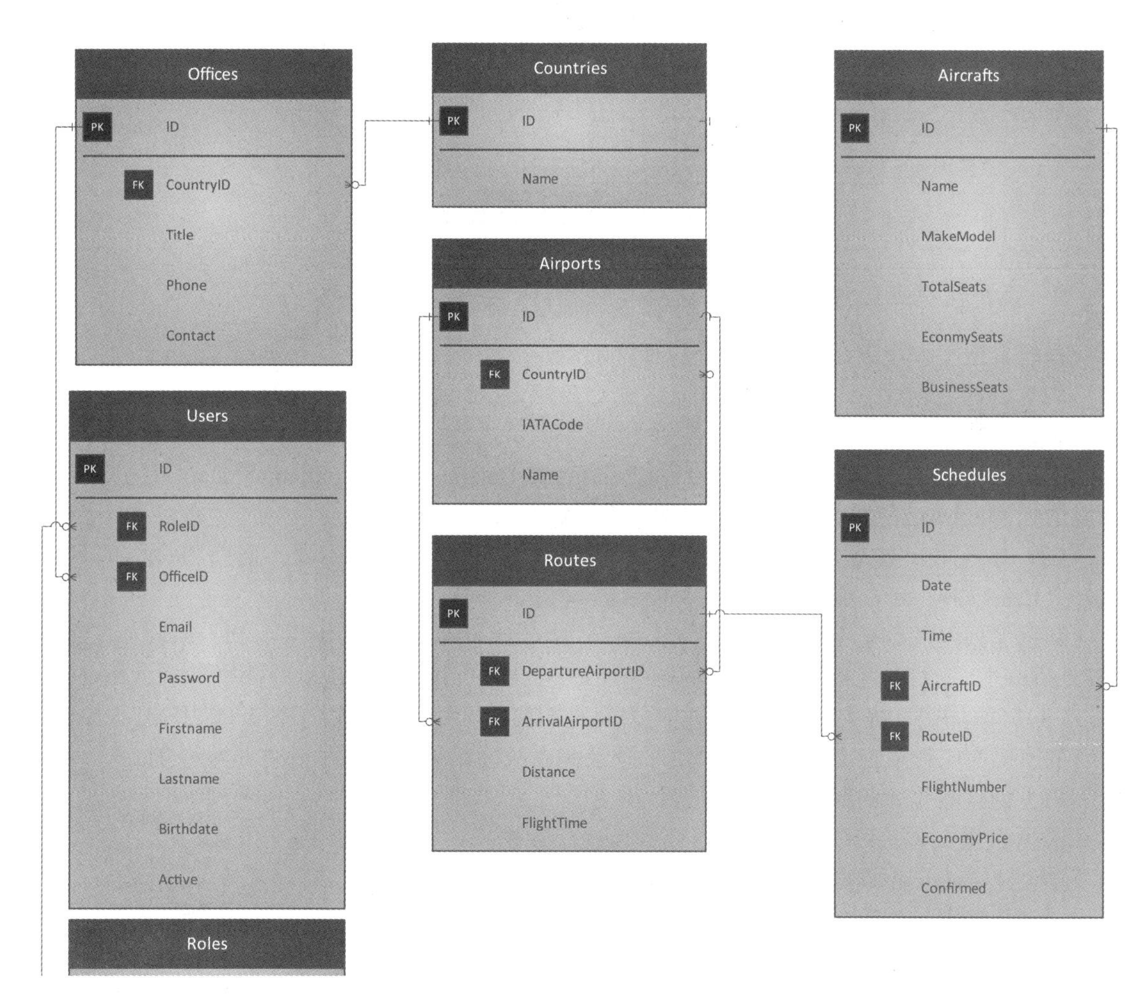


图 11-1　系统数据库的 ERD

## 二、系统总体设计

### 1．系统模块设计

Gusu 航空公司管理系统的层次模块图如图 11-2 所示。管理员和用户登录系统，管理员可以管理用户。用户只能查询航班，管理员权限更大一些，可以查询、修改航班，确认和取消航班。

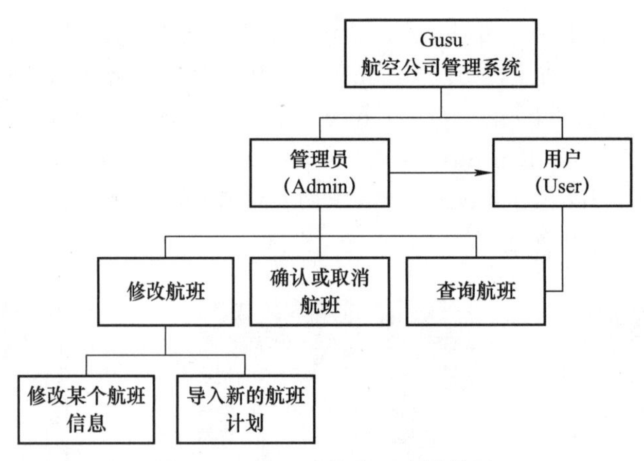

图 11-2　管理系统的层次模块图

2. 系统数据库设计

系统数据库设计主要有以下几个步骤：

（1）创建数据库　在所需的 RDBMS 平台（MySQL 或 Microsoft SQL Server）中，创建一个名为“Aviation”的数据库。

RDBMS 是指关系数据库管理系统（Relational Database Management System），数据库可以选择 Microsoft SQL Server，数据库名为“Aviation”。

（2）导入用户数据　管理者已经提供了需要访问系统的用户列表。需要将提供的列表文件“Users.csv”导入到数据库中的“Users”表中。

数据库列表的数据字段包括角色（Role）、电子邮件（email）、密码（Password）、名字（First name）、姓氏（Last name）、标题（Title）、出生日期（Birthdate）和活动（Active）。

（3）密码加密　提供的数据文件中的密码是明文，但为了提高安全性，需要用 MD5 加密，所有的密码都应该以密文格式存储。用于登录到系统的用户名的电子邮件是唯一的。

（1）创建数据库的操作方法

根据素材文件夹 SQL 脚本创建 SQL Server 数据库，在 SSMS 中先手动创建 Aviation 数据库，再打开并执行 Aviation.sql 脚本文件，刷新后得到数据表，如图 11-3 所示。

Aviation
数据库关系图
表
系统表
FileTables
dbo.Aircrafts
dbo.Airports
dbo.Countries
dbo.Offices
dbo.Roles
dbo.Routes
dbo.Schedules

图 11-3　数据表

（2）导入用户数据的操作方法

成功导入的前提是在修改了 Excel 表的内容。具体的操作方法是根据 Roles 表，把 Administrator 用 1 代替，User 用 2 代替，OfficeID 也是进行类似操作。目前的办法是修改了 Excel 文件，再增加一列 ID 号。

右击“Aviation”在弹出的快捷菜单中单击“任务→导入数据”命令，打开 SQL Server 导入和导出向导。单击“下一步”按钮，进入“选择数据源”界面。设置“数据源”为 Flat File Source 平面文件源；单击“文件名”后面的“浏览”按钮，找到 Users.csv 文件；设置“文件类型选择“CSV 文件”；选中“在第一个数据行中显示列名称”复选框，如图 11-4 所示。

可以单击左侧列表框中的“预览”项，查看数据是否正常显示。再按照向导单击“Next”按钮，进入“选择源表和源视图”界面，选中 Users 表，如图 11-5 所示，否则会自动生成一张新表。

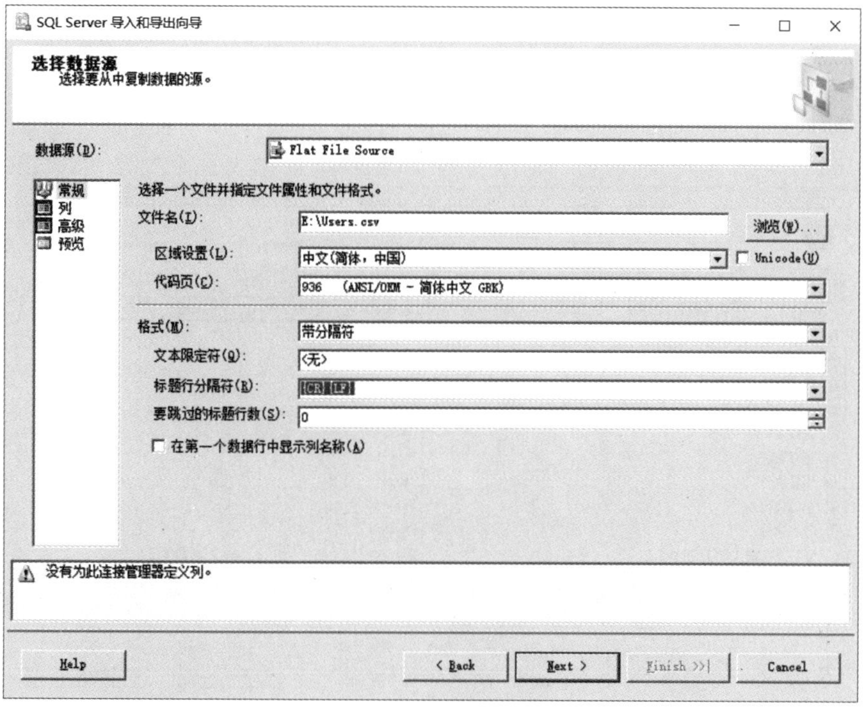

图 11-4　平面数据源

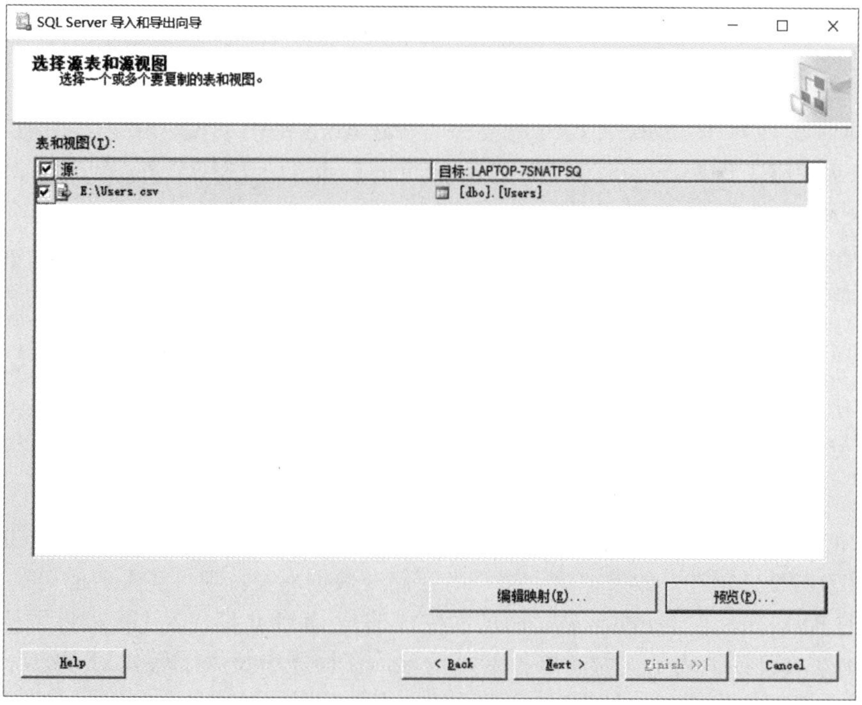

图 11-5　选中 Users 表

如果导入不成功，报代码页错误等，则可能是在平面数据源中，区域设置与代码页不一致造成。另外，如果报数据截断错误等，则可能是提供的 Excel 文件数据与 Users 表中字

段不能一一对应，可以考虑修改 Excel 表后再导入。如果导入成功，则效果如图 11-6 所示。

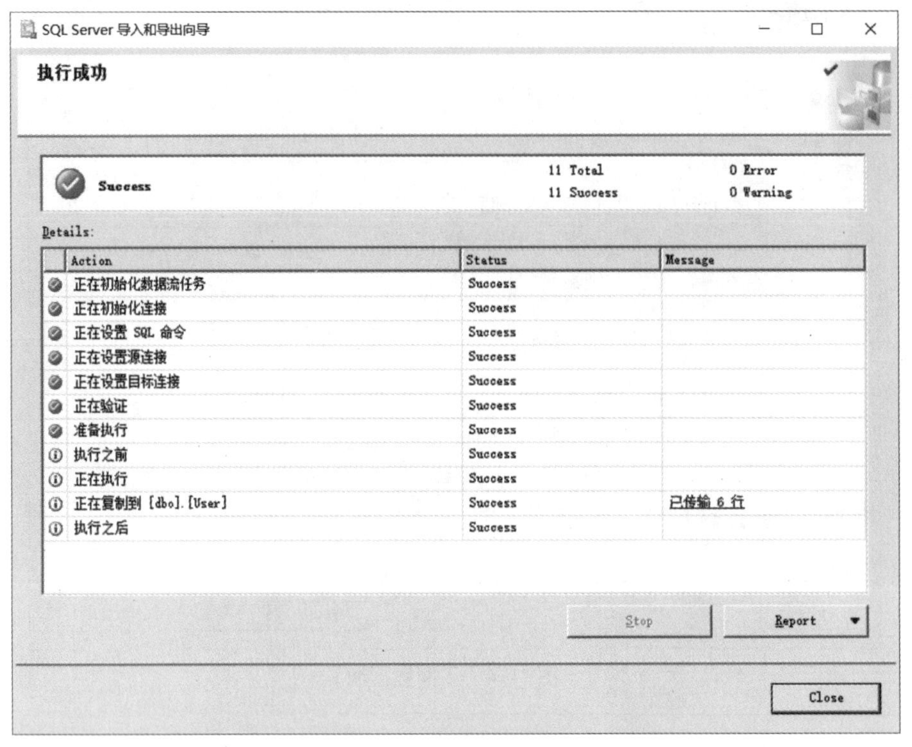


图 11-6　导入 CSV

（3）密码加密

在 SSMS 中，对于 Users 表要求不要保存 Password 密码明文，所以先用 T-SQL 语句 UPDATE Users SET Password =CONVERT(nvarchar, hashbytes ('MD5', Password), 2) 来修改密码明文，得到 Users 表如图 11-7 所示。

| ID | RoleID | Email | Password | FirstName | LastName | OfficeID | Birthdate | Active |
|---|---|---|---|---|---|---|---|---|
| 1 | 1 | Liuyi@qq.com | 6ECE4FD51BC113942692637D9D4B86 | yi | Lu | 1 | 1985-05-19 | 1 |
| 2 | 2 | Mayongji@qq.com | 0970FFE8F1B935F2E126C6D98B492F | yongji | Ma | 2 | 1999-08-13 | 1 |
| 3 | 2 | Lujunyan@qq.com | 5608E1BF11D627C3CF09842375D416 | junyan | Lu | 3 | 1976-10-20 | 1 |
| 4 | 2 | Zhangyoule@qq.com | EBD1B025E0472F30FD965C220B70C9 | youle | Zhang | 4 | 1980-05-30 | 1 |
| 5 | 2 | Chendaoxid@qq.com | 6CAD644942765C54D86BB086A186E0 | daoxi | Chen | 5 | 1974-10-20 | 1 |
| 6 | 2 | Luqingbo@qq.com | B8A7FB85A18653CA6BEA1823434516 | qingbo | Lu | 5 | 1983-12-02 | 0 |

图 11-7　MD5 加密后的 Users 表

执行 SELECT hashbytes('MD5','123') 语句对密码 123 加密后，生成了 0x202CB962AC59075B964B07152D234B70，如果把这个字符串存储在数据库中，则可能生成的是乱码。因为，数据库中的 Password 是 nvarchar 型，而加密生成的是 varchar 型，是 Unicode 编码，所以转到 nvarchar 型后就成乱码了。为了避免这种情况，在程序中使用了转化的方法，Password= CONVERT (nvarchar,hashbytes ('MD5',@pwd),2)，其中 2 表示去掉最前面的两个字符“0x”，剩下的字符串保存到数据库中。最终是使用 nvarchar 型还是 varchar 型，都要统一起来，也就是说数据库中的类型与程序中要转换的类型须一致，而且经过执行上述 UPDATE 语句后，存在数据库中的密码要与 SELECT CONVERT (nvarchar,hashbytes ('MD5',@pwd),2) 语句执行的结果相同，否则可以会引起输入密码正确却无法登录的现象。

## 三、系统详细设计

### 1. 创建登录

创建登录屏幕如图 11-8 所示，它具有以下特征：

- 用户名将根据 Users 表中的电子邮件地址进行检查。
- 如果客户端输入错误的用户名或密码超过 3 次，则需要等待 10s 才能重新登录系统。在等待下一次登录时，倒数计时器将显示下一次可尝试登录的剩余时间。
- 如果管理员禁用了某用户，并输入了正确的凭证。若用户无法登录，则应有信息提示，使他们知道不能登录的原因。
- 登录成功后，根据客户的角色，将被分别引导至管理员或用户各自的主菜单。

图 11-8 登录窗口

（1）设计登录按钮的操作过程

添加 Timer 控件，Name 为 timCount，属性 Interval 设置为 1000。

```
int time = 10;   // 声明变量，表示 10s
int flag = 0;    // 声明变量，记录登录错误次数
```

登录按钮的全部代码如下：

```
private void btnLogin_Click(object sender, EventArgs e)
        {
            if (txtPassword.Text != "" || txtUsername.Text != "")
            { // 当用户名和密码不为空时
                string selectedpwd = @"SELECT Email,Password,RoleID,Active FROM [Users]
    WHERE Email=@name and Password=convert(varchar,HASHBYTES('MD5',@pwd),2)";
                SqlParameter[] spr = new SqlParameter[2];
                spr[0] = new SqlParameter();
                spr[0].ParameterName = "@name";
                spr[0].Value = txtUsername.Text;
                spr[1] = new SqlParameter();
                spr[1].ParameterName = "@pwd";
                spr[1].Value = txtPassword.Text;
            spr[1].SqlDbType = SqlDbType.NVarChar;
```

```
                SqlDataReader drpwd = SqlHelper.ExceuteRead(selectedpwd, spr);
                // 使用 sqlparameter 防止 sql 注入攻击
                if (drpwd.Read())
                {
                    if (drpwd["Active"].ToString() == "True")
                    {   // 如果活动权限为 false，则判断是可用的
                        if (drpwd["RoleID"].ToString() == "1")
                        Global.Go(this, new frm_admin_screen());
                        // 当权限为管理员时，跳转到 frm_admin_screen
                        if (drpwd["RoleID"].ToString() == "2")
                            Global.Go(this, new frm_user_screen(drpwd["Email"].ToString(),
        DateTime.Now.ToString("yyyy-MM-dd"), DateTime.Now.ToString("hh:mm:ss")));
// 当权限为普通用户时，跳转到 frm_user_screen，并且传递邮箱、登录日期、登录时间
                    }
                    else
                        MessageBox.Show(" 管理员已经禁止你的邮箱登录 ");
                        // 如果活动权限为 false，则提示管理员已经禁止你的邮箱登录
                }
                else
                {
                    // 当用户名和密码不正确时
                    MessageBox.Show(" 邮箱或密码错误 ");// 如果数据库中没有两个
                    // TextBox 中输入的值，则提示邮箱或密码错误
                    flag += 1; // 错误次数 +1
                    if (flag >= 3)
                    {
                        // 当错误次数大于等于 3 次时
                        timCount.Enabled = true;// 启动计时器
                        txtPassword.Enabled = false;//txtPassword 改为不可用
                        txtUsername.Enabled = false;//txtUsername 改为不可用
                        btnLogin.Enabled = false;// 登录按钮改为不可用
                    }
                  }
        }
        else
            MessageBox.Show(" 请输入用户名或密码 ");
        // 如果 TextBox 为空，则提示请输入邮箱或密码
}
```

**（2）设计计数器的操作过程**

**计数器代码如下：**

```
private void timCount_Tick (object sender, EventArgs e)
{
    time – = 1; // 用于倒计时 10s
     lblTip.Text = "您的密码输入错误次数已达 " + flag + " 次，请在 " + time + "s 后重新输入 "; // 提示错误的次数
和还剩多少秒可重新输入用户名密码
    lblTip.Visible = true; // 设计时，是不可见的
    if (time == 0)
    {//time 变为 0 时
        timer1.Enabled = false;// 计时器控件为不可用
        time = 10 * (flag – 1);// 禁用时间随错误次数的变大而变大
        txtPassword.Enabled = true;//txtPassword 改为可用
        txtUsername.Enabled = true;//txtUsername 改为可用
        btnLogin.Enabled = true;// 登录按钮改为可用
        lblTip.Text = "请输入密码 ";
    }
}
```

（3）验证邮件计数器的操作过程

```
private void txtUsername_TextChanged(object sender, EventArgs e)
{
    SqlParameter sp = new SqlParameter("@email", txtUsername.Text);
    string selectemail = "SELECT email FROM Users WHERE email=@email";
    SqlDataReader dr = SqlHelper.ExceuteRead(selectemail, sp);
    if (dr.Read())
    {
        lblEmail.Text = " 你可以使用此邮箱登录 ";
    }
    else
    {
        lblEmail.Text = " 你不能使用此邮箱登录，不存在此用户 ";
    }
}
```

（4）Global.cs 操作过程

上面的登录中用到了 Global 类，Global.cs 文件作为窗体的跳转，全部代码如下：

```
using System;
using System.Collections.Generic;
using System.Linq;
using System.Text;
using System.Windows.Forms;
using System.Threading.Tasks;

namespace Aviation_System {
    class Global {
        public static void Go(Form frmparent, Form frmchild)
        {
            frmchild.Owner = frmparent;
            frmparent.Hide();
            frmchild.Show();
        }
        public static void Back(Form frm)
        {
            if(frm.Owner!=null)
            frm.Owner.Show();
            frm.Dispose();
        }
    }
}
```

Global.cs 为窗体的前进与后退以及窗体关闭后哪个窗体要显示，提供了统一的调用方法。

（5）技术要点

1）本项目的关键是分角色安全登录。登录根据 RoleID 的不同跳转到不同的窗体，if (drpwd["RoleID"].ToString() = = "1")，跳转到 Global.Go(this, new frm_admin_screen()) 管理员窗体；if (drpwd["RoleID"].ToString() = = "2")，跳转到 Global.Go(this, new frm_user_screen(drpwd["Email"].ToString())) 用户窗体。

2）有语句“string selectedpwd = @"SELECT Email,Password,RoleID FROM [Users] WHERE Email='"+txtUsername.Text+"' and Password=convert(varchar,HASHBYTES ('MD5', '"+txtPassword.Text+"'),2)";”，当 txtUsername.Text='or 1=1– 时，不用密码就能直接登录，称为注入攻击。

3）如果没有“spr[1].SqlDbType = SqlDbType.NVarChar;”语句，会报错，因为计算出来的密码与数据库存储的不相符合。

（6）模块测试

如果是在 SSMS 没有用户名和密码的 SQL Server 数据库管理系统中测试时，请把 SqlHelper.cs 中关于数据库的连接设置为“Data Source=.;Initial Catalog=Aviation;Integrated Security =True”。运行 VS，登录测试时使用的用户名为 Luyi@qq.com，密码为 111，这个是管理员的权限；再次使用普通用户名为 Chendaoxi@qq.com，密码为 555，进行登录测试。

### 2．数据处理的公共类

用到的数据处理的公共类为 SqlHelper。SqlHelper.cs 的全部代码如下：

```
using System;
using System.Collections.Generic;
using System.Linq;
using System.Text;
using System.Data.SqlClient;
using System.Threading.Tasks;
using System.Data;

namespace Aviation_System
{
    class SqlHelper
    {
        public static string sqlcon = "Data Source=.;Initial Catalog=Aviation;Integrated Security =True";
        public static SqlConnection conn;
        public static SqlConnection ConnOpen()
        {
            conn = new SqlConnection(sqlcon);
            conn.Open();
            return conn;
        }

        public static DataTable GetTable(string sql, params SqlParameter[] parameters)
        {
            ConnOpen();
            SqlDataAdapter sda = new SqlDataAdapter(sql, conn);
            sda.SelectCommand.Parameters.AddRange(parameters);
            DataTable dt = new DataTable();
            sda.Fill(dt);
            return dt;
        }
        public static int ExcuteSql(string sql, params SqlParameter[] parameters)
        {
            ConnOpen();
            SqlCommand cmd = new SqlCommand(sql, conn);
            cmd.CommandType = CommandType.Text;
            cmd.Parameters.AddRange(parameters);
            return cmd.ExecuteNonQuery();
        }
        public static void ConnClose()
        {
            if (conn.State == ConnectionState.Open)
            {
                conn.Close();
                conn.Dispose();
            }
        }
```

```
        public static SqlDataReader ExceuteRead(string sql, params SqlParameter[] parameters)
        {
            try
            {
                ConnOpen();
                SqlCommand cmd = new SqlCommand(sql, conn);
                cmd.Parameters.AddRange(parameters);
                return cmd.ExecuteReader(CommandBehavior.CloseConnection);
            }
            catch (Exception)
            {
                ConnClose();
                throw;
            }
        }
    }
}
```

SqlHelper.cs 数据库公共类，基本包括：数据库连接、关闭、返回 DataTable 对象，返回 SqlDataReader 对象，执行 SQL 语句几个部分。

3．管理员窗体

（1）管理员窗体的功能介绍

管理员窗体如图 11-9 所示，它应具有以下功能：

- 由添加用户“AddUser”和退出“Exit”组成的顶层菜单。
- 用户列表的结构如下：表单上需要有姓名（FirstName）、姓氏（LastName）、年龄（Age）、角色（Role）、电子邮件地址（email）和他们所属的办公室（OfficeID）。如果列表上的用户被禁用（暂停），则需要使用不同颜色的背景分开设置。
- 应根据数据库的出生日期和数据库服务器上设置的当前日期计算每位用户的年龄（以年为单位）。
- 通过下拉式菜单或类似的功能，管理员可以根据用户工作的办公室（OfficeID）来显示用户。
- 管理员可能希望暂时暂停用户对系统的访问。在表单底部增加一个按钮，用于在禁止用户登录（DisableLogin）和恢复用户登录（Enable）之间进行切换。
- 此表单上的所有操作都需要实时完成，无需关闭表单并重新打开。

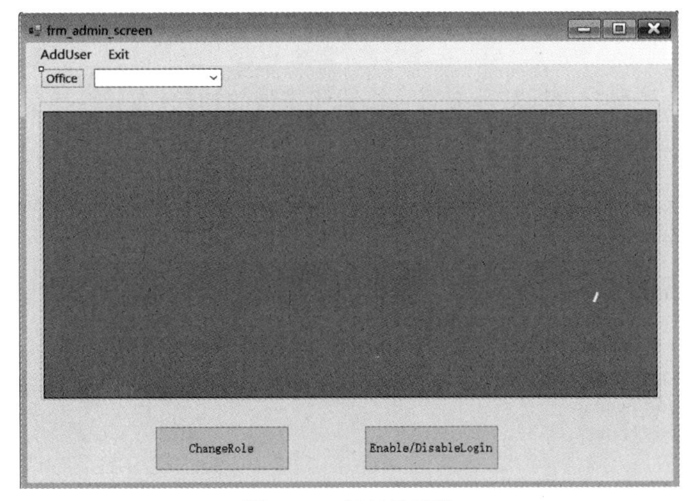


图 11-9　管理员窗体

- 使用顶层菜单中的 AddUser 按钮可以实现将用户添加到数据库的功能，如图 11-10 所示。所有的字段都需要填写，管理员无法添加其他管理员用户。

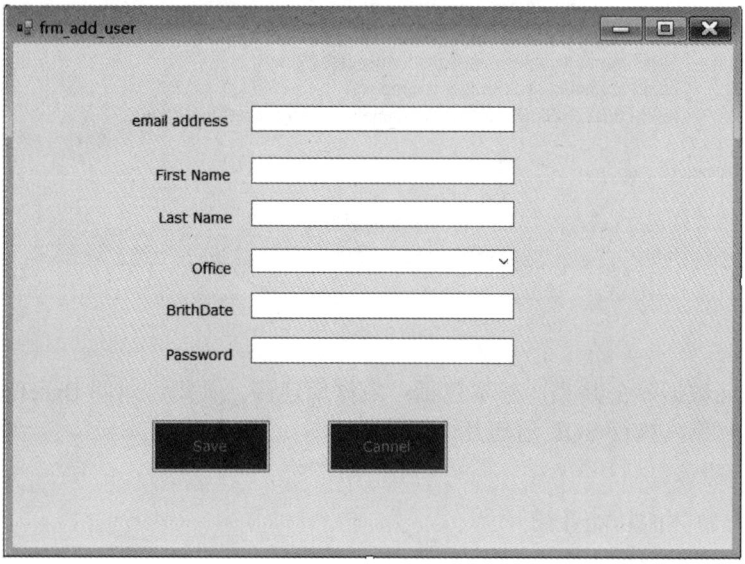

图 11-10　增加用户

使用主窗体底部的 ChangeRole（更改角色）按钮，管理员将能够更改所选用户的访问级别。

（2）管理员窗体的创建

创建管理员窗体的操作过程：设计窗体，添加按钮事件代码，给 DataGridView 绑定数据源，编写不同着色的代码。

1）设计管理员窗体，界面如图 11-9 所示。

从工具箱中选择 MenuStrip 控件，拖到窗口中，名为 menuStrip1。在菜单栏第一项填写 AddUser，第二项填写 Exit。其中 ToolStripMenuItem 简写为 tsmi，两个菜单重命名为 tsmiAdd User 和 tsmiExit。再添加一个 Office 标签，添加一个 ComboBox 控件，名为 cmbOffice。用于加载 Office 选项。添加 DataGridView 控件，添加两个按钮，命名为 btnChangeRole 和 btnEna belorDisableLogin。

2）在理解了上述分析过程后，编写各按钮和窗体的加载代码。

3）窗体 frm_admin_screen 的全部代码如下：

```
using System;
using System.Collections.Generic;
using System.ComponentModel;
using System.Data;
using System.Drawing;
using System.Linq;
using System.Text;
using System.Threading.Tasks;
using System.Data.SqlClient;
using System.Windows.Forms;

namespace Aviation_System
```

```
{
    public partial class frm_admin_screen : Form
    {
        public frm_admin_screen()
        {
            InitializeComponent();
            // 设 DataGridView 中的选择模式为整行选中
            dataGridView1.SelectionMode=DataGridViewSelectionMode.FullRowSelect;
            dataGridView1.ReadOnly = true;// 设为只读
            dataGridView1.RowHeadersVisible = false;
            dataGridView1.AllowUserToAddRows = false;
            string sql = "SELECT Title,ID From Offices";
            DataTable dt = SqlHelper.GetTable(sql);
            cmbOffice.DataSource = dt;
            cmbOffice.DisplayMember = "Title";
            cmbOffice.ValueMember = "ID";
        }

        private void tsmiExit_Click(object sender, EventArgs e)
        {
            Application.Exit();
            }

            /// <summary>
            /// 当添加用户成功后，重新读取数据库内容
            /// </summary>
            /// <param name="sender"></param>
            /// <param name="e"></param>
            private void tsmiAddUser_Click(object sender, EventArgs e)
            {
                {
                    frm_add_user add = new frm_add_user();
                    if (add.ShowDialog() == DialogResult.OK)
                    {
                        dataGridView1.DataSource = null;
                        dataGridView1.DataSource = DtShow();
                        ColorChanged();
                    }
                }
            }

            /// <summary>
            /// 初始化界面
            /// </summary>
            /// <param name="sender"></param>
            /// <param name="e"></param>
            private void frm_admin_screen_Load(object sender, EventArgs e)
            {
                dataGridView1.DataSource = DtShow();
                dataGridView1.Rows[0].Selected = false;
                ColorChanged();
            }
            public void ColorChanged()  //DataRow 改变背景颜色
            {
                try
                {
                    for (int i = 0; i <= DtShow().Rows.Count – 1; i++)
```

```
            {
                if (DtShow().Rows[i]["Role"].ToString() == "Administrator")
                {
                    dataGridView1.Rows[i].DefaultCellStyle.BackColor = Color.Green;
                }
                if (DtShow().Rows[i]["Active"].ToString() == "False")
                    dataGridView1.Rows[i].DefaultCellStyle.BackColor = Color.Red;
            }
        }
        catch (Exception ex)
        {
            MessageBox.Show(ex.Message);
            throw;
        }
    }
    public DataTable DtShow() // 获取数据表类
    {
        string sqluser = @"SELECT [Users].FirstName,[Users].LastName,Roles.Title AS
                    Role,(year(GETDATE())-year(Birthdate)) AS age,[Users].email,[Users].OfficeID,[Users].Active
                    FROM [Users]
        INNER JOIN Roles ON [Users].RoleID = Roles.ID
        INNER JOIN Offices ON Offices.ID=[Users].OfficeID
        WHERE Users.OfficeID='" + cmbOffice.SelectedValue.ToString() + "'";
        DataTable dtuser = SqlHelper.GetTable(sqluser);
        return dtuser;
    }

    /// <summary>
    /// 当编辑用户成功后，重新获取数据库数据
    /// </summary>
    /// <param name="sender"></param>
    /// <param name="e"></param>
    private void btnChangeRole_Click(object sender, EventArgs e)
    {
        if (dataGridView1.CurrentCell.Selected)
        {
            frm_edit_role edit = new frm_edit_role(this.dataGridView1.CurrentRow.Cells["email"].Value.ToString());
            if (edit.ShowDialog() == DialogResult.OK)
            {
                dataGridView1.DataSource = null;
                dataGridView1.DataSource = DtShow();
                ColorChanged();
            }
        }
    }

    /// <summary>
    /// 允许或不允许用户登录
    /// </summary>
    /// <param name="sender"></param>
    /// <param name="e"></param>
    private void btnEnabelorDisableLogin_Click(object sender, EventArgs e)
    {

        string updateUser = "UPDATE [Users] SET Active=";
        if (dataGridView1.CurrentCell.Selected) // 在 datagridview1 选中一行时
        {
```

```
                if (dataGridView1.CurrentRow.Cells["Active"].Value.ToString() == "True")
                {// 如果活动条件为允许，则改为不允许活动
                    updateUser += "'False' WHERE email='" + dataGridView1.CurrentRow.Cells["email"].Value.ToString() + "'";
                    SqlHelper.ExcuteSql(updateUser);// 修改数据
                }
                else
                {
                    // 如果活动条件为不允许，则改为允许活动
                    updateUser += "'True' WHERE email='" + dataGridView1.CurrentRow.Cells["Email"].Value.ToString() + "'";
                    SqlHelper.ExcuteSql(updateUser);        // 修改数据
                }
            }
            dataGridView1.DataSource = DtShow();                    // 获取数据
            ColorChanged();        // 改变颜色
        }

        /// <summary>
        /// 当 cmbOffice 选中的值改变时
        /// </summary>
        /// <param name="sender"></param>
        /// <param name="e"></param>
        private void cmbOffice_SelectionChangeCommitted(object sender, EventArgs e)
        {
            dataGridView1.DataSource = DtShow();  // 获取数据
            ColorChanged(); // 改变颜色
        }
    }
}
```

（3）技术要点

1）DATEPART() 函数用于返回日期 / 时间的单独部分，如年、月、日、小时、分钟等。DATEPART(datepart,date) 中 date 参数是合法的日期表达式。datepart 参数可以是下面的值：YYYY 表示年，M 表示月，D 表示日，YYYY 或 yyyy 等大小写都可以。例如，SELECT DATEPART(YYYY,getdate())–DATEPART(YYYY,Users.Birthdate) as Age FROM Users 表示从数据表（Users）中根据用户的出生日期（Users.Birthdate）计算出年龄（age），其中 getdate() 表示当前的日期。

2）在 C# 中 SelectedValueChanged 事件、SelectedIndexChanged 事件以及 SelectionChange Committed() 函数的区别。

SelectedValueChanged 事件和 SelectedIndexChanged 事件这两个事件在设定 DataSource、DisplayMember 和 ValueMember 时，以及手动改变 ComboBox 索引和值时都不触发该事件，只是在界面选择 ComboBox 不同值时触发。

SelectedIndexChanged 事件：当 SelectedIndex 属性更改时发生，索引改变时触发。

SelectedValueChanged 事件：当 SelectedValue 属性更改时发生，值改变时触发。

SelectedIndexChanged 和 SelectedValueChanged 可以通过编程的方式更改属性而触发事件，但 selectionChangeCommitted 事件必须由用户操作选定选项才能触发。

在初始化时（设置源）SelectedIndexChanged 和 SelectedValueChanged 都会被调用，而 SelectionChangeCommitted 没有这个问题。

SelectionChangeCommitted 也有一个需要注意的问题。当打开下拉菜单，用键盘的上下光标键选择条目后（不用鼠标单击），鼠标单击其他控件使焦点转移，此时 ComboBox 的 Text

属性已改变，SelectedIndex 属性也已改变，但这样的操作不会触发 SelectionChangeCommitted 事件。结论：SelectionChangeCommitted 一定要由鼠标选择才能触发。

3）语句块 string sql = "SELECT Title,ID FROM Offices";

```
DataTable dt = SqlHelper.GetTable(sql);
cmbOffice.DataSource = dt;
cmbOffice.DisplayMember = “Title”;
cmbOffice.ValueMember = “ID”;
```

用来填充 ComboBox 控件 cmbOffice，数据源是执行 SELECT 语句的 DataTable，DisplayMember 是显示在 ComboBox 中的字段，ValueMember 是对应的值字段。在程序中，DisplayMember 表示是 Administrator 或者 Users，ValueMember 对应的是 1 和 2。注意，赋值时右边是对应的字段名。

（4）更改角色操作过程

更改角色窗体如图 11-11 所示。

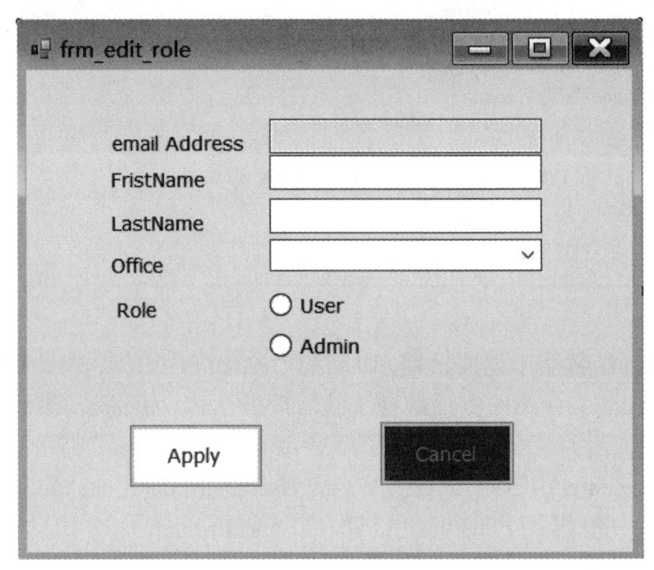


图 11-11　更改角色窗体

需要注意的是，email Address 文本框的 ReadOnly 属性要设置为 True。

窗体 frm_edit_role 的全部代码如下：

```
using System;
using System.Collections.Generic;
using System.ComponentModel;
using System.Data;
using System.Drawing;
using System.Linq;
using System.Text;
using System.Threading.Tasks;
using System.Windows.Forms;
using System.Data.SqlClient;

namespace Aviation_System
{
    public partial class frm_edit_role : Form
    {
```

```
public frm_edit_role(string email)
{
    InitializeComponent();
    string sqloffice = "SELECT * FROM [Offices]";
    DataTable dt = SqlHelper.GetTable(sqloffice);
    cmbOffice.DataSource = dt;
    cmbOffice.DisplayMember = "Title";
    cmbOffice.ValueMember = "ID";
    string selectrole = @"SELECT [Users].email,[Users].FirstName,
                [Users].LastName,[Roles].Title,[Users].RoleID FROM [Users]
                INNER JOIN Offices ON Offices.ID=Users.OfficeID
                INNER JOIN [Roles] ON [Users].RoleID=[Roles].ID WHERE
                [Users].email='" + email + "'";
    SqlDataReader dr = SqlHelper.ExceuteRead(selectrole);
    dr.Read();
    txtEmail.Text = dr[0].ToString();
    txtFirstName.Text = dr[1].ToString();
    txtLastName.Text = dr[2].ToString();
    if (dr[4].ToString() == "1")
    {
        rdoAdmin.Checked = true;
    }
    else
        rdoUser.Checked = true;
}

private void btnCancel_Click(object sender, EventArgs e)
{
    this.Close();
}

/// <summary>
/// 更改权限
/// </summary>
/// <param name="sender"></param>
/// <param name="e"></param>
private void btnApply_Click(object sender, EventArgs e)
{
    SqlParameter[] sp = new SqlParameter[4];
    sp[0] = new SqlParameter("@FirstName", txtFirstName.Text);
    sp[1] = new SqlParameter("@Lastname", txtLastName.Text);
    sp[2] = new SqlParameter("@OfficeID", cmbOffice.SelectedValue);
    sp[3] = new SqlParameter("@email", txtemail.Text);;
    string sqlupdate = "UPDATE [Users] SET FirstName=@FirstName,LastName=
                    @ Lastname,OfficeID=@OfficeID ";
    if (rdoAdmin.Checked == true)
    {
        sqlupdate += ",RoleID='1' WHERE email=@ email ";
    }
    if (rdoUser.Checked == true)
    {
        sqlupdate += ",RoleID='2'WHERE email=@ email ";
    }
    SqlHelper.ExcuteSql(sqlupdate, sp);
    MessageBox.Show(" 修改成功 ");
    this.DialogResult = DialogResult.OK;
```

```
            }
        }
    }
```

（5）增加新用户的操作过程

增加新用户窗体如图 11-12 所示，设计时注意还有两个隐藏的标签，分别在 email 和 Birthdate 的后面，用于提示用户的输入是否合法。

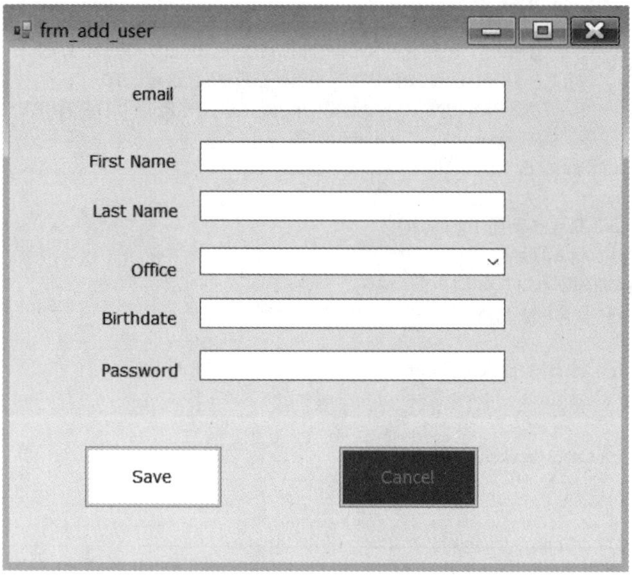

图 11-12　增加新用户窗体

窗体 frm_add_user 的全部代码如下：

```
using System;
using System.Collections.Generic;
using System.ComponentModel;
using System.Data;
using System.Drawing;
using System.Linq;
using System.Text;
using System.Threading.Tasks;
using System.Windows.Forms;
using System.Data.SqlClient;
using System.Text.RegularExpressions;

namespace Aviation_System
{
    public partial class frm_add_user : Form
    {
        // 邮箱正则：\s 表示可以空格，\S 表示不可以空格
        string emailformat = @"^\S*([A-Za-z0-9_-]+(\.\w+)*@(\w+\.)+\w{2,5})\S*$";
        // 日期正则格式为 yyyy-MM-dd
        string dateformat =
    @"((\d{3}[1-9]|\d{2}[1-9]\d{1}|\d{1}[1-9]\d{2}|[1-9]\d{3})-(0[13578]|1[02])-(0[1-9]|1[0-9]|2[0-9]|3[01]))|((\d{3}[1-9]|\d{2}[1-9]\d{1}|\d{1}[1-9]\d{2}|[1-9]\d{3})-(0[2])-(0[1-9]|1[0-9]|2[0-8]))|((\d{3}[1-9]|\d{2}[1-9]\d{1}|\d{1}[1-9]\d{2}|[1-9]\d{3})-(0[469]|11)-(0[1-9]|1[0-9]|2[0-9]|30))|(((\d{2})(0[48]|[13579][26]|[2468][048])|([3579][26]|[48]|[2468][048])00)-(02)-(0[1-9]|[12]\d))";
        public frm_add_user()
```

```
        {
            InitializeComponent();
        }

        private void btnCancel_Click(object sender, EventArgs e)
        {
            Global.Back(this);
        }

        /// <summary>
        /// 若正则表达式判断为正确，则创建用户
        /// </summary>
        /// <param name="sender"></param>S
        /// <param name="e"></param>
        private void btnSave_Click(object sender, EventArgs e)
        {
            if (txtBirthdate.Text != "" && txtEmail.Text != "" && txtFirstName.Text != "" &&
                                        txtLastName.Text != "" && txtPassword.Text != "")
            {
                if (Regex.IsMatch(txtEmail.Text, emailformat) &&
                Regex.IsMatch(txtBirthdate.Text, dateformat))
                {
                        string selectid = "SELECT ID FROM users";
                        DataTable dt = SqlHelper.GetTable(selectid);
                        SqlParameter[] sp = new SqlParameter[7];
                        sp[0] = new SqlParameter("@RowsCount", (dt.Rows.Count + 1));
                        sp[1] = new SqlParameter("@email", txtemail.Text);
                        sp[2] = new SqlParameter("@Password", txtPassword.Text);
                        sp[2].SqlDbType = SqlDbType.NVarChar;
                        sp[3] = new SqlParameter("@FirstName", txtFirstName.Text);
                        sp[4] = new SqlParameter("@LastName", txtLastName.Text);
                        sp[5] = new SqlParameter("@Offices", cmbOffice.SelectedValue.ToString());
                        sp[6] = new SqlParameter("@Birthdate", txtBirthdate.Text);
                        string sql = @"INSERT INTO
    [Users]([ID],[RoleID],[email],[Password],[FirstName],[LastName],[OfficeID],[Birthdate],[Active])VALUES(@
RowsCount,'2',@email,convert(nvarchar,hashbytes('MD5',@Password),2),@FirstName,@LastName,@Offices,@
Birthdate,'True')";
                        SqlHelper.ExcuteSql(sql, sp);
                        MessageBox.Show(" 新建用户成功！ ");
                        this.DialogResult = DialogResult.OK;
                }
                else
                {
                        MessageBox.Show(" 邮件或生日格式错误！ ");
                }
            }
            else
                MessageBox.Show(" 请输入所有项目！ ");
        }
        private void frm_add_user_Load(object sender, EventArgs e)
        {
            string sql = "SELECT ID,Title FROM Offices";
            DataTable dt = SqlHelper.GetTable(sql);
            cmbOffice.DataSource = dt;
            cmbOffice.DisplayMember = "Title";
            cmbOffice.ValueMember = "ID";
        }
```

```
/// <summary>
/// 当 txtemail 的焦点改变时，判断数据库中是否存在这个邮件，若不存在，则用邮箱正则表达式判断是否为一个有效的邮箱，不正确用红色字体表示，并说明原因，正确则用绿色字体表示，并说明原因
/// </summary>
/// <param name="sender"></param>
/// <param name="e"></param>
private void txtEmail_Validated(object sender, EventArgs e)
{
    string verification = "SELECT email FROM Users WHERE email='" + txtemail.Text.ToString() +"'";
    SqlDataReader dr = SqlHelper.ExceuteRead(verification);
    if (dr.Read())
    {
        lblVerificationemail.Text = " 邮件已经存在！ ";
        lblVerificationemail.ForeColor = Color.Red;
    }
    else
    {
        if (!Regex.IsMatch(txtemail.Text, @"^\S*([A-Za-z0-9_-]+(\.\w+)*
                        @(\w+\.)+\w{2,5})\S*$"))
        {
            lblVerificationemail.Text = " 邮件地址格式错误！ ";
            lblVerificationemail.ForeColor = Color.Red;
        }
        else
        {
            lblVerificationEmail.Text = " 此邮箱可以用！ ";
            lblVerificationEmail.ForeColor = Color.ForestGreen;
        }
    }
}
/// <summary>
/// 判断是否是一个有效的日期 日期格式为 yyyy-MM-dd，如果不正确用红色字体
/// 来表示，正确则用绿色字体表示
/// </summary>
/// <param name="sender"></param>
/// <param name="e"></param>
private void txtBirthdate_Validated(object sender, EventArgs e)
{
    if (!Regex.IsMatch(txtBirthdate.Text,
  @"((\d{3}[1-9]|\d{2}[1-9]\d{1}|\d{1}[1-9]\d{2}|[1-9]\d{3})-(0[13578]|1[02])-(0[1-9]|1[0-9]|2[0-9]|3[01]))|((\d{3}[1-9]|\d{2}[1-9]\d{1}|\d{1}[1-9]\d{2}|[1-9]\d{3})-(0[2])-(0[1-9]|1[0-9]|2[0-8]))|((\d{3}[1-9]|\d{2}[1-9]\d{1}|\d{1}[1-9]\d{2}|[1-9]\d{3})-(0[469]|11)-(0[1-9]|1[0-9]|2[0-9]|30))|(((\d{2})(0[48]|[13579][26]|[2468][048])|([3579][26]|[48]|[2468][048])00)-(02)-(0[1-9]|[12]\d))"))
    {
        lblVerificationBirthdate.Text = " 日期格式错误，应该为 : yyyy-MM-dd";
        lblVerificationBirthdate.ForeColor = Color.Red;
    }
    else
    {
        lblVerificationBirthdate.Text = " 日期格式正确！ ";
        lblVerificationBirthdate.ForeColor = Color.Green;
    }
}
    }
}
```

#### 4．用户窗体

当用户成功登录系统时，如图 11-13 所示，他们可以处理以下选项：

- 由 Exit（退出）组成的顶层菜单；
- [fullname]：登录到系统的客户端的用户名；
- [hh：mm：ss]：当前用户在过去 30 天内花费在系统上的总时间；
- Hi [fullname], Welcome to Gusu Airlines System，该项显示在图 11-13 的 Title 上；
- spent on system: [hh:mm:ss]，该项显示的位图如图 11-13 所示。

用户活动列表，包括以下内容：

- 要显示登录和关闭的日期时间以及花费在系统上的总时间；
- 系统最后一次登录访问这个表单不需要显示。

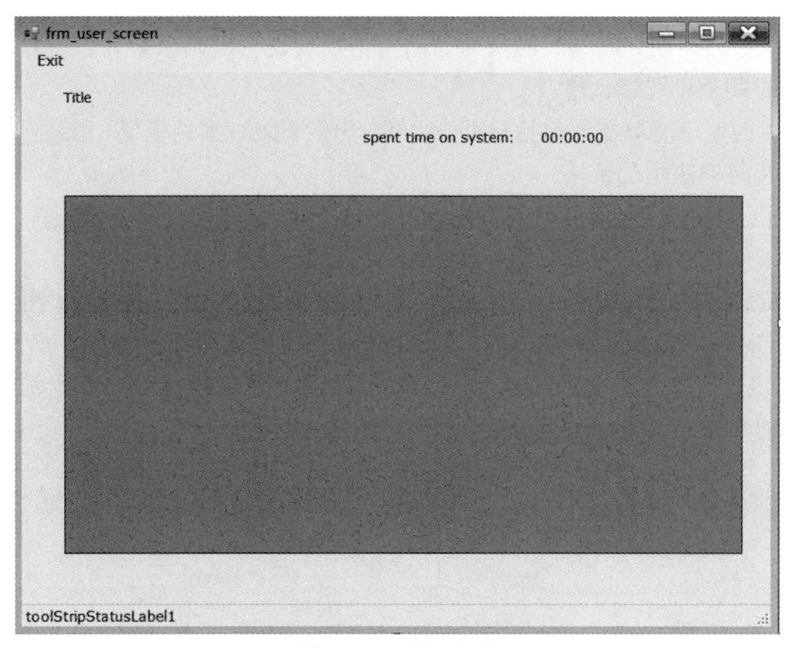


图 11-13 用户窗体

创建用户窗体的操作过程：设计窗体，编写窗体加载和关闭的代码，编写按钮代码和窗体初始化代码。

1）编写菜单按钮代码 tsmiExit_Click() 和窗体初始化代码。

2）编写窗体加载 frm_user_screen_Load() 和关闭 frm_user_screen_FormClosed() 代码

3）窗体 frm_user_screen 的部分程序代码如下：

```
private void frm_user_screen_Load(object sender, EventArgs e)
        {
            DataTable dt = new DataTable();
            …
            string sql = "SELECT (FirstName+' '+LastName) AS fullname FROM [Users] WHERE Email='" + email + "'";
            SqlDataReader drsql = SqlHelper.ExceuteRead(sql);
            if (drsql.Read())
            {
                lblTitle.Text = "Hi " + drsql[0].ToString() + ",Welcome to Gusu Airlines.";
```

```
        }
        SqlHelper.ConnClose();
        lblSpend.Text = "Time spent on system:";
        ...
    }
```

5. 管理航班时刻表

如果为管理员，在登录后可以管理航空公司的航班。如果为用户，登录后只能查询航班。航空公司的管理层要求提供一个表单，具有查看、编辑和取消航班的基本功能。管理航班时刻表窗体如图 11-14 所示，以下列表定义了该窗体应具备的功能：

● 可以根据出发机场和到达机场（不能相同）进行搜索，还可以单独根据出发日期和航班号搜索航班。管理者应该可以根据自己的喜好搭配搜索条件。默认显示时，不需要任何条件。

● 应具有根据日期和时间、经济航班的价格以及是否已确认对列表进行排序的能力。应该在日期和时间上设置默认值。

● 系统中的航班清单需要包括日期、时间、出发机场、到达机场、航班号、机型和经济舱、商务舱和头等舱座位的价格。

商务舱座位的价格比经济舱价格高出 35%，头等舱的价格比商务舱座位贵 30%。如果没有得到四舍五入的数字，可以将数字四舍五入到最接近的整数。

● 如果航班被标记为取消（未确认），则与航班相对应的行应标记为不同的背景颜色。

● 使用 Cancel Flight（取消航班）和 Confirmed（确认航班）按钮，管理员可以在列表上的所选航班之间进行取消和确认操作。取消航班必须在数据库上设置相应的记录以确认。管理航班时刻表窗体 frm_schedules 设计如图 11-14 所示。

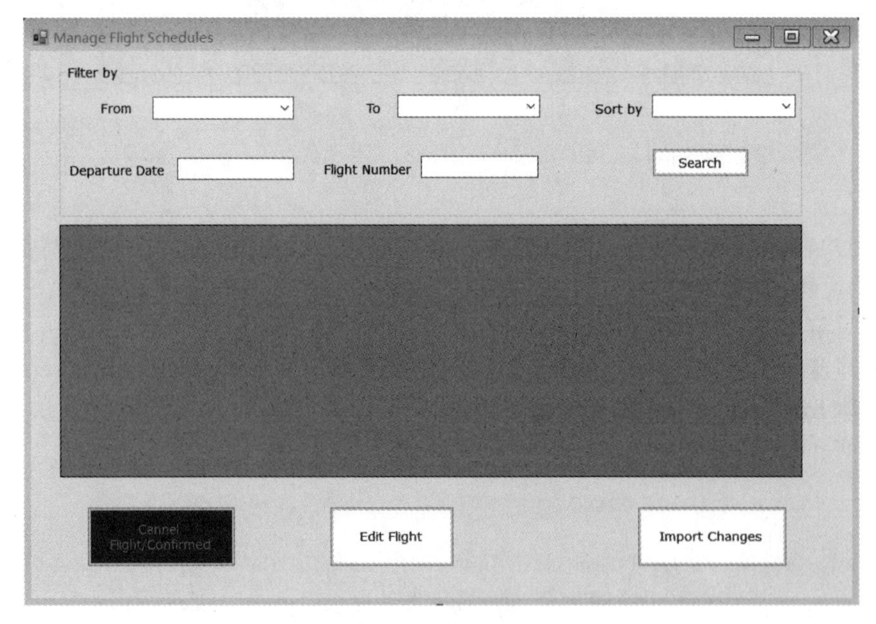


图 11-14　管理航班时刻表窗体

● 通过从航班时刻表列表中选择一个项目并使用表单上的按钮，可以更改经济舱座位的日期、时间和价格，如图 11-15 所示。

此窗体上的所有操作都需要实时完成，上述的窗体只能修改日期和时间以及价格，其他信息不能修改，修改完成后无须关闭窗体，时刻表数据在图 11-14 中重新刷新并打开。

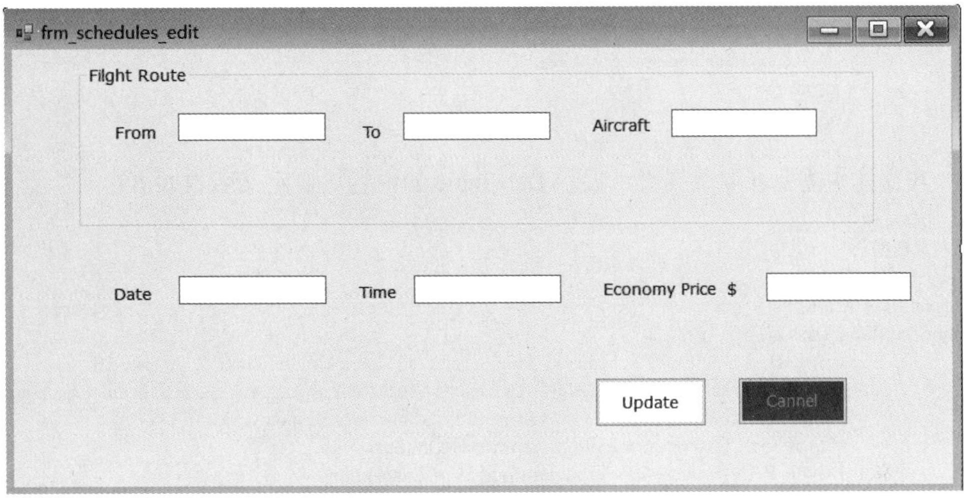

图 11-15 修改时刻表

（1）管理航班时刻表的操作过程

在前面的系统管理员窗体中，增加 Schedules 菜单，用于跳转到 frm_schedules 窗体。并根据角色对管理航班时刻表中的按钮进行设置，以保证用户只能查询不能修改。

1）在窗体中，public frm_schedules() 中的代码如下：

```
public frm_schedules() {
            InitializeComponent();
            dataGridView1.ReadOnly = true;
            dataGridView1.RowHeadersVisible = false;
            dataGridView1.AllowUserToAddRows = false;
            dataGridView1.selectionMode = DataGridViewselectionMode.FullRowselect;
            string sqlairport_form = "SELECT [Name],[IATACode] FROM [Airports] as
airports_from"; // 查询 Airports 表中的两个字段，并且把 Airports 重命名为 Airports_from，
             // 以后就可以用 Airports_from 代替 Airports 表了
            DataTable dt_from = SqlHelper.GetTable(sqlairport_from);
            cmbFrom.DataSource = dt_from;
            cmbFrom.DisplayMember = "Name";
            cmbFrom.ValueMember = "IATACode";
            cmbFrom.SelectedIndex = -1;
            cmbSort.Items.Add("Date-Time");
            cmbSort.Items.Add("EconomyPrice");
            cmbSort.Items.Add("Confirmed");
            cmbSort.SelectedIndex = 0;
}
```

2）在窗体中需要改变指定行的颜色。自定义函数如下：

```
/// <summary>
/// 改变指定行的颜色
/// </summary>
```

```
public void ColorChanged() {
        try {
            for (int i = 0; i <=dataGridView1.Rows.Count–1; i++) {

                if (DtShow().Rows[i]["Confirmed"].ToString() == "False")
                    dataGridView1.Rows[i].DefaultCellStyle.BackColor = Color.Red;
            }
        } catch (Exception ex) {
            MessageBox.Show(ex.Message);
            throw;
        }
}
```

3）在窗体中需要获取数据类，展示 DataTable 的内容。自定义函数如下：

```
/// <summary>
/// 获取数据
/// </summary>
/// <returns></returns>
public DataTable DtShow() {
        string sql = @"SELECT Schedules.[Date],Schedules.[Time],Airports_from.IATACode AS
        [From],Airports_to.IATACode AS [To],Schedules.FlightNumber,Aircrafts.Name,Schedules.EconomyPrice
        ,Schedules.EconomyPrice*1.35 as BussinessPrice,(Schedules.EconomyPrice*1.35)
        *1.3 as FirstClassPrice,Schedules.Confirmed FROM Schedules
        INNER JOIN [Routes] ON Schedules.RouteID =[Routes].ID
        INNER JOIN Airports AS Airports_from ON [Routes].DepartureAirportID = Airports_from.ID
        INNER JOIN Airports AS Airports_to ON [Routes].ArrivalAirportID = Airports_to.ID
        INNER JOIN Aircrafts ON Aircrafts.ID = Schedules.AircraftID
        WHERE 1=1  “;

        if (cmbFrom.SelectedIndex != -1 && cmbTo.SelectedIndex != -1)
        {
            sql += " AND Airports_from.IATACode ='" +cmbFrom.SelectedValue.
                ToString() + "'  AND  Airports_to.IATACode='" + cmbTo.SelectedValue.ToString() + "'  ";
        }

        if (txtDepartureDate.Text != "")
        {
            sql += "  AND Schedules.[Date]='" + txtDepartureDate.Text + "' ";
        }
        if (txtFlightNumber.Text != "")
        {
    sql += "  AND Schedules.[FlightNumber]='" + txtFlightNumber.Text + "'";
        }
        if (cmbSort.SelectedIndex == 0)
        {
    sql += " ORDER BY Schedules.Date,Schedules.Time ASC  ";
        }
        if (cmbSort.SelectedIndex == 1)
        {
            sql += " ORDER BY Schedules.EconomyPrice ASC  ";
        }
        if (cmbSort.SelectedIndex == 2)
        {
            sql += " ORDER BY Schedules.Confirmed ASC  ";
        }
        DataTable dt = SqlHelper.GetTable(sql);
        return dt;
}
```

4）如果不使用连字符，而使用参数化方法，则可改为：

```
SqlParameter[] sp = new SqlParameter[4];
...
    sp[0] = new SqlParameter("@From", cbmFrom.SelectedValue.ToString());
    sp[1] = new SqlParameter("@To", cmbTo.SelectedValue.ToString());
    sp[2] = new SqlParameter("@txtDate", txtDate.Text.ToString());
    sp[3] = new SqlParameter("@FlightNumber" , txtFlightNumber.Text);
...
if (cbmFrom.SelectedIndex != -1 && cmbTo.SelectedIndex != -1 || txtDate.Text !=
    "" || txtFlightNumber.Text != "")
{DataTable dt = SqlHelper.GetTable(sql, sp);
    return dt;
} else
{
    DataTable dt = SqlHelper.GetTable(sql);
    return dt;
}
```

5）在窗体中，查询 Search 按钮的代码如下：

```
private void btnSearch_Click(object sender, EventArgs e)
{
        dataGridView1.DataSource = null;
        dataGridView1.DataSource = DtShow();
        if (dataGridView1.Rows.Count != 0)
        {
            dataGridView1.Rows[0].Selected = false;
    }
    else
    {
            MessageBox.Show(" 查无结果 !");
    }
    ColorChanged();
}
```

6）在窗体中，CancelOrConfirmedFlight 按钮的代码如下：

```
/// <summary>
/// 修改数据并刷新数据
/// </summary>
/// <param name=" sender" ></param>
/// <param name=" e" ></param>
private void btnCancelOrConfirmedFlight_Click(object sender, EventArgs e)
{
        SqlParameter[] sp1 = new SqlParameter[3];
        sp1[0] = new SqlParameter("@confirmedFalse", "False");
        sp1[1] = new SqlParameter("@date1", this.dataGridView1.CurrentRow.Cells ["Date"].Value.ToString());
        sp1[2] = new SqlParameter("@flightNumber1", his.dataGridView1.
                CurrentRow.Cells ["FlightNumber"].Value.ToString());
        SqlParameter[] sp2 = new SqlParameter[3];
        sp2[0] = new SqlParameter("@confirmedTrue", "True");
        sp2[1] = new SqlParameter("@date2", this.dataGridView1.CurrentRow.Cells["Date"].Value.ToString());
        sp2[2] = new SqlParameter("@flightNumber2", this.dataGridView1.CurrentRow.Cells["FlightNumber"].Value.ToString());
        if (!dataGridView1.CurrentCell.Selected)
            MessageBox.Show(" 请选择 ");
        if (btnflight.Text == "Cancel Flight")
        {
            string update1 = @"UPDATE  Schedules SET  Confirmed=@confirmedFalse
                                WHERE Date=@date1 AND FlightNumber=@flightNumber1";
            SqlHelper.ExcuteSql(update1, sp1);
```

```
                MessageBox.Show(" 修改成功！ ");
                btnSearch_Click(null, null);
                btnflight.Text = "Confirmed Flight/Cancel Flight";
            }
            if (btnflight.Text == "Confirmed Flight")
            {
                string update2 = @"UPDATE  Schedules SET  Confirmed=@confirmedTrue
                                    WHERE Date=@date2 AND FlightNumber=@flightNumber2";
                SqlHelper.ExcuteSql(update2, sp2);
                MessageBox.Show(" 修改成功！ ");
                btnSearch_Click(null, null);
                btnflight.Text = "Confirmed Flight/Cancel Flight";
            }
}
```

7）在窗体中，编辑航班 Edit Flight 按钮的代码如下：

```
private void btnEdit_Click(object sender, EventArgs e)
{
            try
            {
                if (!dataGridView1.CurrentCell.Selected)
                    MessageBox.Show(" 请选择： ");
                if (this.dataGridView1.CurrentCell.Selected)
                {
                    frm_schedules_edit edit = new frm_schedules_edit(Convert.ToDateTime(
                        this.dataGridView1.CurrentRow.Cells["Date"].Value.ToString()).ToString("yyyy-MM-dd"),
                        this.dataGridView1.CurrentRow.Cells["From"].Value.ToString(),
                        this.dataGridView1.CurrentRow.Cells["To"].Value.ToString(),
                        this.dataGridView1.CurrentRow.Cells["Time"].Value.ToString(),
                        this.dataGridView1.CurrentRow.Cells["EconomyPrice"].Value.ToString(),
                        this.dataGridView1.CurrentRow.Cells["FlightNumber"].Value.ToString());
                    if (edit.ShowDialog() == DialogResult.OK)
                    {
                        btnSearch_Click(null, null);
                    }
                }
            }
            catch (Exception ex)
            {
                MessageBox.Show(ex.Message);
                throw;
            }
}
```

8）在窗体中，导入更改计划 Import Changes 按钮比较简单，直接跳转到导入窗体即可，这里不再列出详细代码。

9）在窗体中，选择某一行 dataGridView1 时，代码如下：

```
/// <summary>
/// 当 dataGridView1 被选中时，如果 Confirmed 为 false，则按钮的文本改为 Confirmed Flight 如
/// 果 Confirmed 为 true，则按钮的文本改为 Cancel Flight
/// </summary>
/// <param name="sender"></param>
/// <param name="e"></param>


private void dataGridView1_CellClick(object sender, DataGridViewCellEventArgs e) {
        if (dataGridView1.CurrentCell.Selected)
```

```
        {
            if (dataGridView1.CurrentRow.Cells["Confirmed"].Value.ToString() == "False")
                    btnCancelOrConfirmedFlight.Text = "Confirmed Flight";
            if (dataGridView1.CurrentRow.Cells["Confirmed"].Value.ToString() == "True")
                    btnCancelOrConfirmedFlight.Text = "Cancel Flight"；
        }
}
```

10）在窗体中，出发机场与到达机场不能相同，cbmForm_selectedIndexChanged 的全部代码如下：

```
private void cbmForm_selectedIndexChanged(object sender, EventArgs e)
{
        cmbTo.SelectedValue = "";
        if (cmbFrom.DataSource != null && cmbFrom.SelectedValue != null &&
                        cmbFrom.SelectedValue.ToString().Trim() != "")
          {
         string sqlairport_to = "SELECT * FROM Airports WHERE IATACode!='" +
                              cmbFrom.SelectedValue.ToString() + "'";
          DataTable dt_to = SqlHelper.GetTable(sqlairport_to);
          cmbTo.DataSource = dt_to;
          cmbTo.DisplayMember = "Name";
          cmbTo.ValueMember = "IATACode";
          }
}
```

11）在窗体中，窗体默认无搜索条件时加载数据，frm_schedules_Load 的全部代码如下：

```
private void frm_schedules_Load(object sender, EventArgs e)
{
            dataGridView1.DataSource = DtShow();
            if (DtShow().Rows.Count != 0)
            {
                dataGridView1.Rows[0].selected = false;
                ColorChanged();
            }
}
```

（2）修改航班时刻表的操作过程

航班时刻表修改窗体 frm_schedules_edit 如图 11-15 所示。

1）在窗体中，修改的代码如下：

```
public frm_schedules_edit(string date,string from,string to,string time,string price,string flightnumber)
{
          InitializeComponent();
          this.flightnumber = flightnumber;  // 获取传入的 FlightNumber 值
          this.date = date;  // 获取传入的 date 值
          this.time = time;  // 获取传入的 time 值
          SqlParameter[] sp = new SqlParameter[2];
          sp[0] = new SqlParameter("@date",date);
          sp[1] = new SqlParameter("@flightnumber",flightnumber);
          string sql = @"SELECT Aircrafts.Name FROM Schedules
                    INNER JOIN Aircrafts ON Aircrafts.ID=Schedules.AircraftID
                    WHERE  Schedules.Date=@date AND  Schedules.FlightNumber=@flightnumber";
          SqlDataReader dr = SqlHelper.ExceuteRead(sql,sp);


          if (dr.Read())
          {
               txtAircraft.Text = dr[0].ToString();
```

```
            }
            txtTo.ReadOnly = true;
            txtFrom.ReadOnly = true;
            txtAircraft.ReadOnly = true;
            txtFrom.Text = from;
            txtTo.Text = to;
            txtDate.Text = date;
            txtTime.Text =time;
            txtEconomyPrice.Text = price;
}
```

2）在窗体中，Cancel 按钮的代码比较简单，这里就不列出来了。

3）在窗体中，Update 按钮的代码如下：

```
private void btnUpdate_Click(object sender, EventArgs e)
{
        SqlParameter[] sp = new SqlParameter[6];
        sp[0] = new SqlParameter("@txtDate", txtDate.Text);
        sp[1] = new SqlParameter("@txtTime", txtTime.Text);
        sp[2] = new SqlParameter("@txtEconomyPrice", txtEconomyPrice.Text);
        sp[3] = new SqlParameter("@flightnumber", flightnumber);
        sp[4] = new SqlParameter("@date", date);
        sp[5] = new SqlParameter("@time", time);
        string update = @"UPDATE Schedules SET date=@txtDate,time=@txtTime,EconomyPrice=@txtEconomyPrice " +
            "WHERE FlightNumber=@flightnumber AND Date=@date AND Time=@time";
        SqlHelper.ExcuteSql(update, sp);
        MessageBox.Show(" 修改成功！ ");
        this.DialogResult = DialogResult.OK;
}
```

4）最后一个 Import Changes 按钮的代码请读者自己试着去编写，用已经存在的 Excel 文件作为数据源，单击此按钮后，将表中的数据导入数据库中，实现修改或者增加航班的功能。

## 四、测试

系统至此已经开发完成，现在最后一个任务就是测试。航空软件系统测试方案如下：

### 1．登录测试

测试用户名与密码是否正确，是否有提示。先用管理员账号登录测试，例如用户名用 Luyi@qq.com，密码用 111。再次用普通用户登录测试，例如用户名用 Chendaoxi，密码用 555。

1）用管理员账号登录系统，进行添加管理员操作，结果应该是不成功的。原因是管理员不能添加管理员，没有 Role 角色选项，只能添加用户。

2）用管理员账号登录系统，添加普通用户和密码，并使用该用户登录再退出，再次登录，检查日志记录情况。

3）用管理员账号登录系统，把管理员改变角色，降为用户，再次登录检查。

4）检测被禁用后的登录情况。

5）在添加用户时，要求所有项必须全部填写才能增加，而且要进行邮箱等检查。

6）检测管理员登录后为绿色显示，用户被禁用时为红色显示，正常用户为白色显示。

### 2．管理航班时刻表测试

默认可以无条件搜索，测试是否存在出发机场到达机场相同的情况，还可以单独根据出发日期和航班号搜索航班。例如，From=Moscow，To=NewYork，搜索结果如图 11-16 所示。

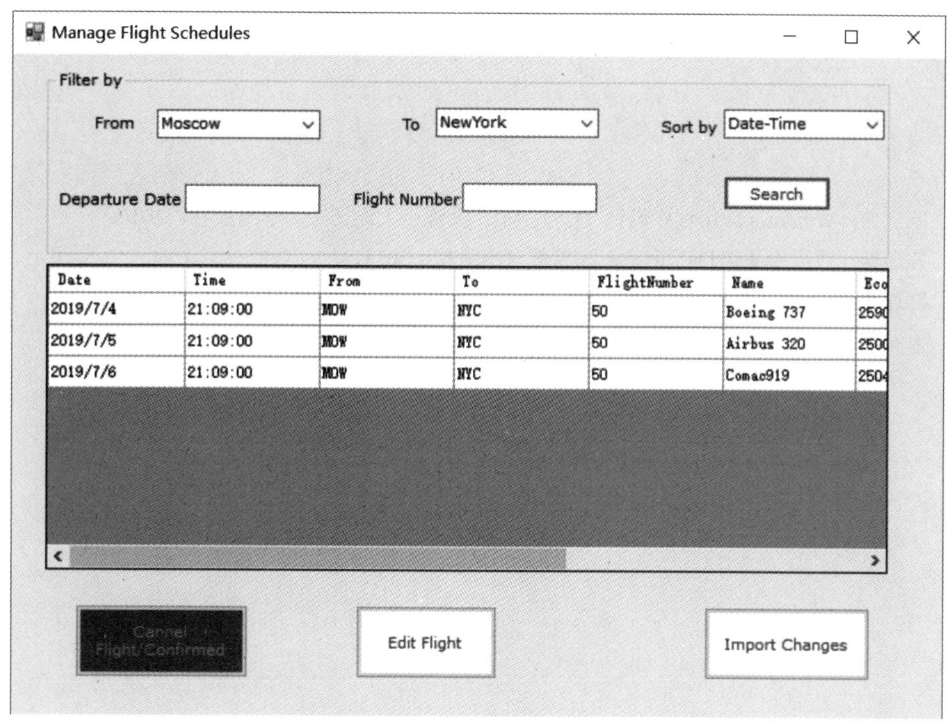


图 11-16　搜索航班

测试编辑航班，在图 11-16 中，选中最后一条数据，单击 Edit Flight 按钮，进入如图 11-17 所示的修改界面。

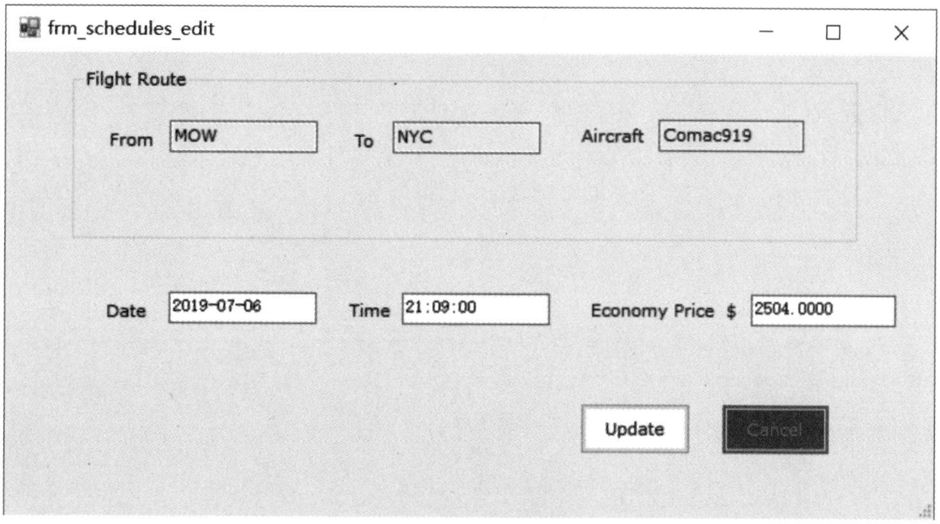

图 11-17　修改航班

在图 11-17 中，可以修改日期、时间或者经济舱的价格。检测图 11-16 中的价格有没有实时的变化，再检测数据库的数据有没有发生相应的改变。

在检测中，可能会出现各种问题，分析问题并找出原因，制订解决方案，完成软件开发，按时交付软件。

# 参 考 文 献

[1] 陈忠菊．Windows 应用程序设计（C#）[M]．大连：大连理工大学出版社，2010．

[2] 陈道喜．数据库基础 [M]. 南京：江苏教育出版社，2013．

[3] 陈道喜．C# 项目案例教程 [M]. 南京：江苏凤凰教育出版社，2016．